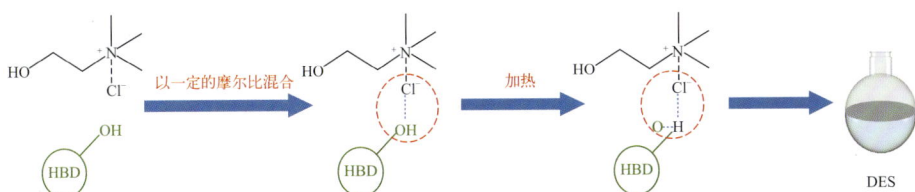

图1-1

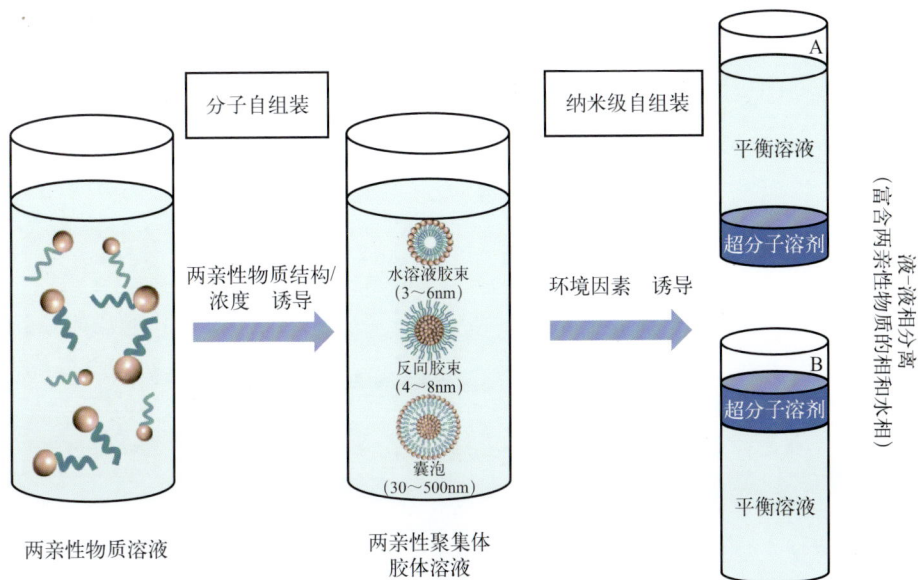

图1-2

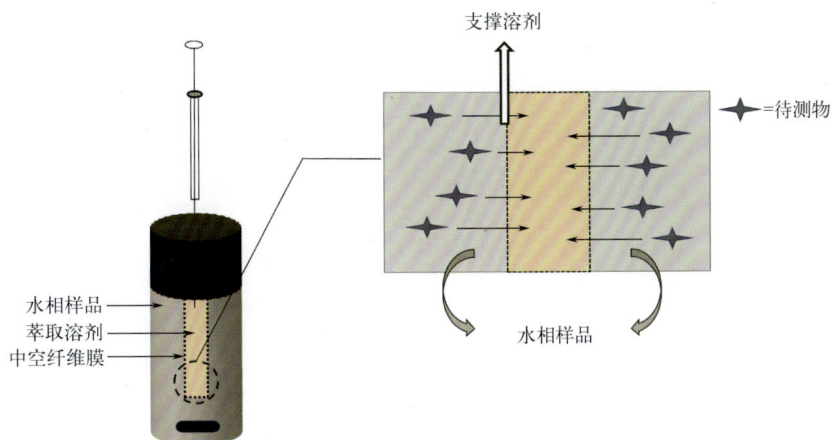

图3-1

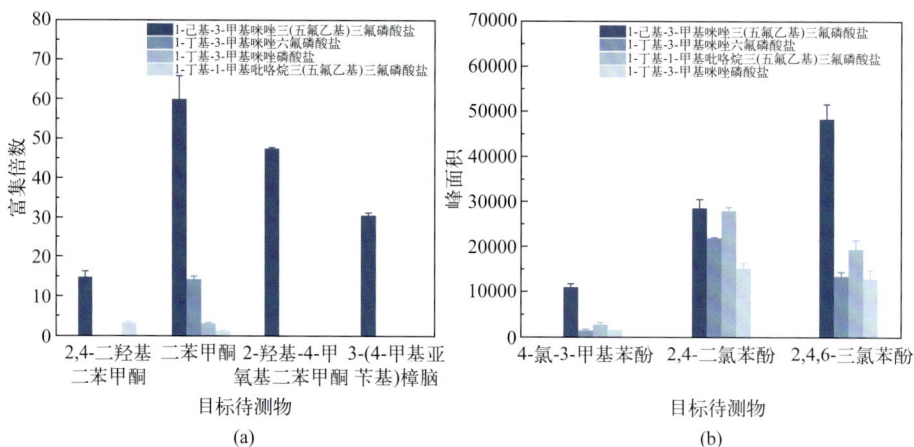

图3-2

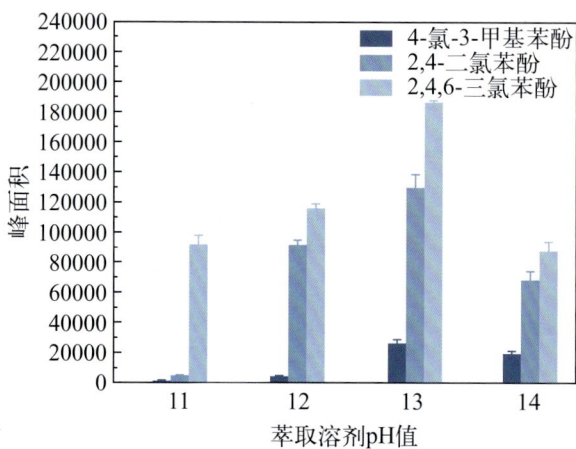

图3-3

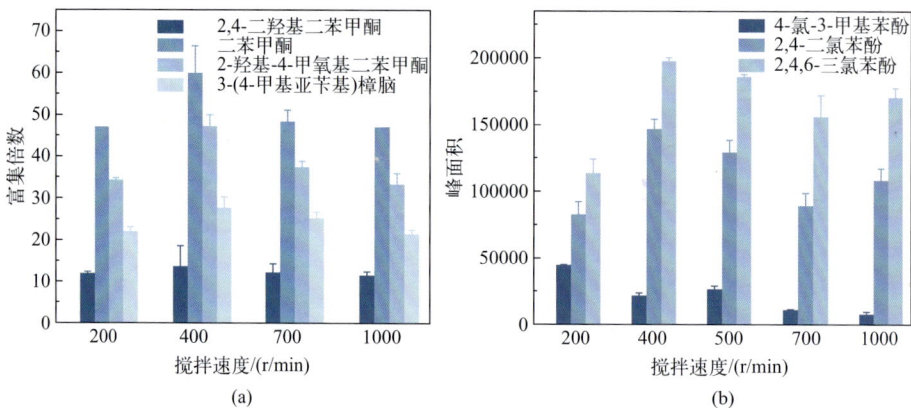

图3-4

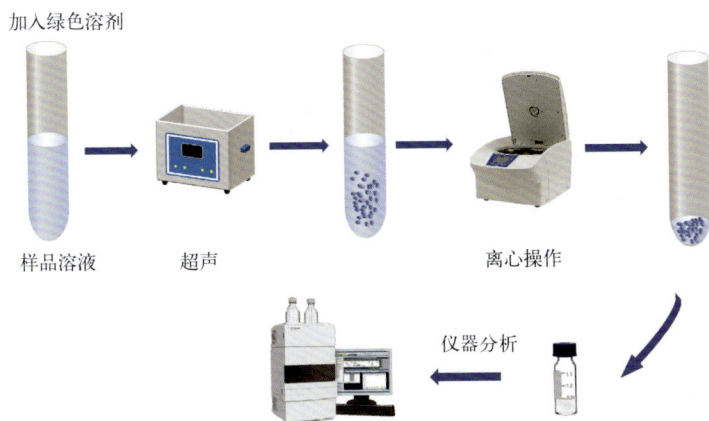

加入绿色溶剂

样品溶液   超声   离心操作   仪器分析

图4-1

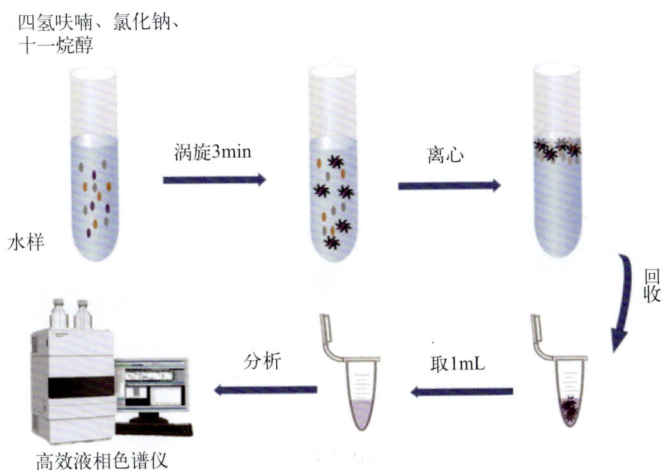

四氢呋喃、氯化钠、
十一烷醇

水样   涡旋3min   离心   回收

高效液相色谱仪   分析   取1mL

图4-2

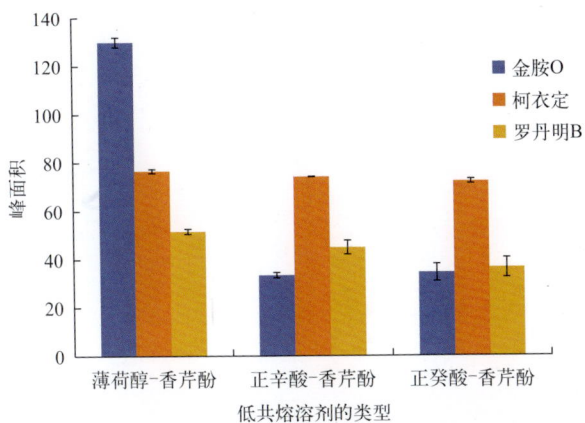

图4-3

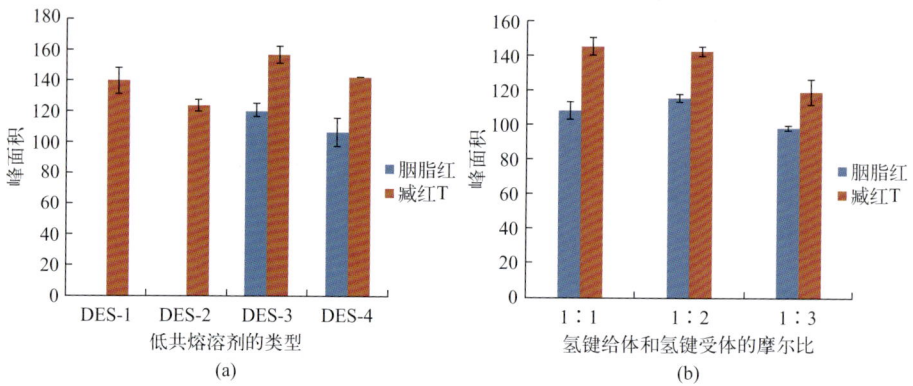

图4-4

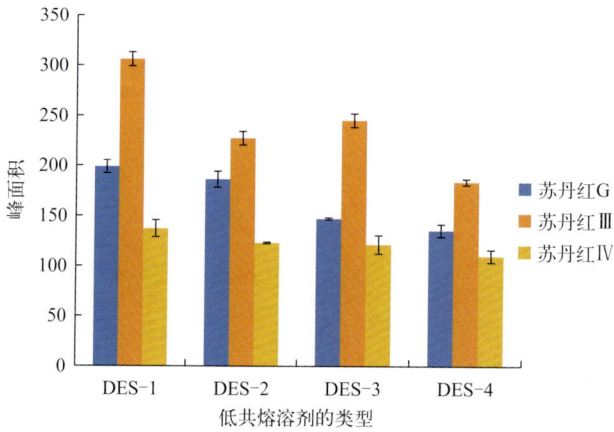

图4-6

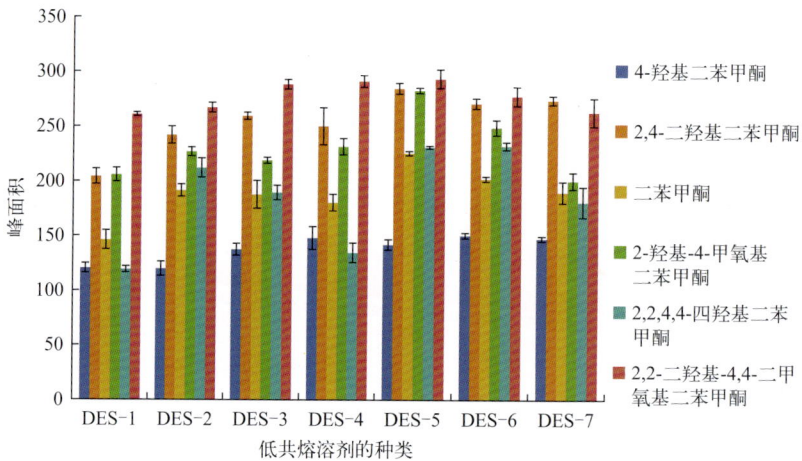

图4-7

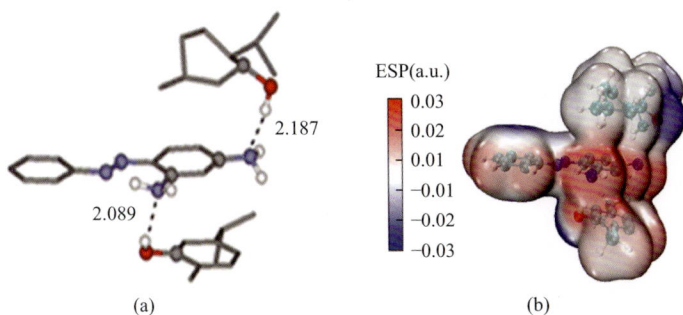

(a)　　　　　　　　(b)

图4-12

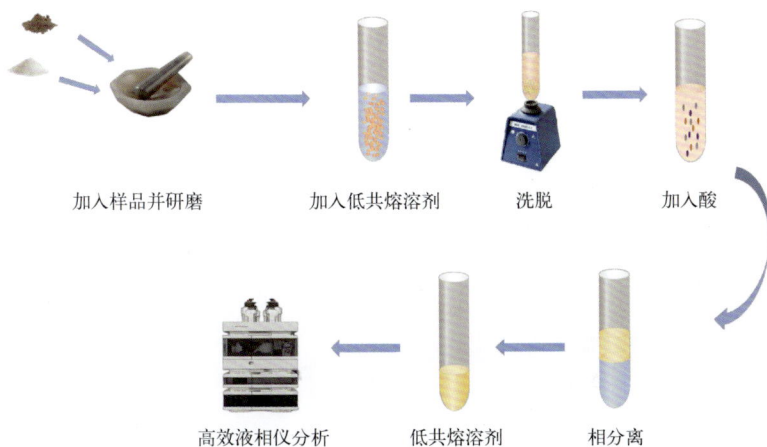

加入样品并研磨　　加入低共熔溶剂　　洗脱　　加入酸

高效液相仪分析　　低共熔溶剂　　相分离

图5-1

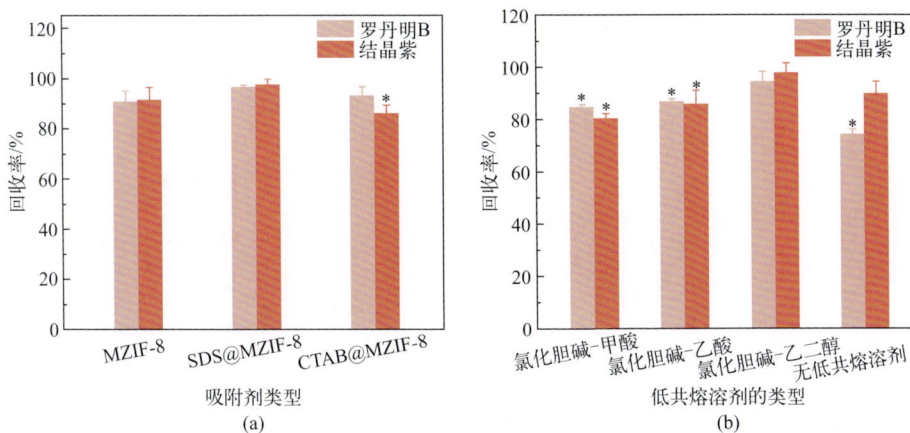

(a)　　　　　　　　(b)

图5-2

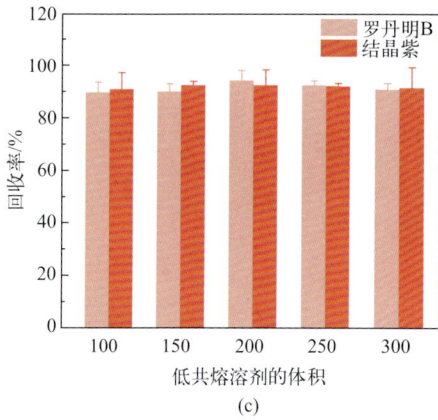
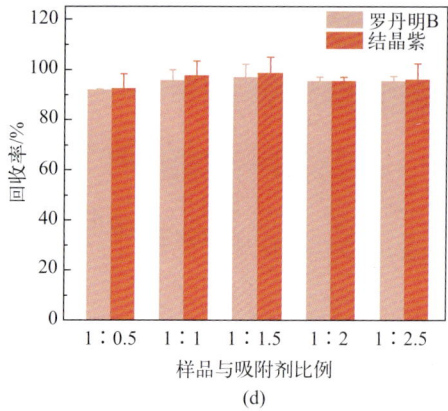

图5-2

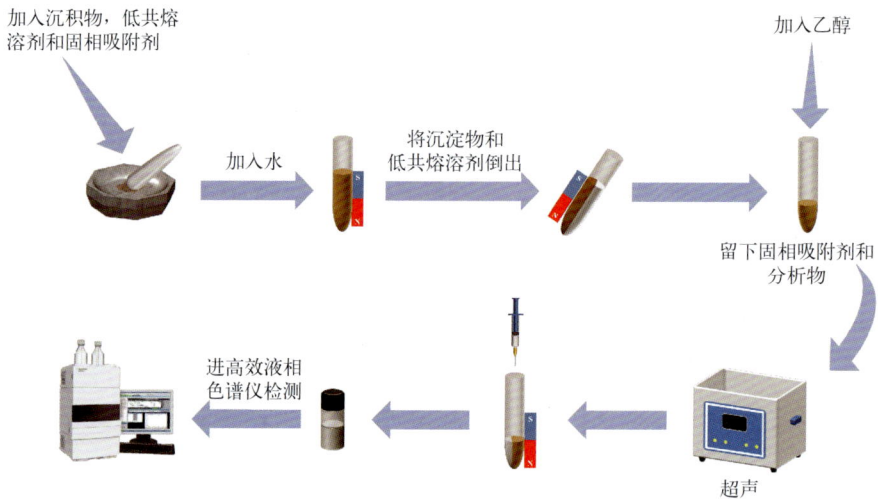

图5-3

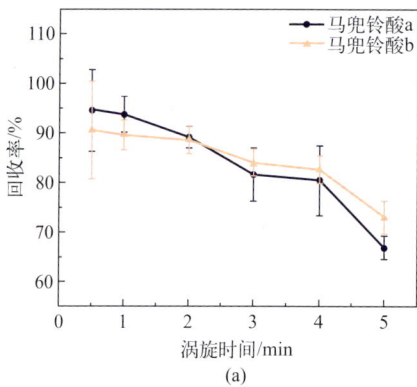
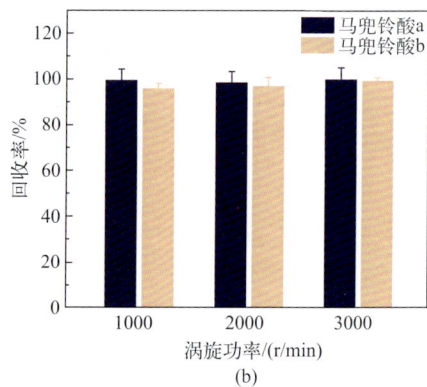

图6-3

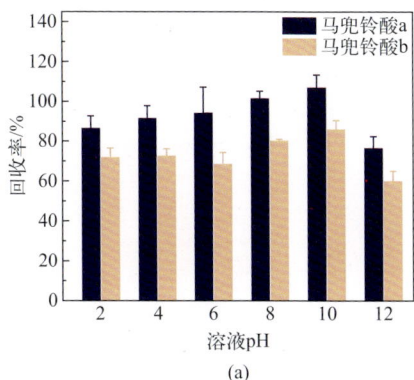

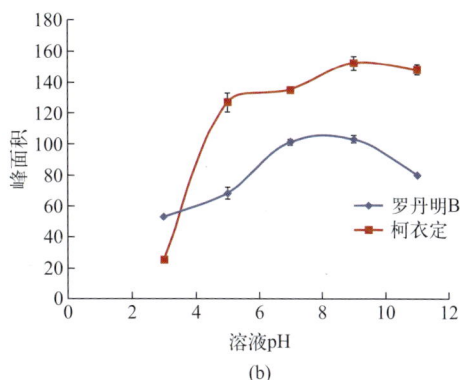

(a)   (b)

图6-5

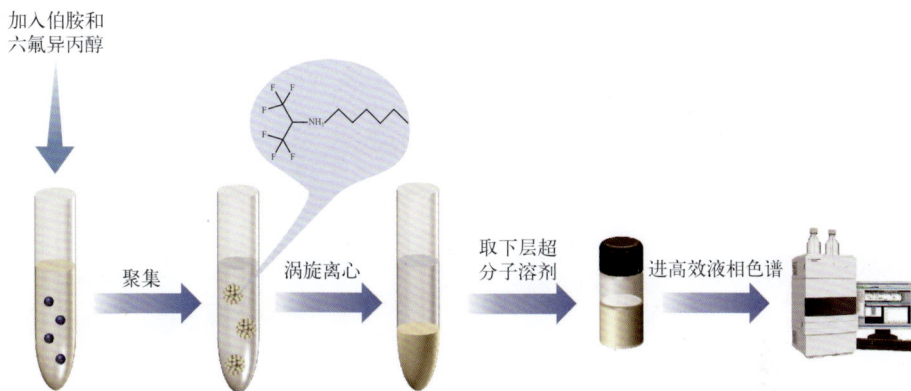

图6-7

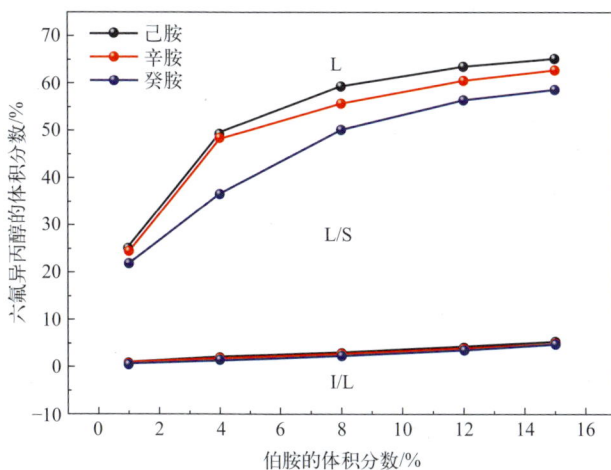

图6-8

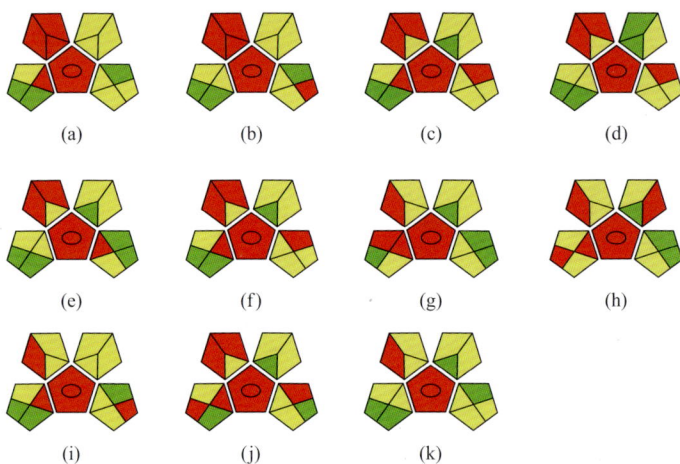

图6-10

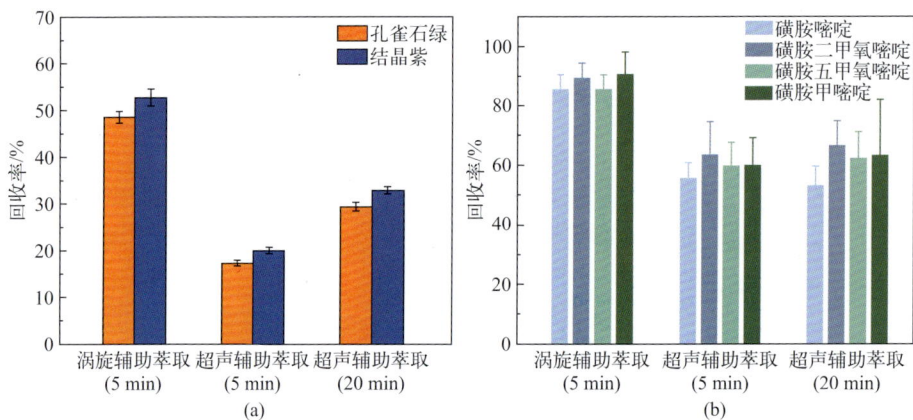

图7-1

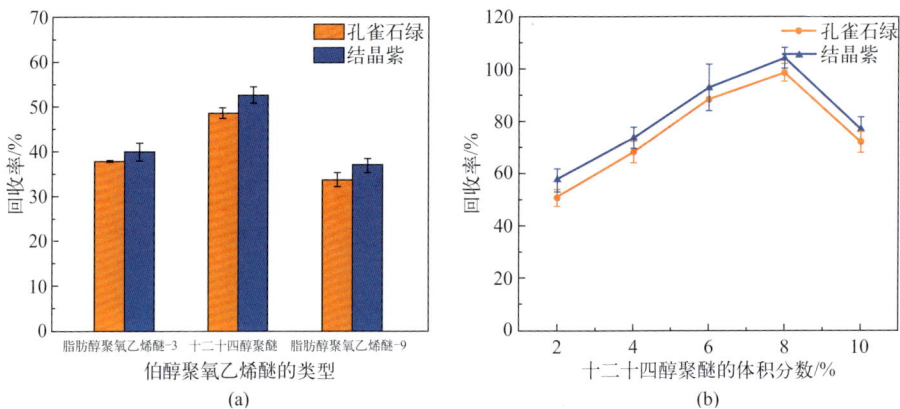

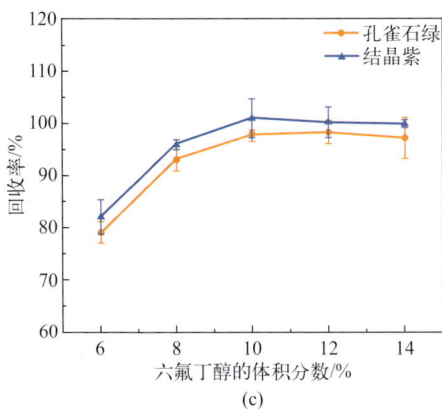

图7-2

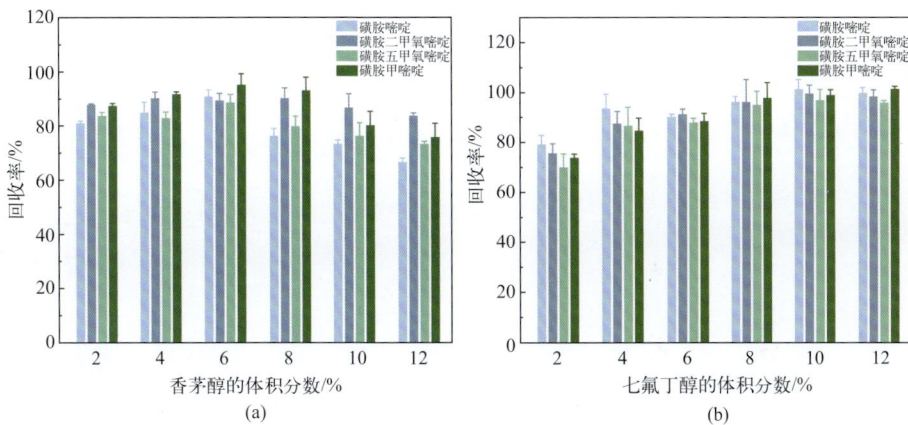

图7-3

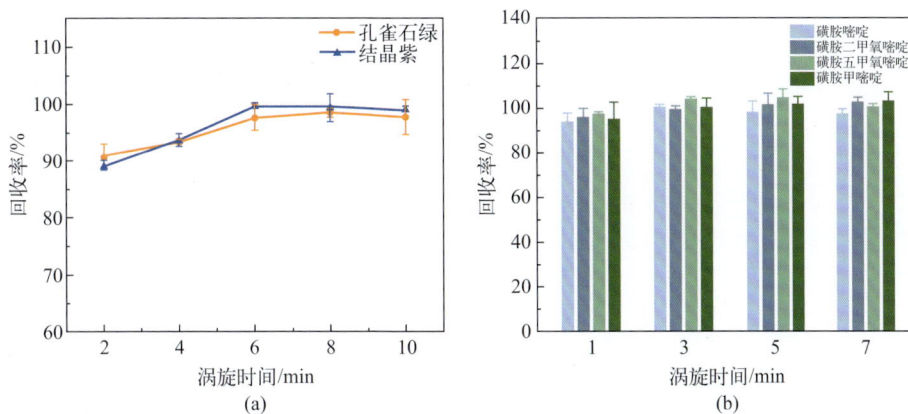

图7-4

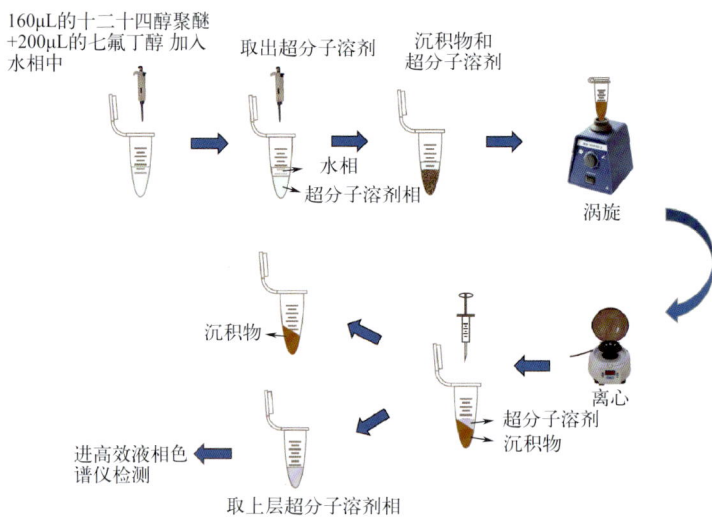

図7-6

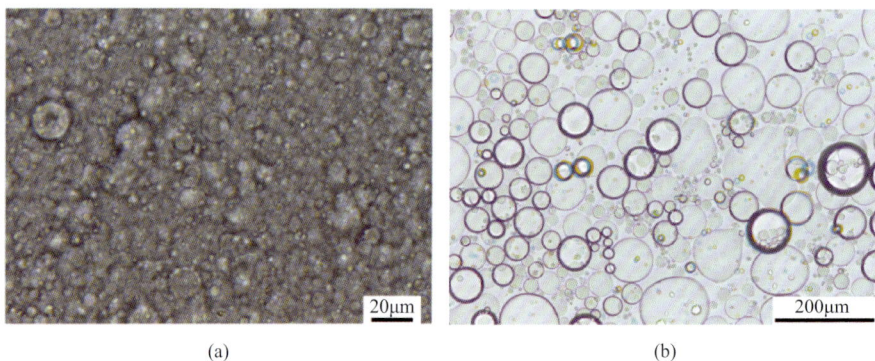

图7-9

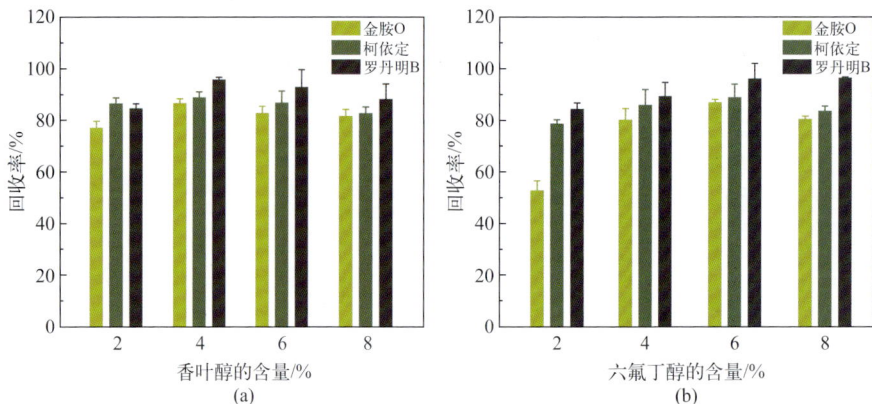

图8-1

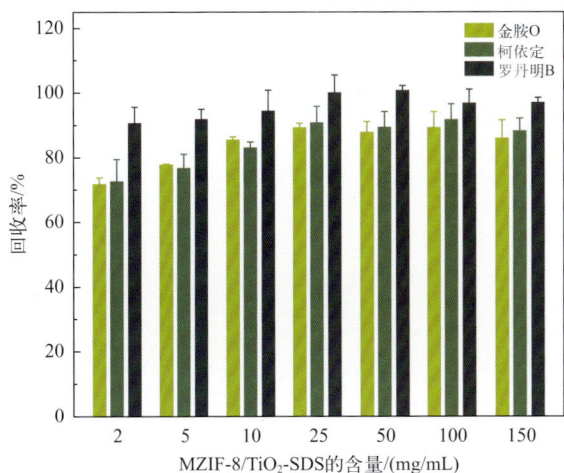

图8-2

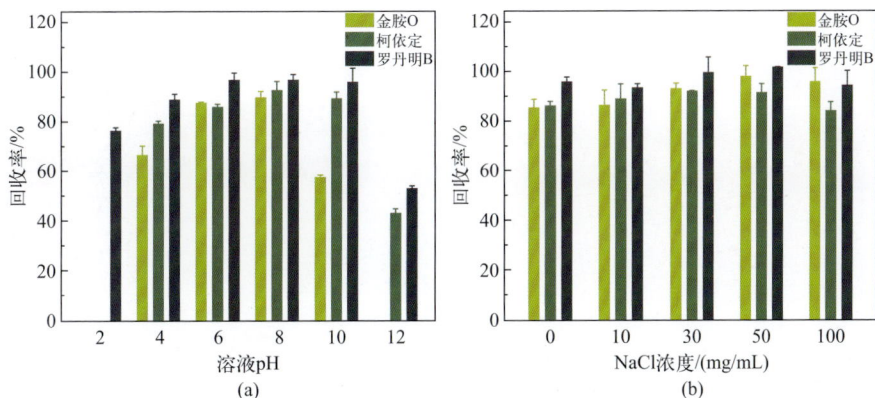

(a)　　　　　　　　　　　(b)

图8-3

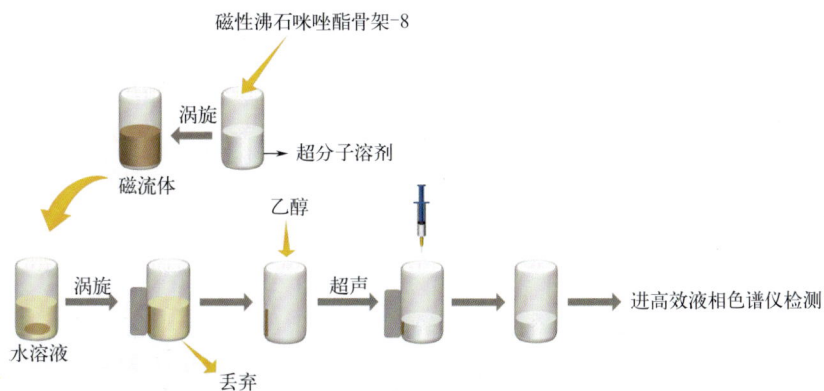

图8-4

新型绿色溶剂
及其在样品前处理中的应用

葛丹丹　翁哲慧　著

化学工业出版社

·北京·

内容简介

本书对样品前处理技术的发展、新型绿色溶剂的应用进行了简单介绍，重点阐述了离子液体在中空纤维液相微萃取中的应用、低共熔溶剂在分散液液微萃取中的应用、低共熔溶剂在基质固相分散技术中的应用、超分子溶剂在涡旋辅助分散液液微萃取中的应用、超分子溶剂在直接微萃取法中的应用、绿色溶剂在基于纳米磁流体微萃取中的应用等内容。

本书既可作为样品前处理相关领域人员的参考书籍，也可作为分析化学专业本科生及硕士研究生的教材。

图书在版编目（CIP）数据

新型绿色溶剂及其在样品前处理中的应用 / 葛丹丹，翁哲慧著. -- 北京 ：化学工业出版社，2025. 6.
ISBN 978-7-122-48232-7

Ⅰ. TQ413

中国国家版本馆CIP数据核字第20250225HC号

责任编辑：张　艳
责任校对：赵懿桐
装帧设计：王晓宇

出版发行：化学工业出版社
　　　　　（北京市东城区青年湖南街 13 号　邮政编码 100011）
印　　装：北京盛通数码印刷有限公司
710mm×1000mm　1/16　印张 11　彩插 6　字数 191 千字
2025 年 8 月北京第 1 版第 1 次印刷

购书咨询：010-64518888　　　　　　售后服务：010-64518899
网　　址：http://www.cip.com.cn
凡购买本书，如有缺损质量问题，本社销售中心负责调换。

定　　价：268.00元　　　　　　　版权所有　违者必究

前言
Preface

　　环境、食品和药品等领域的样品基质复杂，干扰物质繁多，且有机污染物含量较低，分析检测需辅以合适的样品前处理技术。近年来，微萃取因优异的绿色化学指标和较高的萃取效率而备受青睐。作为微萃取的核心部分，萃取溶剂的选择是目标有机污染物能否被高效萃取的关键因素。研究高性能、易于制备且价廉的绿色溶剂并用于微萃取中具有重要的意义。近年来，新型绿色溶剂包括离子液体、低共熔溶剂和超分子溶剂等的制备及在样品前处理中的应用得到了广泛关注。

　　本书主要是对著者相关国家自然科学基金项目和云南省科学技术项目研究成果的总结，同时结合了作者近年的一系列研究工作和行业新的技术进展。本书的主要内容如下：

　　（1）离子液体在中空纤维液相微萃取中的应用性能。把强疏水性的离子液体-1-己基-3-甲基咪唑三（五氟乙基）三氟磷酸盐作为两相中空纤维微萃取的支撑溶剂和萃取溶剂，并用于萃取环境水样中的紫外线吸收剂。该离子液体也可作为支撑溶剂用于三相中空纤维液相微萃取水样中的氯苯类化合物。结果表明，1-己基-3-甲基咪唑三（五氟乙基）三氟磷酸盐的强疏水性和稳定性使其在中空纤维液相微萃取中对目标污染物具有优异的萃取效率。

　　（2）低共熔溶剂在样品前处理中的应用性能。研究中用不同的氢键给体和氢键受体制备出多种新型疏水性低共熔溶剂，并用于涡旋辅助分散液液微萃取和空气辅助分散液液微萃取环境水样和食品样品中的色素和紫外线吸收剂。制备的低共熔溶剂疏水性强，在真实样品中有良好的应用性能。在研究中制备出亲水性低共熔溶剂，并作为基质固相分散中的分散溶剂，用磁性沸石咪唑酯骨架材料为固相吸附剂对沉积物中的合成色素进行萃取，在最优条件下，取得了较好的准确度和精密度。

（3）超分子溶剂在样品前处理中的应用性能。研究中以六氟异丙醇诱导两亲性物质制备出两种超分子溶剂，并应用于涡旋辅助分散液液微萃取技术中。结果表明，制备出的超分子溶剂密度大于水，萃取相分离后易于回收检测，应用性能良好。制备出的六氟丁醇-十二十四醇聚醚超分子溶剂和七氟丁醇-香茅醇型超分子溶剂，可作为萃取溶剂用于直接微萃取滇池沉积物中的有机污染物。所发展的方法具有样本量低、萃取时间短和操作简易等优点。最后，以超分子溶剂为载液，磁性沸石咪唑酯骨架材料为磁芯制备出超分子溶剂基纳米磁流体，并用于微萃取环境水样和饮料样品中的阳离子染料。在最优条件下，方法取得了较低的检出限和定量限、良好的精密度和较高的回收率。

由于编者水平有限，书中难免有不妥之处，欢迎各位同行、读者批评指正。

编　者

2025年2月

目录
Contents

第三章
离子液体在中空纤维液
相微萃取中的应用

第 七 章
超分子溶剂在直接微萃取法
中的应用

124~145

第 八 章

绿色溶剂在基于纳米磁流体
微萃取中的应用

146~166

第 一 章

绪论

近年来，科技的发展使得分析仪器在检测速度、检测水平和自动化程度等方面有了较大的进展，但样品前处理技术依然是分析过程中的瓶颈，尤其是在痕量目标待测物的分析中 [1-3]。样品前处理是分析科学领域中一项至关重要的技术流程，其核心目的是通过物理、化学或生物技术手段，从复杂的样品基质中去除干扰物质，并将目标分析物纯化、富集，最终转化为适合分析仪器检测的形态。在整个分析过程中，样品前处理不仅关乎分析结果的准确性和可靠性，而且对提高分析效率、降低成本、减少环境污染等具有重大意义 [4,5]。

1.1
样品前处理技术的发展

样品前处理的主要目的是样品的提取、净化、浓缩或衍生化目标分析物，并保证这些目标物不受周围基质的污染和干扰，同时确保目标物的稳定性和检测的灵敏度 [6]。萃取过程是样品前处理过程中最重要的步骤之一，萃取效果直接决定样品分析检测结果的质量 [7,8]。传统的萃取方法主要包括液液萃取和固相萃取。其中，液液萃取是选用溶剂分离提取液体中的目标待测物，通过目标组分在溶剂和水中的溶解度差异来实现待测物从水溶液向萃取溶剂的转移 [8]。液液萃取操作简单且萃取效率较高，但操作较烦琐、耗费大量人力和时间，而且需要消耗大量可能有毒且昂贵的高纯度溶剂 [9]。固相萃取是液液萃取法的一种很好的替代方法，其溶剂用量比液液萃取少得多 [10,11]。虽然需要额外的步骤将萃取溶剂浓缩到很小的体积，但仍然是一种领先的萃取技术。手工操作时，固相萃取也很烦琐耗时，且这个方法也可能会造成环境污染 [12]。因此，开发更绿色、更可靠、更高效的萃取技术引起了越来越多的关注。

近年来，传统萃取方法的微型化一直备受关注，以液液萃取为基础的微萃取技术应运而生，如单滴液相微萃取 [13]、中空纤维膜保护液相微萃取 [14]、分散液液微萃取 [15]、直接液相微萃取 [16] 和基于纳米磁流体的微萃取 [17] 等技术。由于样品中待测物的理化性质差异较大，所以在萃取时选择合适的萃取溶剂对这些微萃取技术至关重要。选择萃取溶剂的一般原则是"相似相溶"，还需综合考虑萃取方法和萃取条件的影响。目前，有机溶剂是这些萃取方法中最常用的萃取溶剂，如甲苯、1-辛醇、氯苯和四氯化碳等 [18,19]。但这些有机溶剂挥发性强、毒性大、难以生物降解，会对生态和人类健康造成较大威胁。伴随着绿色化学的发展，在微萃取技术中发展和使用环境友好的绿色溶剂替代有机溶剂已成为分析化学重点关注和研究的问题 [18-20]。

1.2
绿色溶剂

1.2.1 绿色溶剂的定义

绿色化学作为现代科学的重要分支，其核心宗旨在于从源头上减少或消除环境污染和生态破坏。其中，绿色溶剂的研究是绿色化学的关键研究方向之一，其目的在于开发和使用环境友好且对人类健康无害的溶剂来代替传统的有机溶剂 [21,22]。绿色溶剂是指在其应用过程中，能够最小化对环境的负面影响以及对操作者健康的潜在风险的化学品 [23]。低毒性是绿色溶剂的一个重要特点，意味着在使用这些溶剂时，对操作者健康和环境构成的风险相对较小；低挥发性特点则表明这些溶剂在使用时，能较快地从环境中去除，减少了对大气的污染；低腐蚀性的特点则意味着这些溶剂在与其他物质接触时，不容易引起不期望的化学反应，这有助于避免副反应的发生 [24,25]。因此，绿色溶剂在使用和处理过程中，能有效地避免或减少环境污染和生态破坏，对人体健康和环境具有最低毒性。

1.2.2 绿色溶剂的种类

使用绿色溶剂是绿色化学重要原则之一，在过去二十多年中，绿色溶剂的开发研究及其在样品前处理中应用研究不断被报道且数量逐年攀升 [23-27]。与传统溶剂相比，绿色溶剂在生产、应用和处置过程中对环境造成的影响要小得多。水作为最常见的溶剂之一，在某些情况下也可以作为绿色溶剂。与有机溶剂相比，水具有来源丰富、无毒无害、价廉易得、易于排放、不易挥发等优点，故能作为优异的萃取溶剂 [28,29]。但水在微萃取中应用较少，在水相样品中不适用，且水对大部分有机物的萃取效率极低，大部分情况下均不能替代有机溶剂。

近年来，超临界流体微萃取技术得到快速发展，该技术利用超过临界温度和超临界压力状态下的气体作为溶剂进行萃取。目前用于超临界流体萃取的溶剂有十几种，主要有二氧化碳、水、四氟乙烷、乙醇、氧化亚胺和丙烷等。其中二氧化碳应用最多[30]，主要的原因是其超临界温度较低，在接近室温时即可进行萃取；另外，二氧化碳是无毒、不燃的气体，作为溶剂进行萃取时，安全性高，使用过程几乎不会有有害排放；此外，超临界二氧化碳还可以作为反应介质，实现在超临界条件下的特定反应，从而提高反应选择性，减少副产品的生成；超临界二氧化碳的使用还可以通过捕获和利用一般排放到大气中的二氧化碳来实现，这样不仅可减少温室气体排放，还能在化学反应过程中重复使用[31-33]。但是超临界流体萃取需专用仪器，价格昂贵，这限制了其在日常分析检测中的应用。

在复杂基质的样品前处理中，长链脂肪醇是萃取溶剂的良好候选者[34]。与其他有机溶剂相比，它们具有对环境污染性较小的优点，对环境友好，对人类健康的影响也较小[35]。在这些醇类中，1-辛醇作为萃取溶剂引起了许多研究人员的兴趣[36,37]。这可以归因于它相对便宜，并且疏水性长碳链的存在使其不溶于水，这是样品前处理良好萃取溶剂的特性之一。因此，在基质复杂的各种分析物的样品前处理过程中，1-辛醇已被许多研究人员用作微萃取过程中的萃取溶剂[34-39]。

生物基溶剂通常由农业生物质产生，用于溶剂生成，其中农业生物质可分为糖和淀粉、木质纤维素、蛋白质和油基，以及其他林业和食品废物四类。从这些农业生物质中获得的溶剂可以根据其官能团（酯、萜烯、醚和醇）进行分类[40]。生物基溶剂符合绿色化学的十二项原则，来源于可再生原料，使用绿色工艺可回收，并显示出与有机溶剂相似的属性、高沸点、可生物降解性和低蒸气压[41]。生物基溶剂的生产不应对自然环境产生负面影响。

1.3
新型绿色溶剂简介

近年来，离子液体、低共熔溶剂和超分子溶剂等新型绿色溶剂的开发和在微萃取中的应用吸引了分析化学家的关注。这些绿色溶剂以其环境友好性和环境可持续性，在减少传统溶剂的环境危害、实现可持续发展的样品前处理技术方面发挥着重要作用。

1.3.1 离子液体

离子液体，亦称为离子型有机液体或离子型液态有机物，是一类由有机阳离子和无机或有机阴离子构成的分子结构中含有离子组成部分的化合物[42]。离子液体中的阳离子大多由有机化合物制成，拥有较大的体积，而阴离子通常是体积较小的无机或有机离子。由于阴、阳离子体积差异较大、对称性相对较低，且阳离子的静电荷较分散，所以阴、阳离子较难有序排列，这有效地降低了阴、阳离子的相互作用，这种结构特征使得离子液体具有独特的理化性质[42-45]。与传统有机溶剂相比，离子液体具有难挥发性、低蒸气压、高的稳定性等优点，使其被视为"绿色溶剂"，另外离子液体的"可设计性"是其最为显著的特点。通过改变离子液体的阴、阳离子组成，可以精确地调控其理化性质，如酸碱性、极性、黏度和还原性等。这种可调性允许设计出为特定分离应用而优化的离子液体，提高其效率和选择性[46-48]。综上所述，离子液体作为一类新型的、具有广泛应用潜力的物质，其独特的理化性质使其在许多科学领域如催化、有机合成、生物降解、生命科学、色谱科学和样品前处理中均展现出了巨大的应用前景。

1.3.2 低共熔溶剂

2003年，Abbot等报道了用氯化胆碱和尿素以1:2的摩尔比制备均一、透明的溶液，并且将此溶液命名为低共熔溶剂[49]。低共熔溶剂是由氢键给体和氢键受体按照一定的摩尔比通过氢键作用相结合，形成在一定的温度范围内全部或主要以液态存在的体系，简单制备低共熔溶剂的过程如图1-1所示。低共熔溶剂的特点是具有非常低的熔点和沸点，通常在−10℃到室温之间，这意味着它们在常温下一般是液态的，可以在很多常规条件下使用，而不需要使用大量的能源来加热或冷却[50,51]。

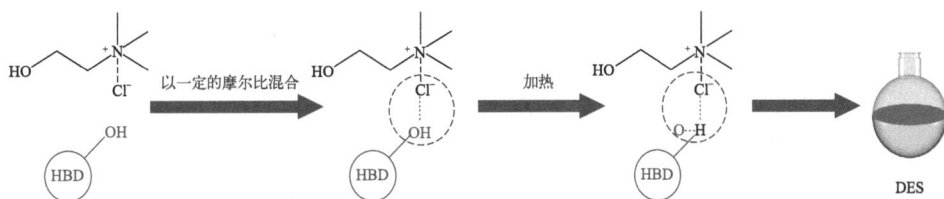

图1-1 氢键给体和氢键受体制备低共熔溶剂的路线（见文前彩插）

低共熔溶剂组成材料之间的氢键作用能够形成一个氢键网络，因而具有一些类似于离子液体的特性，例如它们通常也具有很好的热稳定性、电导性、较低的蒸气压和稳定的化学性质[52]。另外，低共熔溶剂的组成物通常是环境友好的、可生物降解的、无毒或低毒性的，因此它们在环境科学和生命科学领域的应用具有重要的意义[53,54]。低共熔溶剂的另一个重要特性是可以通过改变组成物配比和组合不同的化合物来调节最终产物的理化特性，通过选择不同的氢键给体和受体，可以设计出具有特定功能的低共熔溶剂[55,56]。

1.3.3 超分子溶剂

超分子溶剂是由两亲性聚集体组成的与水不混溶的绿色溶剂[57,58]。两亲性分子顺序自组装产生的三维聚集体由环境条件改变引起凝聚[59,60]，从而分离为两个液相，即超分子溶剂和水相溶液（平衡溶液）。首先，两亲性分子在高于临界胶束浓度下自聚集，形成纳米级别的胶束、反胶束或囊泡[61,62]。然后在合适的诱导条件下，形成的纳米结构聚集体进一步自组装，产生更大的与水不相容的超分子聚集体[63,64]。自组装导致富两亲性液相（超分子溶剂相）从本体溶液中自发分离（凝聚）[65,66]，如图1-2所示。超分子溶剂中的胶束聚集体因疏水、静电和氢键相互作用而具有高稳定性。

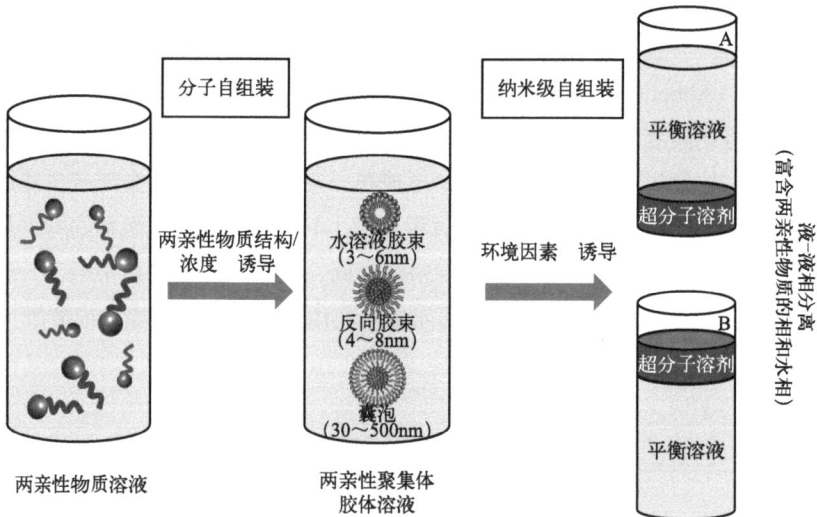

图1-2 超分子溶剂形成示意图（见文前彩插）

自组装是通过吸引力和排斥力的平衡以及溶质与溶剂和溶质与溶质的相互作用而发生的，涉及的力均为非共价键，包括离子-离子、离子-偶极、偶极-偶极、氢键、阳离子-π、π-π等作用[67]，在这些力的共同作用下，超分子溶剂可以稳定存在。

超分子结构的形态主要取决于溶剂的性质、溶液条件以及两亲化合物的头基和烷基链的相对大小[68]。在离子型两亲化合物的胶体溶液中，为了诱导凝聚通常会添加凝聚剂（电解质[69]或两亲性反离子[70]）或者改变溶液 pH[71]。而在非离子体系中，通常会通过改变温度诱导凝聚。不同凝聚诱导方法的两亲化合物种类、机制以及影响因素如表 1-1 所示。

表1-1 不同凝聚诱导方法的两亲化合物种类、机制以及影响因素

诱导方法	两亲化合物种类	诱导凝聚机制	影响诱导的因素
温度诱导	非离子型/离子型	通过改变温度去除极性基团中的结合水，从而减少头部基团和相邻胶束的重叠面积，进而增加胶束间相互作用，最终导致胶束增长凝聚	电解质/两亲化合物极性
水诱导	非离子型	将两亲化合物溶解在水溶性溶剂（辅助表面活性剂）中，而后加入水作为凝聚的诱导剂	辅助表面活性剂的介电常数
酸诱导	离子型	中和离子型两亲化合物的头部基团	两亲化合物 pK_a
反离子诱导	离子型	中和离子型两亲化合物的头部基团	反离子电荷数

参考文献

[1] Song X, Huang X. Ionic liquids-based adsorbents for extraction and separation: A review emphasizing recent advances in sample preparation. Sep Purif Technol, 2024, 358: 130336.

[2] Ghorbani M, Saghafi A, Lahoori N A, et al. Comprehensive review of sample preparation strategies for phthalate ester analysis in various real samples. Microchem J, 2024, 207: 112072.

[3] Cheng L, Fan C, Deng W. The application of deep eutectic solvent-based magnetic nanofluid in analytical sample preparation. Talanta, 2024, 282: 126976.

[4] Oliveira I G C, Grecco C F, Souza I D, et al. Current chromatographic methods to determine cannabinoids in biological samples: A review of the state-of-the art on sample preparation techniques. Green Anal Chem, 2024, 11: 100161.

[5] Mandal V, Ajabiya J, Khan N, et al. Advances and challenges in non-targeted analysis: An insight into sample preparation and detection by liquid chromatography-mass spectrometry. J Chromatogr A, 2024, 1737: 465459.

[6] De Cesaris M G, Antonelli L, Lucci E, et al. Current trends to green food sample preparation. A review. J Chromatogr Open, 2024, 6: 100170.

[7] Maidodou L, Steyer D, Monat M A, et al. Harnessing the potential of sniffing dogs and GC-MS in analyzing human urine: A comprehensive review of sample preparation and extraction techniques. Microchem J, 2024, 207: 111907.

[8] Soliman M A, Pedersen J A, Suffet I H M. Rapid gas chromatography-mass spectrometry screening method for human pharmaceuticals, hormones, antioxidants and plasticizers in water. J Chromatogr A, 2004, 1029(1-2): 223-237.

[9] Ge D, Lee H K. A new 1-hexyl-3-methylimidazolium tris (pentafluoroethyl) trifluorophosphate ionic liquid based ultrasound-assisted emulsification microextraction for the determination of organic ultraviolet filters in environmental water samples. J Chromatogr A, 2012, 1251: 27-32.

[10] Soliman M A, Pedersen J A, Suffet I H M. Rapid gas chromatography–mass spectrometry screening method for human pharmaceuticals, hormones, antioxidants and plasticizers in water. J Chromatogr A, 2004, 1029(1-2): 223-237.

[11] Castillo M, Alpendurada M F, Barceló D. Characterization of organic pollutants in industrial effluents using liquid chromatography-atmospheric pressure chemical ionization-mass spectrometry. J Mass Spectrom, 1997, 32(10):

1100-1110.

[12] Sakkas V A, Giokas D L, Lambropoulou D A, et al. Aqueous photolysis of the sunscreen agent octyl-dimethyl-p-aminobenzoic acid: Formation of disinfection byproducts in chlorinated swimming pool water. J Chromatogr A, 2003, 1016(2): 211-222.

[13] De Souza, Pinheiro A, De Andrade J B. Development, validation and application of a SDME/GC-FID methodology for the multiresidue determination of organophosphate and pyrethroid pesticides in water. Talanta, 2009, 79(5): 1354-1359.

[14] Kazakova J, Villar-Navarro M, Pérez-Bernal J L, et al. Urine and saliva biomonitoring by HF-LPME-LC/MS to assess dinitrophenols exposure. Microchem J, 2021, 166: 106193.

[15] Treder N, Kowal A, Roszkowska A, et al. A sustainable approach for the determination of pacritinib in biological samples with dispersive liquid-liquid microextraction and using hydrophobic natural deep eutectic solvents. Sustain Chem Pharm, 2024, 42: 101841.

[16] Salamat Q, Yamini Y. Application of nanostructured supramolecular solvent based on $C_{12}mimBr$ ionic liquid surfactant to direct extraction of some chlorophenols in soil and rice samples. J Mol Liq, 2022, 366:120166.

[17] Zheng X, Ma W, Wang Q, et al. Development of self-dispersion ferrofluid-based dispersive liquid–liquid microextraction for determining chiral fungicide hexaconazole in water, tea, and juice using high-performance liquid chromatography. Microchem J, 2024, 196: 109593.

[18] Kalogiouri N P, Papatheocharidou C, Samanidou V F. Recent advances towards the use of deep eutectic solvents and cyclodextrins in the extraction of food contaminants: From traditional sample pretreatment techniques to green microextraction and beyond. TrAC-Trend Anal Chem, 2024, 173: 117649.

[19] Sivapragasam N, Maqsood S. Sustainable green extraction of anthocyanins and carotenoids using deep eutectic solvents (DES): A review of recent developments. Food Chem, 2024, 448: 139061.

[20] Koh Q Q, Kua Y L, Gan S, et al. Sugar-based natural deep eutectic solvent (NADES): Physicochemical properties, antimicrobial activity, toxicity, biodegradability and potential use as green extraction media for phytonutrients. Sustain Chem Pharm, 2023, 35: 101218.

[21] Ahmad S, Jaiswal R, Yadav R, et al. Recent advances in green chemistry approaches for pharmaceutical synthesis. Sustain Chem One Word, 2024, 4: 100029.

[22] Assis R S, Barreto J A, Santos M J S, et al. Green chemistry-based strategies for liquid-phase microextraction and determination of mercury species. Trends Environ Anal, 2024, 44: e00247.

[23] Chen Y, Yu Z. Low-melting mixture solvents: extension of deep eutectic solvents and ionic liquids for broadening green solvents and green chemistry. Green Chem Eng, 2024, 5(4): 409-417.

[24] Calvo-Flores F, Monteagudo-Arrebola M J, Dobado J A, et al. Green and bio-based solvents. Topics Curr Chem, 2018, 376: 18.

[25] Alqahtani A S. Indisputable roles of different ionic liquids, deep eutectic solvents and nanomaterials in green chemistry for sustainable organic synthesis. J Mol Liq, 2024, 399: 124469.

[26] Fernandes A S, Caetano P A, Jacob-Lopes E, et al. Alternative green solvents associated with ultrasound-assisted extraction: A green chemistry approach for the extraction of carotenoids and chlorophylls from microalgae. Food Chem, 2024, 455: 139939.

[27] Cao J, Su E. Hydrophobic deep eutectic solvents: The new generation of green solvents for diversified and colorful applications in green chemistry. J Clean Prod, 2021, 314: 127965.

[28] Abbasalizadeh A, Mogaddam M R A, Sorouraddin S M, et al. Development of "water-lean" solvent-based air-assisted liquid–liquid microextraction; application in the extraction of some phenolic compounds from water and wastewater samples prior to GC-FID analysis. Microchem J, 2024, 207: 112100.

[29] Cruz-Reina L J, Rodríguez-Cortina J, Vaillant F, et al. Extraction of fermentable sugars and phenolic compounds from Colombian cashew (Anacardium occidentale) nut shells using subcritical water technology: Response surface methodology and chemical profiling. Adv Chem Eng, 2024, 20: 100661.

[30] 廖传华, 周勇军. 超临界流体技术及其过程强化. 北京: 中国石化出版社, 2007.

[31] Christaki S, Sulejmanović M, Simić S, et al. Supercritical CO_2 and subcritical water extraction of Curcuma longa

bioactive compounds. Microchem J, 2024, 207: 112101.

[32] Fischer B, Gevinski E V, da Silva D M, et al. Extraction of hops pelletized (Humulus lupulus) with subcritical CO_2 and hydrodistillation: Chemical composition identification, kinetic model, and evaluation of antioxidant and antimicrobial activity. Food Res Int, 2023, 167: 112712.

[33] Banožić M, Gagić T, Čolnik M, et al. Sequence of supercritical CO_2 extraction and subcritical H_2O extraction for the separation of tobacco waste into lipophilic and hydrophilic fractions. Chem Eng Res Des, 2021, 169: 103-115.

[34] Zuluaga M, Yathe-G L, Rosero-Moreano M, et al. Multi-residue analysis of pesticides in blood plasma using hollow fiber solvent bar microextraction and gas chromatography with a flame ionization detector. Environ Toxicol Phar, 2021, 82: 103556.

[35] Bandforuzi S R, Hadjmohammadi M R. Application of non-ionic surfactant as a developed method for the enhancement of two-phase solvent bar microextraction for the simultaneous determination of three phthalate esters from water samples. J Chromatogr A, 2018, 1561: 39-47.

[36] Maghsoudi M, Nojavan S, Hatami E. Development of electrically assisted solvent bar microextraction followed by high performance liquid chromatography for the extraction and quantification of basic drugs in biological samples. J Chromatogr A, 2021, 1654: 462447.

[37] Kiani M, Qomi M, Hashemian F, et al. Multivariate optimization of solvent bar microextraction combined with HPLC-UV for determination of trace amounts of vincristine in biological fluids. J Chromatogr B, 2018, 1072: 397-404.

[38] AL-Hashimi N N, Al-Degs Y S, Al Momany E M A, et al. Solvent bar microextraction combined with HPLC-DAD and multivariate optimization for simultaneous determination of three antiarrhythmic drugs in human urine and plasma samples. Talanta Open, 2022, 6: 100140.

[39] AL - Hashimi N N, Al - Degs Y S, Jaafreh S, et al. Simultaneous determination of furosemide and carbamazepine in biological matrices by solvent bar microextraction combined with high-performance liquid chromatography–diode array detector and central composite design. Biomed Chromatogr, 2022, 36(11): e5476.

[40] Chemat F, Abert Vian M, Ravi H K, et al. Review of alternative solvents for green extraction of food and natural products: Panorama, principles, applications and prospects. Molecules, 2019, 24(16): 3007.

[41] Vo T P, Nguyen D Q, Ho T A T, et al. Novel extraction of bioactive compounds from algae using green solvent: principles, applications, and future perspectives. J Agr Food Res, 2024, 18: 101535.

[42] Nawała J, Dawidziuk B, Dziedzic D, et al. Applications of ionic liquids in analytical chemistry with a particular emphasis on their use in solid-phase microextraction. TRAC-Trend Anal Chem, 2018, 105: 18-36.

[43] Jailani N A, Jamil A H A, Noh M H, et al. The effect of ionic liquid on the solubility of polyetheretherketone (PEEK). J Ionic Liq, 2024, 4(2): 100103.

[44] Waheed A, Akram S, Butt F W, et al. Synthesis and applications of ionic liquids for chromatographic analysis. J Chromatogr A, 2025, 1739: 465503.

[45] El-Shaheny R, El Hamd M A, El-Enany N, et al. Insights on the utility of ionic liquids for greener recovery of gold and silver from water, wastes, and ores. J Mol Liq, 2024, 414: 126034.

[46] Kuddushi M, Xu B B, Malek N, et al. Review of ionic liquid and ionogel-based biomaterials for advanced drug delivery. Adv Colloid Interfac, 2024, 331: 103244.

[47] Yin Y, Dong X, Dai L, et al. Hydroxyl and amino co-modified imidazole based ionic liquid functionalized TS-1 molecular sieve for efficient CO_2 capture. Sep Purif Technol, 2025, 358: 130393.

[48] Zhu G, Zhou S, Ma Z, et al. Molecular dynamics simulation of the interaction between ionic liquid [OPy][BF_4] and SO_2. Fluid Phase Equilibr, 2025, 589: 114257.

[49] Abbott A P, Capper G, Davies D L, et al. Novel solvent properties of choline chloride/urea mixtures,Chem. Commun. 2003, 1: 70-71.

[50] Zain N N M, Yahaya N, Madurani K A, et al. Green techniques: Revolutionizing deep eutectic solvents-based modified electrodes for electrochemical sensing of natural antioxidant. Microchem J, 2024, 206: 111491.

[51] Jannatabadi S A, Hosseinzadeh R, Maleki B. One-pot synthesis of dihydropyrimidinone and polyhydroquinoline derivatives with natural deep eutectic solvents (NADESs): Alternative to toxic organic solvents and environmental

eco-friendly. Results Chem, 2024, 12: 101848.

[52] Gao Y, Fan M, Cheng X, et al. Deep eutectic solvent: Synthesis, classification, properties and application in macromolecular substances. Int J Biol Macromol, 2024, 278: 134593.

[53] Hristozova A, Vidal L, Aguirre MÁ, et al. Natural deep eutectic solvent-based dispersive liquid-liquid microextraction of pesticides in drinking waters combined with GC-MS/MS detection. Talanta, 2025, 282: 126967.

[54] Yuki S, Shinohe R, Tanaka Y, et al. Natural deep eutectics: expanding green solvents for thermally-/photo-induced polymerization of N-isopropylacrylamide toward key components for sustainable production of semi-natural polymers. Polym Chem-uk, 2024, 15(36): 3629-3640.

[55] Fan C, Cheng L, Deng W. Design of deep eutectic solvents for multiple perfluoroalkyl substances removal: Energy-based screening and mechanism elucidation. Sci Total Environ, 2024, 949: 175039.

[56] Yu R, Huang Q, Ding Z, et al. Design of deep eutectic solvents modified palygorskite for selective recognition, mechanism study and stable preservation of quercetin. Appl Clay Sci, 2024, 262: 107621.

[57] Salamat Q, Yamini Y, Moradi M, et al. Novel generation of nano-structured supramolecular solvents based on an ionic liquid as a green solvent for microextraction of some synthetic food dyes. New J Chem, 2018, 42(23): 19252-19259.

[58] Tutar B K, Tutar Ö F, Bodur S, et al. Determination of copper at trace levels in fennel tea samples by flame atomic absorption spectrometry after the implementation of simultaneous complexation and supramolecular solvent based spraying assisted liquid phase microextraction. 2J Food Compo Anal, 2025, 137: 106993.

[59] Rastegar A, Alahabadi A, Esrafili A, et al. Application of supramolecular solvent-based dispersive liquid–liquid microextraction for trace monitoring of lead in food samples. Anal Methods, 2016, 8(27): 5533-5539.

[60] Torres-Valenzuela L S, Ballesteros-Gómez A, Rubio S. Green solvents for the extraction of high added-value compounds from agri-food waste. Food Eng Rev, 2020, 12: 83-100.

[61] Ezoddin M, Majidi B, Abdi K. Ultrasound-assisted supramolecular dispersive liquid–liquid microextraction based on solidification of floating organic drops for preconcentration of palladium in water and road dust samples. J Mol Liq, 2015, 209: 515-519.

[62] Seebunrueng K, Dejchaiwatana C, Santaladchaiyakit Y, et al. Development of supramolecular solvent based microextraction prior to high performance liquid chromatography for simultaneous determination of phenols in environmental water. Rsc Adv, 2017, 97: 50143-50149.

[63] Faraji M, Noormohammadi F, Jafarinejad S, et al. Supramolecular-based solvent microextraction of carbaryl in water samples followed by high performance liquid chromatography determination. Int J Environ Anal, 2017, 97(8): 730-742.

[64] Luo T, Li Y, Liu C, et al. Supramolecular dispersive liquid-liquid microextraction and determination of copper by flame atomic absorption spectrometry. Asian J Chem, 2014, 26: 4835-4838,

[65] Gissawong N, Boonchiangma S, Mukdasai S, et al. Vesicular supramolecular solvent-based microextraction followed by high performance liquid chromatographic analysis of tetracyclines. Talanta, 2019, 200: 203-211.

[66] Qin H, Qiu X, Zhao J, et al. Supramolecular solvent-based vortex-mixed microextraction: determination of glucocorticoids in water samples. J Chromatogr A, 2013, 1311: 11-20.

[67] 徐佳. 无盐型阴阳离子表面活性剂复配体系及其超分子溶剂萃取研究[D]. 武汉: 武汉大学, 2017.

[68] Israelachvili J N, Mitchell D J, Ninham B W. Theory of self-assembly of hydrocarbon amphiphiles into micelles and bilayers. J Chem Soc Faraday Trans, 1976, 72: 1525-1568.

[69] Gouda A A, Elmasry M S, Hashem H, et al. Eco-friendly environmental trace analysis of thorium using a new supramolecular solvent-based liquid-liquid microextraction combined with spectrophotometry. Microchem J, 2018, 142: 102-107.

[70] Musarurwa H, Tavengwa N T. Supramolecular solvent-based micro-extraction of pesticides in food and environmental samples. Talanta, 2021, 223: 121515.

[71] Yilmaz E, Soylak M. Development a novel supramolecular solvent microextraction procedure for copper in environmental samples and its determination by microsampling flame atomic absorption spectrometry. Talanta, 2014, 126: 191-195.

新型绿色溶剂

2.1
离子液体

2.1.1 离子液体的分类和组成

离子液体的阴、阳离子能够以多种方式进行组合,这种组合的多样性为离子液体的功能化提供了广阔的可能性。离子液体种类较多,考虑的角度不同,分类的方式也不一样。如按照离子液体在水中的溶解度分类,可将其分为疏水性和亲水性离子液体。离子液体中常见的阴离子有六氟磷酸盐、四氟硼酸盐、卤化物、烷基硫酸盐、烷基磺酸盐、三氟甲基磺酸盐和双[(三氟甲基)磺酰基]酰胺;阳离子大多为咪唑正离子、磷正离子、铵正离子、吡咯烷正离子和吡啶正离子,常见离子液体的阴、阳离子结构如图 2-1 所示[1]。阴、阳离子的种类较多,理论上,按不同的阴、阳离子组合,离子液体的种类可能有多达 10^{18} 种[2]。目前,报道的离子液体已超过 1500 种,市售的有 800 多种,这一数据还在继续增长[3]。

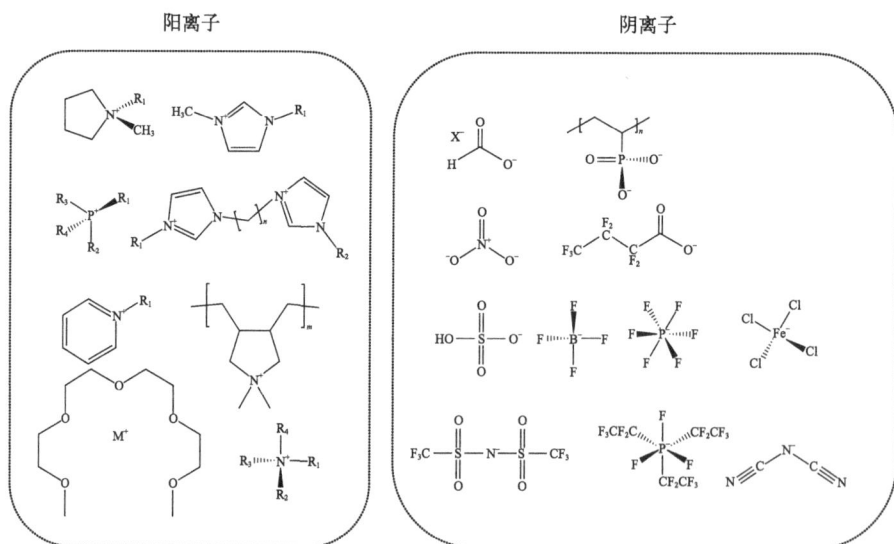

图2-1 常见离子液体的阳离子和阴离子

另外离子液体还可根据化学结构不同分为质子型离子液体和非质子型离子液

体，二者主要区别在于离子液体的制备过程中是否存在质子转移的过程 [4]。将相同摩尔量的布朗斯特酸和布朗斯特碱通过酸碱中和反应可以制备得到质子型离子液体，因此质子型离子液体的合成步骤简单方便 [4]。相比于质子型离子液体，非质子型离子液体结构特征各异 [5]，包含大量不同结构的阴离子和阳离子。非质子型离子液体的合成步骤繁多，制备过程复杂，合成条件更苛刻，成本也更高 [6]，但是非质子型离子液体的可设计性比质子型离子液体高。近年来，随着离子液体的研究和应用的不断发展，科研人员设计并制备出金属元素与有机配体之间通过配位键形成的配位离子液体 [7]，该类离子液体制备简单，价格低廉。Jessop 等用正己醇和 1,8- 二氮杂双环 [5.4.0] 十一碳 -7- 烯组成的混合物体系合成出一种可逆离子液体，在二氧化碳的作用下可以实现极性高低之间的转换 [8]。

2.1.2　离子液体的性质

离子液体作为一类新型的绿色溶剂，其独特的物理和化学性质使其在许多科学领域中展现出了巨大的应用前景。近年来，离子液体因对有机物和无机物均具有良好的溶解性能，在萃取分离中的应用获得了大量的关注。离子液体的结构和性质对它们在样品前处理中的应用起着至关重要的作用 [9,10]，所以我们必须加以研究和探索。

密度是表征离子液体物理性质的基本参数之一，它直接影响离子液体的流动性和与其他介质的混合性，进而影响离子液体的萃取效率。离子液体的密度通常大于水的密度，一般为 $1.0 \sim 1.6g/cm^3$，高密度使得离子液体在相分离后易于分离回收。阳离子和阴离子的大小、形状及其电荷分布均会影响离子液体的密度。一般来说，阳离子的体积越大、链长度越长，离子液体的密度越小；相比于阳离子，阴离子对密度的影响更大，通常阴离子体积越大，离子液体的密度越大。此外，离子液体中的杂质含量也会对密度产生显著影响，故在制备和储存过程中需要严格控制以确保其性质的稳定 [11]。

黏度是离子液体的一个重要物理性质，它直接关系到其流动性和传质能力，黏度过高将降低待测物从样品到低共熔溶剂的传质速度，增加萃取时间，降低萃取效率。离子液体的黏度普遍较高（10 ～ 1000cp），与传统有机溶剂相比（0.2 ～ 10cp），通常高出一个或多个数量级。黏度主要受阳离子的烷基链长度、支化程度、碱性强度以及阴离子体积的影响。一般而言，阳离子烷基链越长、支化度越低、碱性越弱和对称性越强，离子液体的黏度都越大。阴离子体积越大、对称性越高，离子液体

的黏度越大 [12,13]。

极性经常用于描述溶剂（包括离子液体）和待测物之间的分子间相互作用，可以使用各种仪器或探针化合物对这些溶剂-溶质相互作用进行定量分析 [14]。阴离子尺寸越小或有效电荷密度越小，离子液体的极性越低，反之亦然。较长的阳离子烷基链会使离子液体的极性较低 [15]。

离子液体的溶解度是由其亲水性或疏水性决定的。根据应用需求，离子液体可以设计并制备为亲水性或疏水性的，溶解度取决于阳离子和阴离子种类。在阴离子相同的条件下，阳离子的烷基链增长会使离子液体的溶解度降低。对于大部分含有氯离子、溴离子、碘离子、四氟硼酸离子和三氟甲磺酸盐的阴离子的离子液体是水溶性，而含有双（三氟甲基）磺酰亚胺、六氟磷酸盐阴离子等的离子液体是疏水性的 [16,17]。例如，1-丁基-3-甲基咪唑四氟硼酸盐是水溶性的，而1-丁基-3-甲基咪唑六氟磷酸盐是疏水性的 [18]。离子液体的亲水性或疏水性对目标分析物的萃取回收率起着至关重要的作用 [19]。

2.1.3 离子液体在微萃取技术中的适用性

因离子液体具有高稳定性、低蒸气压、良好的性质可调性和优异的有机物（无机物）溶解性，在化学已被广泛用作传统有机溶剂的替代溶剂。离子液体代表了一种绿色方法，消除了传统挥发性有机溶剂对操作人员健康的伤害，分析化学领域，特别是萃取和样品前处理工作中，已大量使用离子液体 [20]。

作为"可设计性"的溶剂，在离子液体中引入官能团，可增强其对不同化合物的亲和力，因此，离子液体对有机化合物和无机化合物均有优异的萃取效果 [20-22]。在萃取过程中，离子液体的聚集体可以形成特定（极性/非极性）区域与不同性质的待测物相互作用。基于离子液体的微萃取过程受益于离子液体可忽略的蒸气压，因为萃取相在温度、时间、超声波或微波辅助的萃取过程中不会蒸发 [23-25]；离子液体的可调溶解度在微萃取中是另一个明显的优势，如疏水性离子液体可以在水相样品中完全分散，萃取分离后可收集富集目标物的离子液体进行分析检测 [26,27]，而亲水性离子液体则成功应用于疏水性样品中目标分析物的微萃取技术中 [28,29]；此外，大部分离子液体的密度都大于的密度，这使得离子液体在萃取分离后位于水相下方，易于回收操作 [23-29]；最后，可以通过适当选择官能化阳离子来调节离子液体的选择性和灵敏度，如分子量大的疏水性阳离子在萃取高分子量和稠环分析物（如多环芳烃）的情况下可提供更高的富集因子，而较小和疏水性较低的阳离子更适合提取分子量较低和疏水性较小的分析物。目前离子液体已广泛用于微萃取技术中，包括单滴液相微萃取[30-36]、分散液液微萃取[37-42]、中空纤维膜液相微萃取[43-47]和基于纳米磁流体的微萃取[48-50]中。

目前报道的文献中，超过 75% 的用于微萃取技术中的离子液体为 1-烷基-3-甲基咪唑六氟磷酸盐[10]，该离子液体的主要局限性是它们的不稳定性和在样品基质中溶解的可能性，特别是在长时间萃取的情况下。2009 年，Yao 等提出了一类新的离子液体，以三（五氟乙基）三氟磷酸盐为阴离子制备的非挥发性离子液体[51]。与六氟磷酸盐型离子液体相比，这类离子液体具有更强的疏水性、更高的热稳定性和更好的阳离子和阴离子之间的配位作用，使其在长时间的微萃取过程中能够稳定存在[52]。

当然，离子液体也存在局限性：低挥发性使其缺乏与气相色谱系统的直接兼容性；高黏度会降低扩散和传质速率，阻碍微萃取过程，不完全萃取的离子液体进入检测系统会影响测定结果的准确度和精密度，这严重限制了离子液体在微萃取中的适用性；另外，离子液体合成过程困难、合成条件苛刻，且部分离子液体的绿色性能也备受质疑。

2.2
低共熔溶剂

2.2.1　低共熔溶剂的分类和组成

自 2003 年被提出以后，低共熔溶剂种类逐渐丰富，化学工作者制备出大量的低共熔溶剂。Abbott 等根据氢键给体和氢键受体种类的不同，把低共熔溶剂分成四种不同的类型[53]，如图 2-2 所示。第一种类型是由季铵盐和无水金属卤化物（$ZnCl_2$、$SnCl_2$、$FeCl_3$ 等）组成的低共熔溶剂，这类低共熔溶剂在常温下多为固体，限制了其在样品前处理中的应用。第二种类型是由季铵盐和水合金属盐（如 $CoCl_2 \cdot 6H_2O$ 和 $CuCl_2 \cdot 6H_2O$）构成，使用水合物金属卤化物的成本相对较低，且水分子在低共熔溶剂合成中作为中性配体，有效降低了低共熔溶剂的熔点，极大地丰富了低共熔溶剂的种类。第三种类型是季铵盐作为氢键受体、羧酸类化合物和醇类化合物等作为氢键给体合成出的低共熔溶剂，目前，这一类低共熔溶剂在样品前处理中应用广泛。第四种类型为金属氯化物和氢键给体（乙二醇、尿素和乙酰胺等）组成。随着绿色化学的发展，对低共熔溶剂的研究也日益深入，种类不再局限于以上四种。目前常见的低共熔溶剂多为采用天然原料制备而得，价格便宜、绿色环保且毒性较低，如薄荷醇/癸酸[54]、薄荷醇/辛醇[55]、百里香酚/辛胺[56]和三元低共熔溶剂（如氯化胆碱/葡萄糖/果糖和苹果酸/柠檬酸/葡萄糖等）[57]等。图2-3列举了一些目前常见低共熔溶剂的氢键给体和氢键受体[58]。

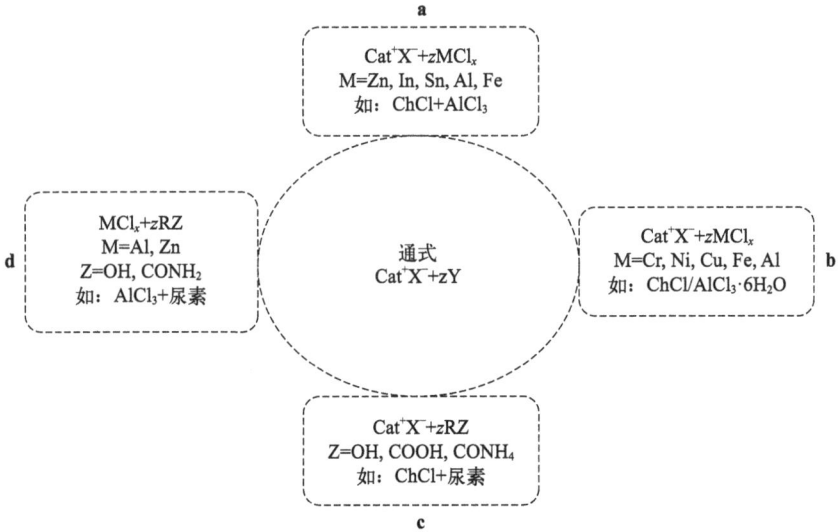

图2-2　低共熔溶剂的类型

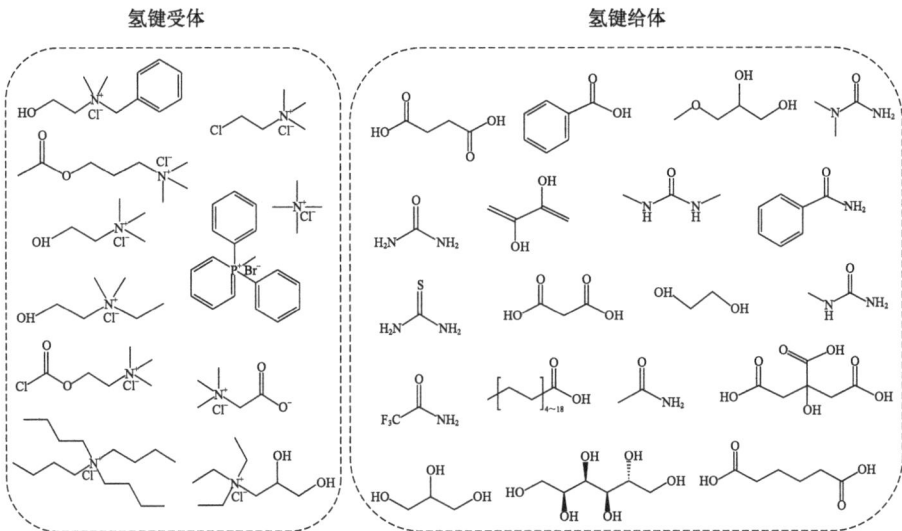

图2-3　常见的低共熔溶剂的氢键受体和氢键给体

氢键给体和氢键受体间的相互作用和低共熔溶剂的制备关系密切，通过组分之间的氢键相互作用使得体系的晶格能减小，导致混合物出现熔点下降的低共熔现象，由此得到的是一种低共熔混合物[59,60]。Wang 等用氯化胆碱为氢键受体、以多元醇为氢键给体（1, 2-丁二醇、1, 3-丁二醇、1, 4-丁二醇、2, 3-丁二醇、1, 3-丙二醇、甘油、1, 5-戊二醇、1, 2, 5-戊三醇和木糖醇）制备出低共熔溶剂，基于傅里叶变换中红外光谱、远红外光谱、氢核磁共振谱图和量子化学计算表明：氯化胆碱中的氯原子与多元醇羟基中的氢原子之间的氢键相互作用是形成低共熔溶剂的主要驱动力[61]；氢键强度随着丁二醇中两个羟基之间碳原子数的增加和多元醇中羟基数的减少而降低；氯化胆碱与丁二醇的摩尔比为 1∶2 时氢键作用对低共熔溶剂的形成和稳定性起主要作用[62]。在过去的二十年间，利用不同结构和性质的氢键给体和氢键受体制备出大量性质各异的低共熔溶剂，因此低共熔溶剂又被称为新型可设计性溶剂。在当前的研究和工业实践中，低共熔溶剂作为一种新型的绿色溶剂，正以其低毒性、易降解和环境友好等特性，在样品前处理[63,64]、材料制备[65]、有机合成[66]、催化科学[67]和电化学[68]等研究领域中广泛应用。

2.2.2　低共熔溶剂的性质

低共熔溶剂因特有的绿色环保、可降解、价廉、易制备（原子利用率 100%）、可生物兼容、通过选择不同氢键给体与氢键受体可达到调节其结构与性质等特点，成为萃取有机污染物的有效萃取溶剂之一，目前已得到分离科学相关研究人员的极大关注[69,70]。组成低共熔溶剂的氢键给体与氢键受体性质不同，所制备出来的低共熔溶剂具有不同的理化性质。低共熔溶剂的萃取效果取决于其理化性质。因此，在选择萃取介质时应考虑其理化性质，如溶解度、黏度、蒸气压、密度、熔点/沸点和性质等。

早期制备的大部分低共熔溶剂是亲水性的，具有较强的水溶性[71]，如以氯化胆碱为氢键受体，以酸类、胺类、醇类、氨基酸类等小烷基链为氢键给体合成的水溶性低共熔溶剂，但这类低共熔溶剂不能用于水相样品，极大地限制了低共熔溶剂的实际应用范围[72]。近年来，国内外高校和科研机构已把低共熔溶剂用于微萃取多种样品中的有机污染物，证实了其对有机污染物能够有效分离和富集[73-75]。低共熔溶剂的稳定性和疏水性主要由氢键受体和氢键给体的结构和性质决定，具有较低溶解性的氢键给体和氢键受体是制备稳定疏水性低共熔溶剂的首选[76]；若氢键给体、氢键受体两个组分中有一个是亲水的，则该组分会优先与水相互作用，从而破坏低共熔溶剂；此外，氢键给体和氢键受体的烷基碳链越长，所形成的低共熔溶剂在水相样品中的溶解性越低[77]。

　　传统的低共熔溶剂在室温下的黏度往往较大（>100cP），这将影响其在微萃取中的传质速度，从而影响萃取速度和萃取效率[78]。低共熔溶剂的黏度主要由静电力、范德华力和氢键决定，宏观上主要是组成方式（氢键受体与氢键给体的类型、结构、氢键受体与氢键给体的摩尔比等）影响其黏度。Florindo 等的研究表明，薄荷醇和脂肪酸以及由脂肪酸作为氢键给体和氢键受体合成的低共熔溶剂，黏度远低于季铵盐类低共熔溶剂的黏度[79]。对于季铵盐类低共熔溶剂而言，溶液的黏度随着季铵盐碳链的增加而增加，但是当碳链为长碳链时，由于空间位阻效应，其黏度反而降低。另外，低共熔溶剂的黏度随氢键给体碳链长度的增加而增加。除此之外，低共熔溶剂氢键给体和氢键受体的摩尔比也会影响其黏度，例如，用氯化胆碱和甘油以 1∶4 的比例制备的低共熔溶剂的黏度高于 1∶2 的组合比例[80]。除此之外，水和温度也会影响疏水性低共熔溶剂的黏度。一般情况下，可以加入少量水来降低低共熔溶剂的黏度。同样，温度升高也会导致黏度下降[81]。一些常见低共熔溶剂的黏度如表 2-1 所示。

　　低共熔溶剂的密度也是其用于微萃取时要考虑的性质。研究表明，低共熔溶剂的密度与氢键受体和氢键受体的结构和化学性质、摩尔比以及分子之间的相互作用息息相关[82]。亲水性低共熔溶剂的密度为 1.04 ～ 1.63g/cm³，比水的密度更高[83]，而疏水性低共熔溶剂的密度则通常小于水的密度。Florindo 的研究表明，在氢键受体均为氯化胆碱的情况下，低共熔溶剂的密度随氢键给体中烷基链长的增加而降低（低共熔溶剂密度顺序为氯化胆碱 / 草酸 > 氯化胆碱 / 丙二酸 > 氯化胆碱 / 戊二酸）[84]。Mariana 等发现氯化胆碱 / 木糖醇摩尔比为 1∶1 和 1∶2 时的密度分别为 1.237g/mL 和 1.191g/mL，这种显著的密度差异归因于组分化学结构和性质的不同[85]。此外，低共熔溶剂的密度还与环境温度和压力的变化有关。随着温度的升高，分子运动速率增大，液体体积膨胀，使得低共熔溶剂的密度降低。而随着压力的增加，体积压缩后变小，导致低共熔溶剂的密度增大。一些常见低共熔溶剂的密度如表 2-1 所示。

表2-1　不同种类低共熔溶剂的黏度与密度

低共熔溶剂	摩尔比	黏度 /cP	密度 /（g/cm³）
氯化胆碱：乙二醇	1∶2	37.00	1.120
氯化胆碱：2, 2, 2- 三氟乙酰胺	1∶2	77.00	1.342

低共熔溶剂	摩尔比	黏度 /cP	密度 / (g/cm³)
氯化胆碱:尿素	1:2	632.00	1.240
氯化胆碱:甘油	1:2	376.00	1.180
卡基三乙基氯化铵:草酸	1:1	410.00	1.170
氯化胆碱:丙酸	1:2	55.91	1.080
癸酸:薄荷醇	1:1	20.03	0.900
麝香草酚:薄荷醇	1:1	53.14	0.936
麝香草酚:癸酸	1:1	11.20	0.943
四丁基氯化铵:癸酸	1:2	368.54	0.919

2.2.3 低共熔溶剂在微萃取技术中的适用性

目前，国内外高校和科研机构已把低共熔溶剂用于液相微萃取水相样品中的待测物，证实了其能够有效分离和富集环境有机污染物。疏水性低共熔溶剂主要有三类：①季铵盐类疏水性低共熔溶剂（离子型）。这一类低共熔溶剂通常由季铵盐和不同的氢键受体（脂肪酸、脂肪、氨基酸、糖等）合成。其中关于甲基三辛基氯化铵和四丁基溴（氯）化铵作为氢键受体和脂肪酸（醇）等氢键给体合成的强疏水性低共熔溶剂的研究较多、应用较广泛，已成功用于微萃取水相样品中的多种物质[86,87]。②薄荷醇或百里香酚类疏水性低共熔溶剂（非离子型）。目前报道的主要是由薄荷醇或百里香酚和长链合成的低共熔溶剂。这类低共熔溶剂已被证实能实现有机污染物和无机重金属离子的高效萃取[88,89]。③低共熔超分子聚合物。这一类低共熔溶剂是基于大环主体分子（环糊精、柱 [n] 芳烃、海藻糖等）作为共聚物单体形成的聚合物，通过氢键作用、π-π 堆积作用、主客体相互作用和静电相互作用交联或者连接而成[90-93]。Farooq 等以 β-环糊精（α-环糊精、β-环糊精、γ-环糊精和甲基-β-环糊精）与低共熔溶剂（由氯化胆碱和尿素组成）制备得到低共熔超分子聚合物，并作为萃取溶剂用于顶空单滴液相微萃取和高效液相色谱法中检测环境水样中的多环芳烃、烷基酚和塑化剂[94]。结果表明，与传统的低共熔溶剂相比，低共熔超分子聚合物对目标待测物的萃取效果更优异。

2.3
超分子溶剂

2.3.1 超分子溶剂的分类和组成

1978～2006年，多种基于表面活性剂凝聚相的液液萃取方法被开发出来，如浊点萃取和胶束介导萃取，后来Rubio及其同事引入了基于超分子溶剂的微萃取技术，他们一直在研究新的相生成和将富含表面活性剂的相用作萃取溶剂的新策略[95-97]。目前，超分子溶剂的结构类型主要包含胶束、反向胶束和囊泡。

（1）胶束分为亲水性非离子胶束和亲水性离子胶束。亲水性非离子胶束是由非离子表面活性剂如 Triton X-114、Triton X-100 和 Genapol X-080 组成的亲水性胶束，是最早使用在分析萃取中作为萃取溶剂的超分子溶剂[98-101]。但是这类超分子溶剂功能团较少，通常使用浓度为1%，使得其与待测物的相互作用有限，检出限通常在μg/L 的水平（限制了其在许多痕量物质中的应用）。另外，一些非离子型表面活性剂比如线性的同系物或者低聚物与色谱仪器是不相容的。亲水性离子胶束指的是由阴离子表面活性剂或阳离子表面活性剂形成的超分子溶剂，已被证实对多环芳烃、农药或者生物活性类具有优异的萃取效率[102-104]。但是，该类超分子溶剂需要通常需要在 3～4mol/L 的盐酸或浓氢氧化钠中制备，使其在多种有机污染物微萃取中的应用受限。1978～2006年间报道的多为亲水性胶束凝聚而成的超分子溶剂。但因这类超分子溶剂在使用过程中存在上述问题，近年来已研究较少。因此，引入新型超分子溶剂极为重要。

（2）囊泡。Rubio 的研究团队首次探索了四丁基铵诱导烷基羧酸形成囊泡型超分子溶剂[105]。首先，在高浓度四丁基铵和水的存在下，表面活性剂分子自然产生三维囊泡，然后单个囊泡相互结合，形成更大的分子，即囊泡超分子溶剂。所形成的超分子溶剂分为凝聚相（极性和疏水性部分分别溶解在聚集体-水界面和聚集体内部）和水相。囊泡的极性区域具有羧基/羧酸盐基团和铵基团，因此可以与有机物形成一系列相互作用（静电和氢键相互作用），烷基链部分则可提供较强的疏水相互作用[105-107]。2019年，Rubio 及其同事利用各种四烷基铵离子（烷基是丁基、戊基或己基）和癸酸制备出囊泡超分子溶剂[108]。通过透射电子显微镜 [图2-4（a）]

和扫描电子显微镜 [图 2-4（b）] 可观察到四丁基铵诱导的超分子溶剂的结构。结果表明，超分子溶剂聚集体中粒径为 30～400nm 的表面活性剂呈囊泡形状。随着四烷基铵离子链长度的增加，囊泡相互作用变强，超分子溶剂的溶解度降低。囊泡型超分子溶剂中包含有高浓度的两亲性物质，可以为 1mg/μL，使其在与有机物中存在大量的相互作用力（离子键、氢键、π-π 和疏水相互作用）。

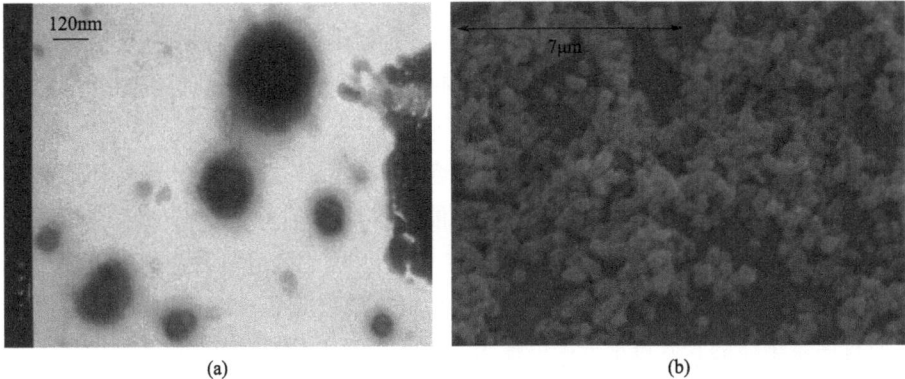

（a）
（b）

图2-4　（a）透射电子显微照片（80000×）显示球形单层囊泡（四丁基铵离子诱导超分子溶剂）；（b）四丁基铵离子诱导超分子溶剂的扫描电镜

（3）反胶束。2007 年，Pérez-Bendito 等制备出了一种由癸酸分散在水 / 四氢呋喃混合物中的反胶束型超分子溶剂 [109]。结果表明，极性和非极性的不同化合物与超分子溶剂存在较强的氢键和范德华相互作用，使其能被萃取到超分子溶剂中。向该混合物中加水可使胶束部分溶解，这有助于它们的相互作用，并促进形成更大的反胶束，成为与四氢呋喃 / 水溶液分离的不混溶液相，即超分子溶剂相 [110-112]。超分子溶剂相由连续分散的球形液滴组成，平衡溶液与超分子溶剂层的体积比由四氢呋喃（4%～50%）和烷基羧酸（0.025%～4%）的量以及烷基羧酸链长（8～18 个碳原子）决定。超分子溶剂形成的主要驱动力可能是疏水性和氢键相互作用，因此，可以有效地萃取疏水性和与超分子溶剂形成氢键的有机化合物。与其他类型的超分子溶剂相比，反胶束型超分子溶剂可以达到更大的富集因子。用脂肪醇取代烷基羧酸可合成具有受限进入特性的棒状胶束超分子溶剂 [113]。超分子溶剂的受限进入特性允许通过物理化学作用排除大分子物质的干扰而不会影响小分子目标分析物的萃取 [114]。反胶束型超分子溶剂最显著的性质是含有较高浓度的两亲性物质（高达 0.75mg/μL），使其对不同极性的物质具有较高的萃取效率，反胶束型超分子溶剂是目前研究应用最广泛的超分子溶剂 [115,116]。

2.3.2 超分子溶剂的性质

超分子溶剂的特性使其比大多数传统有机溶剂更具优势。制备超分子溶剂使用的原材料通常很容易从天然和工业产品中获得[117,118]，相对便宜且绿色环保，凝聚可在室温下迅速发生[119]。另外，通过选择具有不同亲水性或疏水性基团的两亲性物质，可以合成性质和结构可调的超分子溶剂。超分子溶剂的理化性质是其在样品前处理中应用的前提，因此了解超分子溶剂的理化性质尤其是和萃取相关的理化性质极为必要，这也是研究超分子溶剂构-效关系以及设计制备新型超分子溶剂的基础。

超分子溶剂中构成有序结构的分子包含亲水性和疏水性部分，这些部分具有不同极性的区域，使其与不同的目标分析物能够有不同的相互作用。相互作用的类型由两亲性物质和诱导剂的组成和结构决定[120,121]。理论上可以为特定应用设计最合适的超分子溶剂，因为两亲物在自然界和有机合成化学中无处不在。超分子溶剂可以为有序聚集体的长碳链部分提供疏水性微环境，从而为非极性化合物提供了优异的提取效率。超分子溶剂在非极性物质微萃取应用中的行为与有机溶剂相似。驱动非极性化合物萃取的作用力主要包括色散、偶极-偶极和偶极诱导偶极相互作用[122]。

超分子溶剂结构中极性基团的性质决定了溶剂的极性以及可萃取极性化合物的类型。到目前为止，分析应用中使用较频繁的极性基团包括聚环氧乙烷、羧酸、硫酸盐、磺酸盐、羧酸盐以及铵和吡啶离子。极性化合物萃取过程中与超分子溶剂的相互作用主要包括离子、氢键、π-阳离子和π-π等。氢键作用是极性化合物的萃取过程中一种有效的萃取机理[123]。另外，当表面活性剂含有苯环时，通过π轨道上的离域电子提供亲电相互作用，这些离域电子与共轭基团相互作用，可用于微萃取含有芳香环或双键/三键的物质[124]。

超分子溶剂的结构和两亲性物质所带基团对目标分析物的溶解性能极为重要。Taechangam 等的研究表明在烷基链长恒定的情况下，随着烷基乙氧基化表面活性剂中氧化乙烯基团数量的增加，苯酚在非离子胶束溶剂中的分配也会增加，这是表面活性剂的氧化乙烯基团和分析物的羟基之间偶极-偶极相互作用增强的结果[125]。然而，由增加碳数或降低烷基链的支化度引起的聚集体直径的增加不会显著提高超分子溶剂对苯酚类物质的萃取效率。同样，具有较长疏水基团的极性待测物位于胶束核心的较深位置，它们在超分子溶剂中的溶解度主要取决于表面活性剂疏水和亲水区域的特性。没有极性基团的疏水性目标分析物通过胶束核心溶解，其在超分子溶剂中的萃取性能主要取决于表面活性剂的疏水基团，和氧乙烯基团的数量关系有限。

在萃取过程中还应该考虑超分子溶剂的密度。两亲性物质的结构性质、诱导剂的结构性质以及两亲性物质形成的氢键数量都和超分子溶剂的密度有关。目前广泛使用的四氢呋喃/四丁基溴化铵诱导两亲性物质形成的超分子溶剂密度大都低于水，离心后萃取相位于上层，收集操作不便。因此，分析科学家尝试制备高密度超分子溶剂，目前，已制备出六氟异丙醇诱导的两亲性物质包括六氟异丙醇/烷基酸[126]、六氟异丙醇/烷基醇[127,128]、六氟异丙醇/聚环氧乙烯月桂酰醚[129]等密度大于水的超分子溶剂，萃取分离后位于水相下层，易于收集。

2.3.3 超分子溶剂在微萃取技术中的适用性

超分子溶剂在样品前处理中具有优异的应用潜力。首先，超分子溶剂与有机物之间存在的氢键作用、离子键作用和疏水性相互作用可以有效提高萃取效率；其次，超分子溶剂中包含大量的两亲性分子，少量的超分子溶剂即可提供大量的有机物结合位点，使得待测物与超分子溶剂之间的相互作用增强[130,131]。因此，超分子溶剂对不同极性的待测物均表现出优异的萃取效果。目前，基于烷基醇/酸的超分子溶剂已广泛用于样品前处理中，该超分子溶剂体系主要由四氢呋喃诱导长链醇/酸形成反向胶束超分子溶剂体系和以四烷基铵盐为长链醇/酸助剂构成的囊泡体系，反向胶束由于外部疏水、内核亲水，故在非极性/中极性/极性分析物的萃取中具有独特的优势[132-134]。而囊泡的萃取驱动力主要是氢键、范德华力以及四烷基铵盐的四价氮与分析物的苯环之间的π-阳离子相互作用，所以囊泡超分子溶剂常用于萃取芳香族化合物。值得注意的是，以上超分子体系萃取存在的缺陷包括：①离心后萃取相位于上层，收集操作不便；②两亲性物质局限于烷基醇/酸以及部分表面活性剂；③四氢呋喃通常用量较大（体积分数>20%），且四氢呋喃已被世界卫生组织列为2B类致癌物，对环境和分析工作者有害[106]。因此，构建新型超分子溶剂体系时，在有效萃取待测物的同时克服上述缺点，将有助于解决目前超分子体系目前存在的科学问题。六氟异丙醇因具有高密度、强氢键给体能力，强溶解能力等特性使其成为理想的超分子溶剂诱导剂。最近，分析科学家已成功构建了多种基于六氟异丙醇的高密度超分子溶剂体系，著者本人所在团队也用六氟异丙醇[135,136]、六氟丁醇[137,138]、七氟丁醇[139]等多氟醇诱导两亲性物质制备出多种密度大于水的超分子溶剂，并实现了对环境样品和食品样品中多种有机物的高效微萃取。结果表明，这些超分子体系密度大于水，易于收集；少量的诱导剂（体积分数<10%）即可诱导超分子溶剂的形成；且这些超分子溶剂体系可以排除蛋白质、多糖、腐殖酸等大分子

物质，可以一步实现真实样品的清洁和小分子物质的萃取。这些超分子溶剂有助于其在不同复杂基质中痕量物质萃取富集的应用。

参考文献

[1] Herce-Sesa B, López-López J A, Moreno C. Advances in ionic liquids and deep eutectic solvents-based liquid phase microextraction of metals for sample preparation in environmental analytical chemistry. TrAC-Trend Anal Chem, 2021, 143: 116398.

[2] Sun P, Armstrong D W. Ionic liquids in analytical chemistry. Anal Chim Acta, 2010, 661(1): 1-16.

[3] Delińska K, Yavir K, Kloskowski A. Ionic liquids in extraction techniques: Determination of pesticides in food and environmental samples. TrAC-Trend Anal Chem, 2021, 143: 116396.

[4] Ullah Z, Bustam M A, Man Z, et al. Synthesis, characterization and the effect of temperature on different physicochemical properties of protic ionic liquids. RSC Adv, 2015, 5(87): 71449-71461.

[5] Greaves T L, Drummond C J. Protic ionic liquids: properties and applications. Chem Rev, 2008, 108(1): 206-237.

[6] Singh S K, Savoy A W. Ionic liquids synthesis and applications: An overview. J Mol Liq, 2020, 297: 112038.

[7] Yu H, Li X, Geng C, et al. Low-cost N-methylpyrrolidone-based coordinated ionic liquids as extractants for separating aromatics from aliphatics. Sep Purif Techn, 2022,302: 122149.

[8] Jessop P G, Heldebrant D J, Li X, et al. Reversible nonpolar-to-polar solvent. Nature, 2005, 436(7054): 1102-1102.

[9] Yu G, Dai C, Liu N, et al. Hydrocarbon extraction with ionic liquids. Chem Rev, 2024, 124(6): 3331-3391.

[10] Boamah P O, Wang L, Shen W, et al. Applications of ionic liquids in the microextraction of pesticides: a mini-review. J Chromatogr Open, 2023, 4: 100090.

[11] Chidiac J, Nikiforidis G, Timperman L, et al. Non-Flammable sodium asymmetric imide salt-based deep eutectic solvent for supercapacitor applications. Chem Phys Chem, 2022, 23(19): e202200224

[12] Gardas R L, Coutinho J A. A group contribution method for viscosity estimation of ionic liquids. Fluid Phase Equilibr, 2008, 266(1-2): 195-201.

[13] Gu Z, Brennecke J F. Volume expansivities and isothermal compressibilities of imidazolium and pyridinium-based ionic liquids. J Chem Eng Data, 2002, 47(2): 339-345.

[14] Yu G, Zhao D, Wen L, et al. Viscosity of ionic liquids: Database, observation, and quantitative structure-property relationship analysis. Alche J, 2012, 58(9): 2885-2899.

[15] Muller P. Glossary of terms used in physical organic chemistry (IUPAC Recommendations 1994). Pure Appl Chem, 1994, 66(5): 1077-1184.

[16] Reichardt C. Polarity of ionic liquids determined empirically by means of solvatochromic pyridinium N-phenolate betaine dyes. Green Chem, 2005, 7(5): 339-351.

[17] Manojkumar K, Sivaramakrishna A, Vijayakrishna K. A short review on stable metal nanoparticles using ionic liquids, supported ionic liquids, and poly(ionic liquids). J Nanopart Res, 2016, 17: 103.

[18] Liu H, Liu Y, Li J. Ionic liquids in surface electrochemistry, Phys Chem Chem Phys. 2010, 12: 1685-1697.

[19] Liu M, Gou S, Wu Q, et al. Ionic liquids as an effective additive for improving the solubility and rheological properties of hydrophobic associating polymers, J Mol Liq. 2019, 296: 111833.

[20] Zhang J, Tian S, Liu R, et al. Efficient and selective extraction of gold from acidic leaching solutions using novel guanidinium ionic liquid. J Mol Liq. 2024, 414: 126033.

[21] Nguyen L D, Nguyen N H, Do M H N, et al. Functionalized ionic liquids as an efficient sorbent for solid-phase extraction of tetracyclines in bovine milk. Microchem J, 2024, 204: 110999.

[22] Cheng J, Tian M, Gul Z, et al. pH-responsive functionalized surface active ionic liquid as an enhanced medium for efficient extraction and in-situ separation of flavonoids in Vitex negundo L. Leaves. Microchem J, 2023, 193: 109080.

[23] Piera A, Espada J J, Morales V, et al. Optimised phycoerythrin extraction method from Porphyridium sp. combining imidazolium-based ionic liquids. Heliyon, 2024, 10(14): e34957.

[24] Cao D, Qiao X, Guo Y, et al. Valorization of pawpaw (Carica papaya L.) leaves as a source of polyphenols by ionic liquid-based microwave-assisted extraction: Comparison with other extraction methods and bioactivity evaluation. Food Chem: X, 2024, 22: 101500.

[25] Arain M S, Arain S A, Kazi T G, et al. Temperature controlled ionic liquid-based dispersive micro-extraction using two ligands, for determination of aluminium in scalp hair samples of Alzheimer's patients: A multivariate study. Spectrochim Acta A, 2015, 137: 877-885.

[26] Shah N, Rathore V K, Kohli H P, et al. Extraction of diclofenac and tetracycline from simulated aqueous wastewater using ionic liquids as carriers by pseudo-emulsion hollow fiber strip dispersion. J Mol Liq, 2024: 126389.

[27] Blaga A C, Dragoi E N, Tucaliuc A, et al. Reactive extraction of muconic acid by hydrophobic phosphonium ionic liquids-Experimental, modelling and optimisation with Artificial Neural Networks. Heliyon, 2024, 10(16): e36113.

[28] Yi L, Wu X, Guo L, et al. Applications of ionic liquids and deep eutectic solvents for the extraction of phenolic compounds from coal-based crude oils. Sep Purif Technol, 2024, 337: 126383.

[29] Shweta S, Kundu D. Screening of ionic liquids and deep eutectic solvents for the extraction of persistent organic pollutants from edible oils and fat. J Mol Liq, 2023, 390: 123201.

[30] Kailasa S K, Koduru J R, Park T J, et al. Applications of single drop microextraction in analytical chemistry: a review. Trends Environ Anal, 2021, 29: 00113.

[31] Joshi M D, Anderson J L. Recent advances of ionic liquids in separation science and mass spectrometry. RSC Adv, 2012, 2: 5470-5484.

[32] Sarafraz-Yazdi A, Mofazzeli F. Ionic liquid-based submerged single drop microextraction: a new method for the determination of aromatic amines in environmental water samples. Chromatographia, 2010, 72: 867-873.

[33] Wang Q, Qiu H, Li J, et al. On-line coupling of ionic liquid-based single-drop microextraction with capillary electrophoresis for sensitive detection of phenols. J Chromatogr A, 2010, 1217: 5434-5439.

[34] Jiang C, Wei S, Li X, et al. Ultrasonic nebulization headspace ionic liquid-based single drop microextraction of flavour compounds in fruit juices. Talanta, 2013, 106: 237-242.

[35] Ruiz-Palomero C, Soriano M L, Valcarcel M. Ternary composites of nanocellulose, carbonanotubes and ionic liquids as new extractants for direct immersion single drop microextraction. Talanta, 2014, 125: 72-77.

[36] Amde M, Tan Z Q, Liu R, et al. Nanofluid of zinc oxide nanoparticles in ionic liquid for single drop liquid microextraction of fungicides in environmental waters prior to high performance liquid chromatographic analysis. J Chromatogr A, 2015, 1395: 7-15.

[37] Wang S, Ren L, Liu C, et al. Determination of five polar herbicides in water samples by ionic liquid dispersive liquid-phase microextraction. Anal Bioanal Chem, 2010, 397: 3089-3095.

[38] Zhou Q, Pang L, Xiao J. Ultratrace determination of carbamate pesticides in water samples by temperature controlled ionic liquid dispersive liquid phase microextraction combined with high performance liquid phase chromatography, Microchim Acta, 2011,173: 477-483.

[39] Wang S, Liu C, Yang S, et al. Ionic liquid-based dispersive liquid–liquid microextraction following high-performance liquid chromatography for the determination of fungicides in fruit juices. Food Anal Method, 2013, 6: 481-487.

[40] Asensio-Ramos M, Hernandez-Borges J, Borges-Miquel T M, et al. Ionic liquid-dispersive liquid-liquid microextraction for the simultaneous determination of pesticides and metabolites in soils using high-performance liquid chromatography and fluorescence detection. J Chromatogr A, 2011, 1218: 4808-4816.

[41] He L, Luo X, Xie H, et al. Ionic liquid-based dispersive liquid–liquid microextraction followed high-performance liquid chromatography for the determination of organophosphorus pesticides in water sample. Anal Chim Acta. 2009, 655: 52-59.

[42] Padilla-Alonso D J, Garza-Tapia M, Chavez-Monte As, et al. New temperature-assisted ionic liquid based dispersive liquid–liquid microextraction method for the determination of glyphosate and aminomethylphosphonic acid in water samples. J Liq Chromatogr R T, 2017, 40: 147-155.

[43] Wang H, Wu W W, Wei D Y, et al. Hollow fiber supported ionic liquid membrane microextraction for

preconcentration of kanamycin sulfate with electrochemiluminescence detection. J Electroanal Chem, 2014, 735: 136-141.

[44] Ma X, Huang M, Li Z, et al. Hollow fiber supported liquid-phase microextraction using ionic liquid as extractant for preconcentration of benzene, toluene, ethylbenzene and xylenes from water sample with gas chromatography-hydrogen flame ionization detection. J hazard Mater, 2011, 194: 24-29.

[45] Abulhassani J, Manzoori J L, Amjadi M. Hollow fiber based-liquid phase microextraction using ionic liquid solvent for preconcentration of lead and nickel from environmental and biological samples prior to determination by electrothermal atomic absorption spectrometry. J hazard Mater, 2010, 176(1-3): 481-486.

[46] Liu W, Wei Z, Zhang Q, et al. Novel multifunctional acceptor phase additive of water-miscible ionic liquid in hollow-fiber protected liquid phase microextraction. Talanta, 2012, 88: 43-49.

[47] Kaenjun T, Tangtreamjitmun N. Spectrophotometric determination of o-phenylphenol in canned drinks using three-phase hollow-fiber liquid phase microextraction. Food Chem, 2025, 463: 141204.

[48] Hui B Y, Zain N N M, Mohamad S, et al. Poly (cyclodextrin-ionic liquid) based ferrofluid: A new class of magnetic colloid for dispersive liquid phase microextraction of polycyclic aromatic hydrocarbons from food samples prior to GC-FID analysis. Food Chem, 2020, 314: 126214.

[49] Abarbakouh M P, Faraji H, Shahbaazi H, et al. (Deep eutectic solvent-ionic liquid)-based ferrofluid a new class of magnetic colloids for determination of tamoxifen and its metabolites in human plasma samples. J Mol Liq, 2024, 399: 124421.

[50] Ramandi N F, Shemirani F. Selective ionic liquid ferrofluid based dispersive-solid phase extraction for simultaneous preconcentration/separation of lead and cadmium in milk and biological samples. Talanta, 2015, 131: 404-411.

[51] Yao C, Pitner W R, J Lare. Anderson Ionic liquids containing the tris(pentafluoroethyl) trifluorophosphate anion: A new class of highly selective and ultra hydrophobic solvents for the extraction of polycyclic aromatic hydrocarbons using single drop microextraction. Anal Chem, 2009, 81: 5054-5063.

[52] Marcinkowski Ł, Pena-Pereira F, Kloskowski A, et al. Opportunities and shortcomings of ionic liquids in single-drop microextraction. TrAC-Trends Anal Chem, 2015, 72: 153-168.

[53] Smith E L, Abbott A P, Ryder K S. Deep eutectic solvents (DESs) and their applications. Chem Rev, 2014, 114(21): 11060-11082.

[54] Ge D, Zhang Y, Dai Y, et al. Air-assisted dispersive liquid–liquid microextraction based on a new hydrophobic deep eutectic solvent for the preconcentration of benzophenone-type UV filters from aqueous samples. J Sep Sci, 2018, 41(7): 1635-1643.

[55] Cheng H, Huang Y, Lv H, et al. Insights into the liquid extraction mechanism of actual high-strength phenolic wastewater by hydrophobic deep eutectic solvents. J Mol Liq, 2022, 368: 120609.

[56] Bogdanova O, Pochivalov A, Cakh C, et al. Supramolecular solvents formation in aqueous solutions containing primary amine and monoterpenoid compound: Liquid phase microextraction of sulfonamides. Talanta, 2020, 216: 120992.

[57] Nie F, Feng C, Ahmad N, et al. A new green alternative solvent for extracting echinacoside and acteoside from Cistanche deserticola based on ternary natural deep eutectic solvent. J Ind Eng Chem, 2023, 118: 499-510.

[58] Gracia-Barberán S, Leal-Duaso A, Pires E. Are deep eutectic solvents a real alternative to ionic liquids in metal-catalysed reactions? Curr Opin Green Sust, 2022, 35: 100610.

[59] Chakraborty S, Chormale J H, Bansal A K. Deep eutectic systems: An overview of fundamental aspects, current understanding and drug delivery applications. Int J Pharmacol, 2021, 610: 121203.

[60] Mishra D K, Gopakumar G, Pugazhenthi G, et al. Molecular and spectroscopic insights into a metal salt-based deep eutectic solvent: a combined quantum theory of atoms in molecules, noncovalent interaction, and density functional theory study. J Phys Chem A, 2021, 125(44): 9680-9690.

[61] Wang H, Liu S, Zhao Y, et al. Insights into the hydrogen bond interactions in deep eutectic solvents composed of choline chloride and polyols. Acs Sustainable Chem Eng, 2019, 7(8): 7760-7767.

[62] Abbasi N M, Farooq M Q, Anderson J L. Modulating solvation interactions of deep eutectic solvents formed by ammonium salts and carboxylic acids through varying the molar ratio of hydrogen bond donor and acceptor. J

Chromatogr A, 2021, 1643: 462011.

[63] Plastiras O E, Samanidou V. Applications of deep eutectic solvents in sample preparation and extraction of organic molecules. Molecules, 2022, 27(22): 7699.

[64] Hu C, Feng J, Cao Y, et al. Deep eutectic solvents in sample preparation and determination methods of pesticides: Recent advances and future prospects. Talanta, 2024, 266: 125092.

[65] Sugiarto S, Weerasinghe U A, Muiruri J K, et al. Nanomaterial synthesis in deep eutectic solvents. Chem Eng J, 2024, 499: 156177.

[66] Yu D, Xue Z, Mu T. Deep eutectic solvents as a green toolbox for synthesis. Cell Rep Phys Sci, 2022, 3(4): 100809.

[67] Yang T X, Zhao L Q, Wang J, et al. Improving whole-cell biocatalysis by addition of deep eutectic solvents and natural deep eutectic solvents. Acs Sustainable Chem Eng, 2017, 5(7): 5713-5722.

[68] Svigelj R, Zanette F, Toniolo R. Electrochemical evaluation of tyrosinase enzymatic activity in deep eutectic solvent and aqueous deep eutectic solvent. Sensors, 2023, 23(8): 3915.

[69] Xu H, Song Q, Zhou Q, et al. Retinol-loaded deep eutectic solvent emulsion: improved stability and therapeutic efficiency. J Drug Deliv Sci Tec, 2024, 102: 106364.

[70] Katrak V K, Ijardar S P. Redefining the landscape of protein extraction and separation from various sources using deep eutectic solvents. Trends Food Sci Technol, 2024, 153: 104733.

[71] Tang W, An Y, Row K H. Emerging applications of (micro) extraction phase from hydrophilic to hydrophobic deep eutectic solvents: opportunities and trends. TrAC-Trend Anal Chem, 2021, 136: 116187.

[72] Sportiello L, Favati F, Condelli N, et al. Hydrophobic deep eutectic solvents in the food sector: Focus on their use for the extraction of bioactive compounds. Food Chem, 2023, 405: 134703.

[73] Lee J, Jung D, Park K. Hydrophobic deep eutectic solvents for the extraction of organic and inorganic analytes from aqueous environments. TrAC-Trend Anal Chem, 2019, 118: 853-868.

[74] Marchel M, Rayaroth M P, Wang C, et al. Hydrophobic (deep) eutectic solvents (HDESs) as extractants for removal of pollutants from water and wastewater–A review. Chem Eng J, 2023, 475: 144971.

[75] Van O D J G P, Zubeir L F, Bruinhorst A, et al. Hydrophobic deep eutectic solvents as water-immiscible extractants. Green Chem, 2015, 17(9): 4518-4521.

[76] 熊大珍, 张倩, 樊静, 等. 疏水性低共熔溶剂及其在含水体系萃取分离中的应用. 中国科学: 化学, 2019, 49(7): 933-939.

[77] Yan J, Jung D, Li K, et al. Mixing of menthol-based hydrophobic deep eutectic solvents as a novel method to tune their properties. J Mol Liq, 2020, 301: 112416.

[78] Ribeiro B D, Florindo C, Iff L C, et al. Menthol-based eutectic mixtures: hydrophobic low viscosity solvents. Acs Sustainable Chem Eng, 2015, 3(10): 2469-2477.

[79] Florindo C, Romero L, Rintoul I, et al. From phase change materials to green solvents: Hydrophobic low viscous fatty acid–based deep eutectic solvents. ACS Sustainable Chem Eng, 2018, 6(3): 3888-3895.

[80] Abbott A P, Harris R C, Ryder K S, et al. Glycerol eutectics as sustainable solvent systems. Green Chem, 2011, 13(1): 82-90.

[81] Ji Y, Meng Z, Zhao J, et al. Eco-friendly ultrasonic assisted liquid–liquid microextraction method based on hydrophobic deep eutectic solvent for the determination of sulfonamides in fruit juices. J Chromatogr A, 2020, 1609: 460520.

[82] Cao J, Zhu F, Dong Q, et al. Insight into the physicochemical properties of deep eutectic solvents by systematically investigating the components. J Mol Liq, 2022, 346: 118315.

[83] Achkar T E, Sophie F, Hélène G. Deep eutectic solvents: An overview on their interactions with water and biochemical compounds. J Mol Liq, 2019, 288: 111028.

[84] Florindo C, Oliveira F-S, Rebelo L-P-N, et al. Insights into the synthesis and properties of deep eutectic solvents based on cholinium chloride and carboxylic acids. ACS Sustainable Chem Eng, 2014, 2(10): 2416-2425.

[85] Dias M C G C, Farias F O, Gaioto R C, et al. Thermophysical characterization of deep eutectic solvents composed by D-sorbitol, xylitol or D (+) xylose as hydrogen bond donors. J Mol Liq, 2022, 354: 118801.

[86] Zarei A R, Nedaei M, Ghorbanian S A. Ferrofluid of magnetic clay and menthol based deep eutectic solvent:

Application in directly suspended droplet microextraction for enrichment of some emerging contaminant explosives in water and soil samples. J Chromatogr A, 2018, 1553: 32-42.

[87] Jouyban A, Farajzadeh M A, Mogaddam M R A. Dispersive liquid–liquid microextraction based on solidification of deep eutectic solvent droplets for analysis of pesticides in farmer urine and plasma by gas chromatography-mass spectrometry. J Chromatogr B, 2019, 1124: 114-121.

[88] Ge D, Wang Y, Jiang Q, et al. A deep eutectic solvent as an extraction solvent to separate and preconcentrate parabens in water samples using in situ liquid-liquid microextraction. J Braz Chem Soc, 2019, 30: 1203-1210.

[89] Ge D, Gao Y, Cao Y, et al. Preparation of a new polymeric deep eutectic solvent and its application in vortex-assisted liquid-liquid microextraction of parabens in foods, cosmetics and Pharmaceutical Products. J Braz Chem Soc. 2020, 31:1814-1824.

[90] Zhang J, Yao L, Li S, et al. Green materials with promising applications: cyclodextrin-based deep eutectic supramolecular polymers. Green Chem, 2023, 25(11): 4180-4195.

[91] Zhang Y, Li H, Hai X, et al. Designing green and recyclable switchable supramolecular deep eutectic solvents for efficient extraction of flavonoids from Scutellariae Radix and mechanism exploration. J Chromatogr A, 2024, 1730: 465084.

[92] Zhang J, Li S, Yao L, et al. Cyclodextrin-based ternary supramolecular deep eutectic solvents for efficient extraction and analysis of trace quinolones and sulfonamides in wastewater by adjusting pH. Anal Chim Acta, 2024, 1311: 342714.

[93] Cai Z H, Liu L, Gu Q, et al. Novel natural deep eutectic solvent-based supramolecular solvents designed for extracting phytochemicals from pigeon pea leaves and its scale-up and recovery process. Ind Crops Prod, 2023, 204: 117240.

[94] Farooq M Q, Zeger V R, Anderson J L. Comparing the extraction performance of cyclodextrin-containing supramolecular deep eutectic solvents versus conventional deep eutectic solvents by headspace single drop microextraction. J Chromatogr A, 2021, 1658: 462588.

[95] Ruiz F J, Rubio S, Pérez-Bendito D. Tetrabutylammonium-induced coacervation in vesicular solutions of alkyl carboxylic acids for the extraction of organic compounds. Anal Chem, 2006, 78(20): 7229-7239.

[96] Ballesteros-Gómez A, Sicilia M D, Rubio S. Supramolecular solvents in the extraction of organic compounds-A review. Anal Chim Acta, 2010, 677(2): 108-130.

[97] Musarurwa H, Tavengwa N T. Supramolecular solvent-based micro-extraction of pesticides in food and environmental samples. Talanta, 2021, 223: 121515.

[98] Song G Q, Lu C, Hayakawa K. Analytical JM and bioanalytical. Comparison of traditional cloud-point extraction and on-line flow-injection cloud-point extraction with a chemiluminescence method using benzo pyrene as a marker. Anal Bioanal Chem, 2006, 384: 1007-1012.

[99] Pino V, Ayala J H, Afonso A M, et al. Determination of polycyclic aromatic hydrocarbons in seawater by high-performance liquid chromatography with fluorescence detection following micelle-mediated preconcentration. J Chromatogr A, 2002, 949(1-2): 291-299.

[100] Jia G F, Lv C G, Zhu W T, et al. Applicability of cloud point extraction coupled with microwave-assisted back-extraction to the determination of organophosphorous pesticides in human urine by gas chromatography with flame photometry detection. J Hzard Mater, 2008, 159(2-3): 300-305.

[101] Santalad A, Srijaranai S, Burakham R, et al. Cloud-point extraction and reversed-phase high-performance liquid chromatography for the determination of carbamate insecticide residues in fruits. Anal Bioanal Chem, 2009, 394: 1307-1317.

[102] Luque N, Rubio S, Pérez-Bendito D. Use of coacervates for the on-site extraction/preservation of polycyclic aromatic hydrocarbons and benzalkonium surfactants. Anal Chim Acta, 2007, 584(1): 181-188.

[103] Jia G, Bi C, Wang Q, et al. Determination of Etofenprox in environmental samples by HPLC after anionic surfactant micelle-mediated extraction (coacervation extraction). Anal Bioanal Chem, 2006, 384: 1423-1427.

[104] Casero I, Sicilia D, Rubio S, et al. An acid-induced phase cloud point separation approach using anionic surfactants for the extraction and preconcentration of organic compounds. Anal Chem, 1999, 71(20): 4519-4526.

[105] Ruiz F J, Rubio S, Pérez-Bendito D. Vesicular coacervative extraction of bisphenols and their diglycidyl ethers from sewage and river water. J Chromatogr A, 2007, 1163(1-2): 269-276.

[106] Moradi M, Yamini Y, Feizi N. Development and challenges of supramolecular solvents in liquid-based microextraction methods. TrAC-Trends Anal Chem, 2021, 138: 116231.

[107] López-Jiménez F J, Rubio S, Pérez-Bendito D. Supramolecular solvent-based microextraction of Sudan dyes in chilli-containing foodstuffs prior to their liquid chromatography-photodiode array determination. Food Chem, 2010, 121(3): 763-769.

[108] Ballesteros-Gómez A, Caballero-Casero N, García-Fonseca S, et al. Multifunctional vesicular coacervates as engineered supramolecular solvents for wastewater treatment. Chemosphere, 2019, 223: 569-576.

[109] Ruiz F J, Rubio S, Perez-Bendito D. Water-induced coacervation of alkyl carboxylic acid reverse micelles: phenomenon description and potential for the extraction of organic compounds. Anal Chem, 2007, 79(19): 7473-7484.

[110] García-Prieto A, Lunar L, Rubio S, et al. Decanoic acid reverse micelle-based coacervates for the microextraction of bisphenol A from canned vegetables and fruits. Anal Chim Acta, 2008, 617(1-2): 51-58.

[111] Ballesteros-Gómez A, Rubio S, Pérez-Bendito D. Potential of supramolecular solvents for the extraction of contaminants in liquid foods. J Chromatogr A, 2009, 1216(3): 530-539.

[112] El-Deen A K, Magdy G, Shimizu K. A reverse micelle-mediated dispersive liquid-liquid microextraction coupled to high-performance liquid chromatography for the simultaneous determination of agomelatine and venlafaxine in pharmaceuticals and human plasma. J Chromatogr A, 2023, 1710: 464441.

[113] Ballesteros-Gómez A, Rubio S. Environment-responsive alkanol-based supramolecular solvents: characterization and potential as restricted access property and mixed-mode extractants. Anal Chem, 2012, 84(1): 342-349.

[114] Dueñas-Mas M J, Ballesteros-Gómez A, Rubio S. Supramolecular solvent-based microextraction of emerging bisphenol A replacements (colour developers) in indoor dust from public environments. Chemosphere, 2019, 222: 22-28.

[115] García-Fonseca S, Ballesteros-Gómez A, Rubio S. Restricted access supramolecular solvents for sample treatment in enzyme-linked immuno-sorbent assay of mycotoxins in food. Anal Chim Acta, 2016, 935: 129-135.

[116] Garcia-Fonseca S, Rubio S. Restricted access supramolecular solvents for removal of matrix-induced ionization effects in mass spectrometry: Application to the determination of Fusarium toxins in cereals. Talanta, 2016, 148: 370-379.

[117] Kartoğlu B, Bodur S, Zeydanlı D, et al. Determination of copper in rose tea samples using flame atomic absorption spectrometry after emulsification liquid-liquid microextraction. Food Chem, 2024, 439: 138140.

[118] Ueda K M, Leal F C, Keiser G M, et al. Evaluation of a simultaneous approach to concentrate and preserve bioactive compounds with distinct polarities by employing supramolecular solvents (SUPRAS). Sep Purif Technol, 2025, 356: 129894.

[119] Salatti-Dorado J Á, Caballero-Casero N, Sicilia M D, et al. The use of a restricted access volatile supramolecular solvent for the LC/MS-MS assay of bisphenol A in urine with a significant reduction of phospholipid-based matrix effects. Anal Chim Acta, 2017, 950: 71-79.

[120] Torres-Valenzuela L S, Ballesteros-Gomez A, Serna J, et al. Supramolecular solvents for the valorization of coffee wastewater. Environ Sci-wat Res, 2020, 6(3): 757-766.

[121] Li L, Li W, Wang X, et al. Ultra - Tough and recyclable ionogels constructed by coordinated supramolecular solvents. Angew Chem Int Edit, 2022, 134(50): e202212512.

[122] Ahmed H E H, Kori A H, Gumus Z P, et al. Supramolecular solvent-based liquid-liquid microextraction (SUPRAS-LLME) of Sudan dyes from food and water samples with HPLC. Microchem J, 2024, 201: 110682.

[123] Yu Z, Hou S, Lin L, et al. Experimental optimization and mechanism analysis of extracting flavonoids with the supramolecular solvents-based methods. Sustain Chem Pharm, 2024, 38: 101445.

[124] Liu L, Zhao X T, Cai Z H, et al. Nano temperature-switchable supramolecular solvent: Preparation, characterization and application in efficient extraction and enrichment of phytochemicals. J Mol Liq, 2024: 125221.

[125] Taechangam P, Scamehorn J F, Osuwan S, et al. Effect of nonionic surfactant molecular structure on cloud point

extraction of phenol from wastewater. Colloid Surface A, 2009, 347(1-3): 200-209.

[126] Zong Y, Chen J, Hou J, et al. Hexafluoroisopropanol-alkyl carboxylic acid high-density supramolecular solvent based dispersive liquid-liquid microextraction of steroid sex hormones in human urine. J Chromatogr A, 2018, 1580: 12-21.

[127] Li X, Chen J, Yan C, et al. Alkanediol-hexafluoroisopropanol amphiphilic supramolecular solvent: Fabrication, characterization, and application potential for doping control of hormones and metabolic modulators in human urine. Microchem J, 2024, 201: 110533.

[128] Wang F, Li X, Addo T S N, et al. Hexafluoroisopropanol-based supramolecular solvent for liquid phase microextraction of pesticides in milk. Food Chem, 2024, 460: 140689.

[129] Chen J, Deng W, Li X, et al. Hexafluoroisopropanol/Brij-35 based supramolecular solvent for liquid-phase microextraction of parabens in different matrix samples. J Chromatogr A, 2019, 1591: 33-43.

[130] Faraji M, Noormohammadi F, Jafarinejad S, et al. Supramolecular-based solvent microextraction of carbaryl in water samples followed by high performance liquid chromatography determination. Int J Environ Anal Chem, 2017, 97(8): 730-742.

[131] Seebunrueng K, Dejchaiwatana C, Santaladchaiyakit Y, et al. Development of supramolecular solvent based microextraction prior to high performance liquid chromatography for simultaneous determination of phenols in environmental water. RSC Adv, 2017, 7(79): 50143-50149.

[132] Altunay N, Elik A, Aydın D. Feasibility of supramolecular nanosized solvent based microsyringe-assisted liquid-phase microextraction for preconcentration and separation of Vitamin B_{12} from infant formula, food supplement, and dairy products: Spectrophotometric analysis and chemometric optimization. Microchem J, 2021, 165: 106105.

[133] Najafi A, Hashemi M. Feasibility of liquid phase microextraction based on a new supramolecular solvent for spectrophotometric determination of orthophosphate using response surface methodology optimization. J Mol Liq, 2020, 297: 111768.

[134] Caballero-Casero N, Rubio S. Comprehensive supramolecular solvent-based sample treatment platform for evaluation of combined exposure to mixtures of bisphenols and derivatives by liquid chromatography-tandem mass spectrometry. Anal Chim Acta, 2021, 1144: 14-25.

[135] 戴恩睿, 葛丹丹, 马兴娅, 等. 基于六氟异丙醇/芳樟醇超分子液液微萃取环境水样和饮料中罗丹明B和柯衣定. 分析试验室, 2023, 42(2): 197-202.

[136] Hu W, Yu Y, Weng Z, et al. Supramolecular solvent for the vortex-assisted dispersive liquid-liquid microextraction of aristolochic acids from Aristolochia debilis prior to HPLC-DAD. Microchem J, 2024, 206: 111608.

[137] Yu Y, Pai N, Chen X, et al. Hexafluorobutanol primary alcohol ethoxylate-based supramolecular solvent formation and their application in direct microextraction of malachite green and crystal violet from lake sediments. Anal Bioanal Chem, 2023, 415(22): 5353-5363.

[138] Yu Y, Zhang R, Hao L, et al. Magnetic ZIF-8 extraction using supramolecular solvent based on ferrofluid and vortex-assisted liquid-liquid microextraction of cationic dyes in beverage and river water samples. Microchem J, 2024, 196: 109689.

[139] Yu Y, Li P, Zheng G, et al. A supramolecular solvent-based vortex-assisted direct microextraction of sulfonamides in sediment samples. Microchem J, 2024, 196: 109553.

第三章

离子液体在中空纤维液相微萃取中的应用

3.1
概述

　　样品前处理是分析化学中的关键步骤，特别是在复杂样品分析中[1,2]。一般来说，液液萃取是应用最广泛的样品前处理方法之一[3,4]。然而，该方法步骤烦琐、耗时，且需要消耗大量高挥发性的有毒有机溶剂。在过去的20年里，微型化的液液萃取技术受到分析科学家越来越多的关注。单滴液相微萃取已被证明是一种简单、快速且经济高效的样品前处理方法[5,6]。然而，单液滴的不稳定性、真实样品的复杂性、相对较低的精度和灵敏度是该方法的缺点。为了克服这些缺点，引入了中空纤维液相微萃取技术[7-10]。中空纤维液相微萃取是基于中空纤维膜的小型化萃取技术，由Pederson和Rasmussen于1999年提出，该技术利用多孔的聚丙烯中空纤维膜为溶剂载体进行萃取操作[11]。萃取过程（图3-1）如下：首先把中空纤维膜放入与水不相容的有机溶剂中浸泡，纤维膜的孔中充满有机溶剂形成支撑溶剂液膜，随后把萃取溶剂通过注射器注入中空纤维膜空腔中并置于样品溶液中进行萃取，在萃取过程中待测物从水相转移至中空纤维膜壁孔中的支撑有机溶剂，最后被纤维空腔中的萃取溶剂吸收。当中空纤维膜壁孔中的支撑溶剂和纤维空腔中的萃取溶剂相同时，为两相中空纤维液相微萃取；当溶剂不一样时，定义为三相中空纤维液相微萃取。

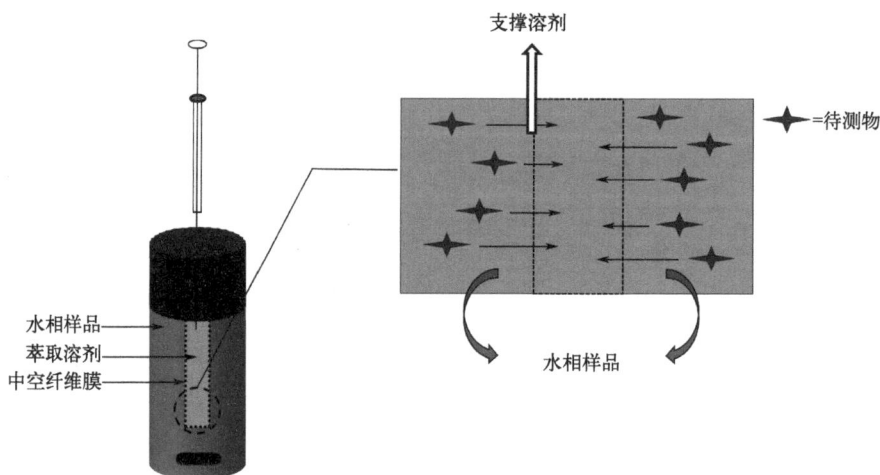

图3-1　中空纤维液相微萃取示意图（见文前彩插）

对于中空纤维液相微萃取而言，目标物从样品溶液转移到萃取溶液需穿过支撑溶剂液膜[12]，最后进入萃取溶剂，因此，选择合适的中空纤维支撑有机溶剂和萃取溶剂是获得高效萃取的关键。选择的溶剂应不挥发、与水不混溶；另外，萃取溶剂应与色谱相容；还应该考虑溶剂的黏度和毒性[13]。多种有机溶剂如 1-辛醇、硝基苯基辛基醚、1-正丁醇、1-正辛醇、1-正壬醇、1-正辛基醚、1-正辛醚、1-异辛基醚、2-正辛基醚和 1-正辛醇和 n-二己基醚等已用于中空纤维液相微萃取中[14-16]，但是这些溶剂挥发性强且毒性较大，对操作者构成了一定的危害，增加了环境污染负担[17,18]。目前，离子液体、低共熔溶剂和超分子溶剂等新型绿色溶剂已取代了这些有机溶剂，作为支撑溶剂和萃取溶剂应用于中空纤维液相微萃取。

3.2
新型绿色溶剂在中空纤维液相微萃取中的应用

离子液体的极性使其对极性化合物具有高亲和力[19]；且中空纤维膜液相微萃取中离子液体在温和搅拌条件下非常稳定[20-22]；离子液体的低挥发性使其对操作人员和环境较友好。这些特性使离子液体适合作为中空纤维液相微萃取的萃取溶剂。2011 年，Ma 等开发了一种分析苯、甲苯、乙苯和邻、间和对二甲苯的方法[23]：使用 1-辛基-3-甲基咪唑六氟磷酸离子液体作为两相中空纤维膜液相微萃取的支撑溶剂和萃取溶剂，并用气相色谱 - 氢火焰离子化检测目标分析物。该方法的检测限为 2.7 ～ 4.0g/L，方法简便、廉价、快速、灵敏并且对环境无害。Wang 等把离子液体 1-丁基-3-甲基-六氟磷酸盐置于中空纤维膜中作为萃取溶剂，以壬醇作为中空纤维支撑溶剂，对茶饮料中的邻苯二甲酸酯类物质进行萃取，并用高效液相色谱进行检测[24]。在最优化条件下，建立的方法在 5 ～ 1000ng/mL 具有良好的线性关系。检出限范围为 0.67 ～ 1.73ng/mL。两种加标茶饮料样品中三种邻苯二甲酸酯类物质的回收率为 94.2% ～ 103.4%，相对标准偏差为 1.77% ～ 3.02%。

分析科学家已把离子液体用作三相中空纤维膜液相微萃取的中空纤维支撑溶剂。Tao 等以 1- 辛基 -3- 甲基咪唑六氟磷酸盐为中空纤维支撑溶剂，建立了三相中空纤维液相微萃取，用于通过高效液相色谱紫外法测定环境水样中的五种磺胺类药物[25]。结果显示腐殖酸（0 ～ 25mg/L）和牛血清白蛋白（0 ～ 100μg/mL）的存在对萃取效率没有显著影响；在五个实际环境水样上应用所建立的方法时，获得了良好的加标回收率（82.2% ～ 103.2%）。以上结果说明，中空纤维膜的存在使该方法的基质效应对萃取效率基本没有影响。

目前，低共熔溶剂作为中空纤维膜液相微萃取中的支撑溶剂和萃取溶剂的报道较少。Mogaddam 等报道了一种基于低共熔溶剂的两相中空纤维液相微萃取塑料包装饮料样品中酚类化合物的方法，含有目标分析物的低共熔溶剂通过气相色谱 - 质谱法进行测定[26]。本方法用 8- 羟基喹啉和新戊酸制备出的新型低共熔溶剂作为支撑溶剂和萃取溶剂，取得优异的富集倍数（1085 ～ 1256），结果令人满意。

对于基于低共熔溶剂作为支撑溶剂的三相中空纤维膜液相微萃取而言，氢键作用是非极性物质能够被萃取的主要原因，而偶极和 π-π 相互作用是萃取非极性物质的主要驱动力[27]。Dowlatshah 等用樟脑和癸酸制备出低共熔溶剂，研究其作为三相中空纤维膜液相微萃取中支撑溶剂对多肽化合物的萃取性能[28]。在最佳条件下（pH=6 时），观察到癸酸（pK_a=4.8）的去质子化作用在支撑溶剂和样品溶液交界处中产生负电荷层，负电荷层促进了低共熔溶剂与多肽的离子相互作用，增强了多肽化合物向低共熔溶剂层的传质。方法的检出限和定量限分别为 0.01 ～ 12.5ng/mL 和 0.03 ～ 42.0ng/mL。低共熔溶剂在中空纤维膜液相微萃取技术中的应用列于表 3-1 中。

表3-1　低共熔溶剂在中空纤维膜液相微萃取中的应用

低共熔溶剂的角色	低共熔溶剂的组成	摩尔比	分析物	真实样品	参考文献
支撑溶剂	L-薄荷醇和甲酸	1:2	六种三嗪类除草剂	腐殖酸、自来水、河流水和尿液	[30]
	甲酸和薄荷醇	1:1	八种抗生素	自来水和河水	[31]
萃取溶剂	L-丝氨酸和乳酸	1:4	咖啡酸	咖啡、绿茶和番茄	[29]
	8-羟基喹啉与正戊酸	1:2	酚类化合物	饮料样品	[26]
	四丁基溴化铵和癸酸	1:2	拟除虫菊酯杀虫剂	环境用水	[32]
	L-丝氨酸和乳酸	1:4	咖啡酸	咖啡、绿茶和番茄	[29]
	8-羟基喹啉与新戊酸	1:2	酚类化合物	饮料样品	[26]

传统有机溶剂的相对不稳定性和高挥发性限制了其在中空纤维液相微萃取技术中的应用。使用超分子溶剂可以克服这些缺点，因为它们的蒸气压可以忽略不计且黏度很高。目前仅报道了少量超分子溶剂在两相中空纤维液相微萃取的相关工作。Yamini 课题组建立了一种新型、高效、环保的基于超分子溶剂的两相中空纤维液相微萃取和高效液相色谱 - 光电二极管阵列检测器分析五种苯二氮䓬类药物的方法[33]，

由癸酸和四丁基铵在水中凝聚而成的囊泡型超分子溶剂作为中空纤维液相微萃取的支撑溶剂和萃取溶剂。结果表明，萃取驱动力是分析物和囊泡聚集体之间的疏水、氢键、π-阳离子相互作用。在最佳萃取条件下，方法的富集倍数为 112 ～ 198，检出限为 0.5 ～ 0.7g/L。该方法成功用于环境水、果汁、血浆和尿液样本中目标药物的萃取和测定，相对回收率在 90.0% ～ 98.8%。该课题组也用癸酸和四丁基铵在水溶液中制备出囊泡型超分子溶剂，用于两相中空纤维液相微萃取水样中的卤化苯胺[34]。所建立的方法有效减少了样品制备时间和有机溶剂用量，与传统分析方法相比具有显著优势。在最佳条件下，目标分析物的检测限为 0.5 ～ 1.0μg/L，相对标准偏差为 3.9% ～ 6.0%。在 20.0μg/L 的加标水平下，三种卤代苯胺从水样中的相对回收率在 90.4% ～ 107.4%。

　　对于中空纤维液相微萃取技术而言，所选绿色溶剂的黏度应尽量小，以促进分析物从水溶液到萃取溶剂的转移。目前，新型绿色溶剂黏度均较大，会使萃取时间增加。此外中空纤维支撑的绿色溶剂会捕获目标分析物，导致萃取回收率较低。由于以上难以克服的缺点，近年来绿色溶剂在中空纤维膜液相微萃取技术中的应用研究较少[35]。

3.3
中空纤维微萃取技术的影响因素

3.3.1　两相中空纤维液相微萃取中萃取溶剂的类型

　　两相中空纤维液相微萃取中萃取溶剂的类型对目标物的萃取效率至关重要。萃取溶剂应对目标物有较好的溶解性、和中空纤维膜有良好的相容性、与样品水溶液不相溶以及挥发性较低。另外，萃取溶剂应具有较高的沸点，沸点过低会导致中空纤维壁孔中的溶剂蒸发而造成萃取效率降低。因此，环境友好的离子液体是两相中空纤维液相微萃取技术的理想萃取溶剂。以 1-己基-3-甲基咪唑三(五氟乙基)三氟磷酸盐、1-丁基-3-甲基咪唑磷酸盐、1-丁基-3-甲基咪唑六氟磷酸盐和 1-丁基-1-甲基吡咯烷三(五氟乙基)三氟磷酸盐四种离子液体作为两相中空纤维液相微萃取技术的萃取溶剂测定水样中的紫外线吸收剂[36]，结果如图 3-2（a）所示，仅有 1-己基-3-甲基咪唑三(五氟乙基)三氟磷酸盐对紫外线吸收剂具有优异的富集倍数。可能的原因是该离子液体超强的疏水能力对紫外线吸收剂的亲和力更强（"相似相溶"原理），使其对目标分析物具有优异的萃取效果。

3.3.2　三相中空纤维液相微萃取中支撑溶剂的类型

对于中空纤维液相微萃取技术而言，固定在中空纤维壁孔的支撑溶剂类型是决定萃取效率的重要因素。支撑溶剂应与聚丙烯纤维兼容，以便以能够容易地填充在壁孔中；同时，应与水样和纤维空腔中的萃取溶剂不相溶。此外，目标分析物在支撑溶剂中的溶解度在满足高于其在样品水溶液中的溶解度的同时，还要低于其在纤维空腔中萃取溶剂的溶解度。用表 3-2 中的四种离子液体作为支撑溶剂，用氢氧化钠溶液作为纤维空腔中的萃取溶剂进行实验[37]，实验表明，四种离子液体均与中空纤维膜有较好的相容性，可轻松固定在中空纤维的孔隙中。图 3-2（b）表明 1-己基-3-甲基咪唑三（五氟乙基）三氟磷酸盐对三种氯苯化合物有理想的萃取效率，可能的原因是该离子液体具有较高的疏水性，且结构中的咪唑环和氯酚类化合物有 π-π 相互作用，使其对目标待测物比 1-丁基-1-甲基吡咯烷三（五氟乙基）三氟磷酸盐具有更好的萃取效果。另外，1-丁基-3-甲基咪唑磷酸盐的高黏度可能使目标分析物难以扩散到离子液体中，从而导致萃取效率降低；1-丁基-3-甲基咪唑磷酸盐的萃取效率最低的原因可能是阴离子（磷酸根）使其疏水性较低，导致部分离子液体在萃取 20min 后溶解在样品水溶液中。

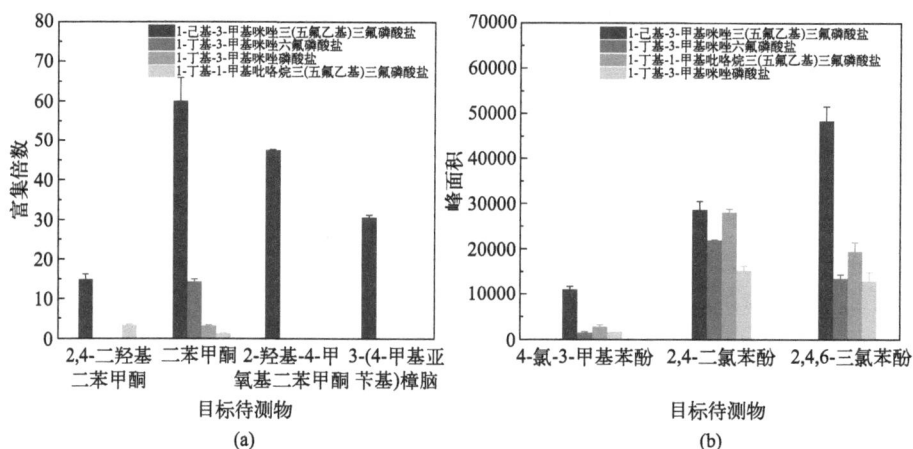

图3-2　（a）两相中空纤维液相微萃取中离子液体种类对紫外吸收剂富集倍数的影响；（b）三相中空纤维液相微萃取中离子液体种类对氯酚类化合物萃取效率的影响（见文前彩插）

表3-2　离子液体的性质

离子液体	结构	密度 / (g/cm³)	黏度 /cP	表面张力 / (mN/m)
1-己基-3-甲基咪唑三（五氟乙基）三氟磷酸盐		1.557	119	33.2
1-丁基-1-甲基吡咯烷三（五氟乙基）三氟磷酸盐		1.589	292	35
1-丁基-3-甲基咪唑六氟磷酸盐		1.136	312	43.21
1-丁基-3-甲基咪唑磷酸盐		—	—	—

3.3.3　萃取时间

中空纤维液相微萃取是一个平衡但非完全萃取过程，萃取速度取决于目标分析物从样品水相到中空纤维支撑溶剂再到纤维空腔中萃取溶剂的传质速度。离子液体的高黏度使中空纤维液相微萃取技术所需萃取时间较长，通常需要 50 ～ 60min。如以 1-己基-3-甲基咪唑三（五氟乙基）三氟磷酸盐为两相中空纤维液相微萃取的萃取溶剂对紫外线吸收剂进行萃取时，萃取时间需要 50min，采用 1-己基-3-甲基咪唑三（五氟乙基）三氟磷酸盐为三相中空纤维液相微萃取的支撑溶剂对水样中氯苯类化合物的萃取平衡时间为 60min。相比于传统中空纤维液相微萃取 30～50min 的萃取时间，基于离子液体的中空纤维液相微萃取技术的萃取时间更长。

3.3.4 三相中空纤维液相微萃取中萃取溶剂 pH 值

对于三相中空纤维液相微萃取氯苯类化合物而言，样品水溶液和萃取溶剂的酸碱度是决定其萃取效率最重要的因素。众所周知，氯苯是弱酸，样品溶液的 pH 值应低于氯苯的 pK_a 值以抑制目标物的电离，从而使它们以分子状态存在，提高萃取效率。结果表明，当样品水溶液 pH 值为 1～4 时，萃取效率没有显著变化。因此，pH 值为 2.5 时足以使氯苯类化合物保持在分子状态。根据三相中空纤维液相微萃取的萃取原理，纤维空腔中的萃取溶剂应能够捕获目标分析物，以防止它们被反萃取至离子液体中。增加萃取溶剂的 pH 值会增强待测物的离子化程度（通过酸碱反应），可有效避免待测物反萃取进入离子液体。如图 3-3 所示，所有分析物的萃取效率都随着 pH 值从 11 增加到 13 而增加，2, 4, 6- 三氯苯酚的效率相对较高。然而，当溶液 pH 值为 14 时，萃取效率急剧降低。原因是当萃取溶剂的 pH 值为 13 时，其碱性足以电离所有的目标分析物。然而当 pH 值增加至 14 时，流动相中的磷酸盐不足

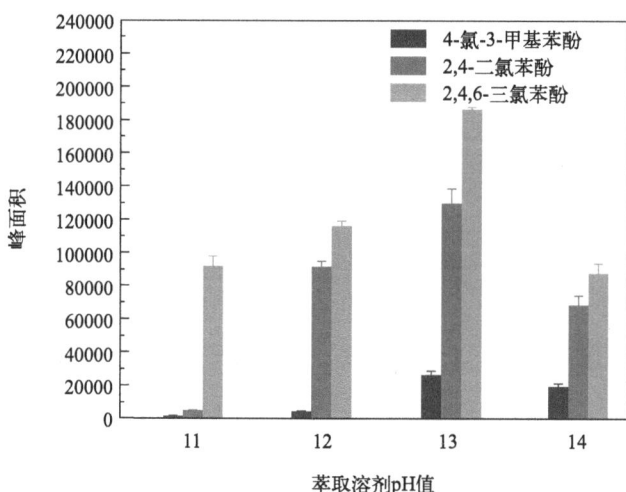

图3-3 萃取溶剂pH值对氯苯类化合物萃取效率的影响（见文前彩插）

以中和在氢氧化钠萃取溶剂中电离的氯苯类化合物，使得一定比例的分析物在注入高效液相色谱系统后仍处于电离状态，不能被检测到。因此，当萃取溶液的 pH 值为 14 时萃取效率急剧降低。

3.3.5 搅拌速度

搅拌样品溶液使其充分混合均匀是一种加速微萃取过程的方式。当搅拌速度较慢时，萃取过程的传质速度降低，使萃取时间较长。当萃取速度较快时，更多的空气进入溶液产生气泡并附着在中空纤维的表面，从而减小样品水溶液和中空纤维膜的接触面积，使得萃取效率降低。从图 3-4 中可以看出，基于离子液体的中空纤维液相微萃取技术对目标分析物（紫外线吸收剂和氯苯类化合物）的萃取效率随着搅拌速率（200～400r/min）的增加而增加。但是当搅拌速度大于 400r/min 时，萃取速率反而降低。因此选择合适的搅拌速度对于中空纤维液相微萃取技术至关重要。

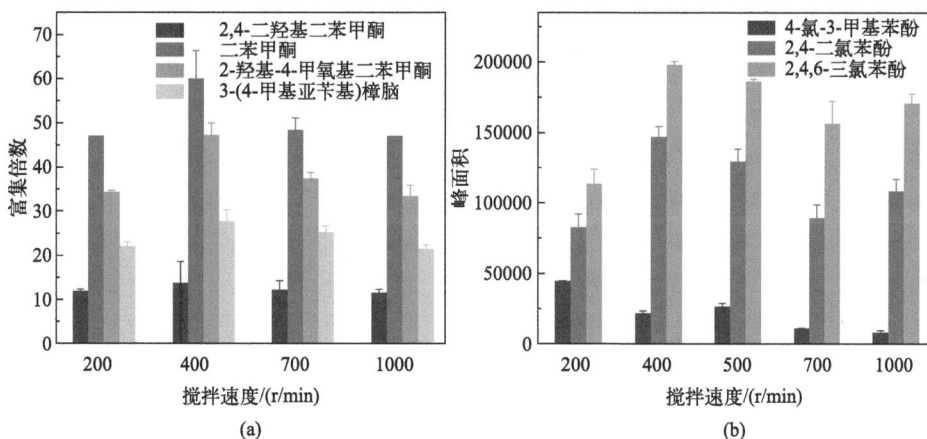

图3-4 （a）搅拌速度对紫外线吸收剂萃取效率的影响；（b）搅拌速度对氯苯类化合物萃取效率的影响（见文前彩插）

3.3.6 盐效应

一般来说，把适量的无机盐加入样品水溶液中，某些目标分析物在水溶液中的溶解度会随着盐浓度的增加而降低，从而提高其在萃取溶剂的分配系数，提高萃取效率。研究表明，在两相中空纤维液相微萃取紫外线吸收剂过程中加入 15% ～ 20%（质量分数）的氯化钠，萃取效率明显提升；但是当盐浓度超过 20%，样品溶液黏度的增加会阻碍分析物的传质速度，从而导致萃取效果降低。类似的结果在三相中空纤维液相微萃取氯苯类化合物中也有发现。

3.4
基于离子液体的两相中空纤维液相微萃取环境水样中的紫外线吸收剂[36]

目前，紫外线过滤器被应用于防晒霜、化妆品和其他个人护理产品，以过滤太阳光中的紫外线 A 和紫外线 B 的辐射。目前，主要有两种类型的过滤器：有机紫外线过滤器，可吸收紫外线，亦称为紫外吸收剂；无机紫外线过滤器（TiO$_2$、ZnO），其工作原理是反射和散射紫外线[38,39]。在欧盟，28 种紫外线吸收剂被允许在化妆品中使用[40]，化妆品配方中紫外线吸收剂的含量为 0.1% ～ 10%。

紫外线吸收剂使用广泛，它们能以不同的方式进入环境中。研究发现，在游泳和沐浴过程中，紫外吸收剂通过皮肤释放，被引入地表水（河流、湖泊和沿海海水）[41-43]。除此之外，也有可能通过废水处理厂的间接输入。紫外线吸收剂的亲脂性导致其易生物累积在鱼类[44,45]、海洋沉积物[46,47]和土壤中[48]。研究表明，一些紫外线吸收剂在体外和体内实验中均具有激素活性（雌激素、抗雌激素、雄激素和抗雄激素）[49,50]。因此发展高灵敏度的分析方法检测环境水样中的紫外吸收剂极为必要。本研究中用离子液体作为两相中空纤维液相微萃取的萃取溶剂，研究对环境水样中紫外线吸收剂的萃取效果。

3.4.1 试剂与材料

（1）紫外吸收剂：二苯甲酮（99%），3-(4-甲基亚苄基)-樟脑（>99%）、2-羟基-4-甲氧基二苯甲酮（98%）和 2,4-二羟基二苯甲酮（99%）。

（2）离子液体：1-己基-3-甲基咪唑三(五氟乙基)三氟磷酸盐、1-丁基-1-甲基吡咯烷三(五氟乙基)三氟磷酸盐、1-丁基-3-甲基咪唑磷酸盐和 1-丁基-3-甲基咪唑六氟磷酸盐。

（3）溶剂：甲醇、丙酮和乙醇，均为高效液相色谱纯级。

（4）其他：氯化钠，超纯水，聚丙烯中空纤维膜（内径为 600μm，壁厚为 200μm，孔径为 0.2μm）。

3.4.2　仪器与设备

超声波清洗器、磁力搅拌器；液相色谱仪，配备自动进样器、四元泵、二极管阵列检测器、C_{18} 色谱柱。

3.4.3　空白污染

空白污染是紫外线吸收剂分析中的一个常见问题，紫外线吸收剂广泛应用于化妆品和个人护理用品如防晒霜、肥皂和洗发水等，可能会在样品前处理过程中污染玻璃器皿，并对样品分析结果的准确度造成影响。为了尽量减少这些污染，需要采取一些预防措施：在样品前处理过程中需全程使用手套并严格清洁玻璃器皿；实验过程中使用的全部玻璃器皿在使用后应用丙酮、甲醇、丙酮、超纯水分别清洗三次，在使用前再用这些试剂漂洗一次，以消除空白污染。

3.4.4　微萃取过程

在萃取之前，将中空纤维手动切成 2.8cm 长并且一端进行热封。为了消除空白污染，将其分别置于丙酮和甲醇中超声清洗 10min，并在空气中干燥。将 10mL 样品溶液转移到 15mL 带有 15mm×6mm 磁力搅拌棒的样品瓶中。样品瓶放置在磁力搅拌器上。用微量注射器抽取离子液体，并用注射器针头刺穿样品瓶盖的隔膜，随后插入准备好的中空纤维膜中并浸入离子液体中 5s 使离子液体充满中空纤维膜的壁孔。随后，将微量注射器中的离子液体注入中空纤维空腔中并放入样品水溶液中萃取紫外线吸收剂。萃取完成后，把离子液体从中空纤维空腔中抽回到微量注射器中，并直接注入高效液相色谱系统进行分析检测。

高效液相色谱系统流动相为甲醇（A 相）和 1% 乙酸溶液（B 相）。梯度洗脱程序：起始为 70%A，10min 线性增至 100% 并保持 5min，最后在 5min 内线性减至 70%A。流速为 1mL/min，进样量为 10μL，柱温为 25℃。2,4-二羟基二苯甲酮的检测波长为 254nm，其余紫外线吸收剂的检测波长为 289nm。

3.4.5 研究结论

在以 1-己基-3-甲基咪唑三(五氟乙基)三氟磷酸盐为萃取溶剂、搅拌速度为 400r/min、萃取时间为 50min、盐浓度为 200mg/mL、样品水溶液 pH 值为 3 的条件下，依次考察了 4 种紫外吸收剂的线性范围、相关系数、检出限、富集倍数、萃取回收率和相对标准偏差 5 个分析特征量，结果如表 3-3 所示。

表3-3　基于离子液体的两相中空纤维液相微萃取-高效液相色谱法的分析特征量

分析物	线性范围 /（ng/mL）	相关系数	检出限 /（ng/mL）	相对标准偏差 /%（n=5）	富集倍数
2,4-二羟基二苯甲酮	10～1000	0.995	0.5	8.2	25
二苯甲酮	5～1000	0.997	0.2	3.4	221
2-羟基-4-甲氧基二苯甲酮	5～1000	0.996	0.2	1.1	216
3-(4-甲基亚苄基)-樟脑	5～1000	0.993	0.3	3.5	205

为了研究两相中空纤维液相微萃取方法的适用性，将该方法应用于自来水和河水样本中紫外吸收剂的萃取检测中。水样在不过滤的情况下直接进行检测，未检测到目标分析物，表明紫外线吸收剂在样品中不存在或者含量低于方法的检出限。为了研究方法的基质效应，在 5ng/mL 和 25ng/mL 的加标水平下检测了紫外线吸收剂的相对回收率（定义为加标真实水样萃取后的峰面积与加标超纯水萃取后峰面积之比）。图 3-5 为加标浓度为 25ng/mL 的河水样品萃取后的色谱图，相对回收率为 82.6%～105.9%，相对标准偏差（n=3）为 1.1%～8.2%，表明基质对本方法的影响较小。

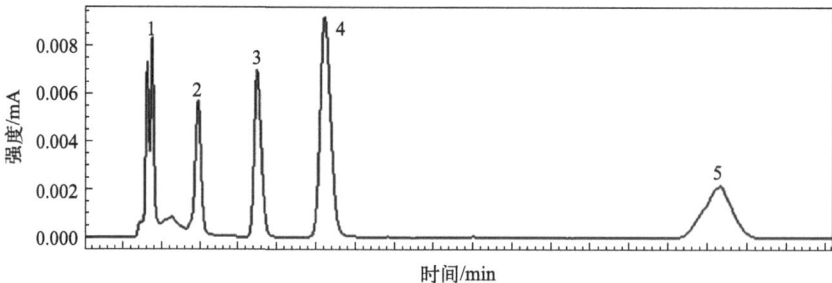

图3-5　加标浓度为25ng/mL的河水样品萃取后的高效液相色谱图
1—1-己基-3-甲基咪唑三（五氟乙基）三氟磷酸盐；2—2,4-二羟基二苯甲酮；3—二苯甲酮；
4—2-羟基-4-甲氧基二苯甲酮；5—3-(4-甲基亚苄基)-樟脑

3.5
基于离子液体的三相中空纤维液相微萃取水样中的氯酚类化合物[37]

氯酚类化合物是一类具有高毒性的化学物质，包括诱变、致癌和雌激素效应[51]，它们通过阻止三磷酸腺苷的形成并干扰氧化磷酸化表现出急性毒性[52]。此外，氯酚类化合物在人体和焚烧炉中的代谢会产生高度危险的二噁英和呋喃[53]。氯酚类化合物经常被用作防腐剂、消毒剂、杀虫剂、除草剂和杀菌剂[54]，由于其毒性较大，目前已被限制使用。因此，开发高效、绿色和简单的方法分析检测环境中的氯酚类化合物至关重要[55-57]。超声辅助顶空液相的微萃取[58]、分散液液微萃取[59]、单滴液相微萃取[60]和中空纤维膜液相微萃取[61]等基于液相的微萃取方法已被用于萃取水样中的氯酚类化合物。氯酚类化合物是易电离的化合物，可利用三相中空纤维液相微萃取方法有效萃取。离子液体因优异的物化性质而成为三相中空纤维液相微萃取方法中填充中空纤维壁孔的理想溶剂。1- 辛基 -3- 甲基咪唑六氟磷酸盐[62]和 1- 丁基 -3- 甲基咪唑六氟磷酸盐[63]均已作为中空纤维膜支撑溶剂萃取水样中的氯酚类化合物。但是这些离子液体的高黏度会阻碍目标分析物的从样品水溶液到萃取溶剂的转移，且因疏水性较弱，离子液体会部分溶解在水溶液中，使萃取效率较低。含有三（全氟烷基）三氟磷酸阴离子的离子液体已被证明具有优异的疏水性、热和电化学稳定性[64]。这类离子液体的含水率比六氟磷酸盐阴离子的离子液体低10倍以上[65]。因此，我们研究了含三（全氟烷基）三氟磷酸阴离子的离子液体作为支撑溶剂在三相中空纤维微液相微萃取氯酚类化合物的适用性。

3.5.1　试剂与材料

高效液相色谱纯级甲醇、丙酮，4-氯-3-甲基苯酚（pK_a=9.6），2,4,6-三氯酚（pK_a=6.2），超纯水，氯化钠，1-己基-3-甲基咪唑三（五氟乙基）三氟磷酸盐、1-丁基-1-甲基吡咯烷三（五氟乙基）三氟磷酸盐、1-丁基-3-甲基咪唑磷酸盐、1-丁基-3-甲基咪唑六氟磷酸盐，氢氧化钠，磷酸二氢钠，磷酸（85%）。

氯酚类化合物的储备溶液：以甲醇为溶剂配制，浓度为 1mg/mL，在 4℃下储存。条件优化所用氯苯类化合物的浓度是 1μg/mL。

聚丙烯中空纤维膜：内径为 600μm、壁厚为 200μm、壁孔大小为 0.2μm。

3.5.2 仪器与设备

氯苯类化合物的分析在高效液相色谱仪上进行，系统配备了注射器、脱气器、二元泵和紫外吸收检测器，检测波长为 240nm。色谱柱为 Metaphase KR100-5-C18 柱（250mm×4.6mm；填充有 5μm 颗粒）。流动相由 70% 的甲醇和 0.01mol/L 磷酸二氢钠组成，用正磷酸酸化至 pH = 2.5，流速为 0.5mL/min。

3.5.3 微萃取过程

在萃取之前，将中空纤维膜的长度定为 2.5cm 并一端热封，在超声波作用下用丙酮清洗并风干。将 10mL 的样品加入含有磁力搅拌子的 15mL 样品瓶中，并将样品瓶放在磁力搅拌器上。用 25μL 微量注射器移取 5μL 萃取溶液并注入清洁干燥的纤维空腔中，然后将中空纤维膜浸入离子液体中 5s 使其充满纤维膜壁孔，之后中空纤维膜和针一起放置在样品水溶液中并打开磁力搅拌器进行微萃取。一定时间后，用微量注射器从纤维膜空腔中抽取出含有待测物的萃取溶剂并注入高效液相色谱中进行分析检测。

3.5.4 研究结论

在最佳提取条件下，使用超纯水加标法研究了基于离子液体的三相中空纤维液相微萃取水样中氯苯类化合物的线性、准确度和检测限。结果表明，氯苯类化合物在 5～1000ng/mL（4-氯-3-甲基苯酚的浓度为 10～500ng/mL）显示出良好的线性关系，相关系数介于 0.9941～0.9994；信噪比为 3 时，检出限范围为 0.3～0.5ng/mL；在最佳萃取条件下进行六次重复实验，相对标准偏差为 4%～6%。

最后用该方法测定河水样品中的氯酚类化合物，未检测到目标分析物，表明氯酚类化合物在河水样品中的含量低于方法检出限，或样品中不含这些污染物。为了研究基质效应，在河水样品中加入氯酚类化合物，使其浓度分别为 50ng/mL 和 500ng/mL，测定萃取回收率，结果如表 3-4 所示。这些结果表明，由于中空纤维提供的保护作用，基质对三相中空纤维膜液相微萃取无明显影响，故该法可用于环境水样中氯酚类化合物的测定。

表3-4　三相中空纤维液相微萃取河水样品中的氯酚类化合物的萃取结果

待测物	50ng/mL		500ng/mL	
	相对萃取回收率 /%	相对标准偏差 /%	相对萃取回收率 /%	相对标准偏差 /%
4-氯-3-苯酚	80	2.9	93	3.8
2, 4-二氯苯酚	102	4.5	97	6.1
2, 4, 6-三氯苯酚	99	4	101	4.2

3.6
本章小结

在本章中，一种新的离子液体——1- 己基 -3- 甲基咪唑三(五氟乙基)三氟磷酸盐首次用于中空纤维膜液相微萃取技术中。与常用的含有六氟磷酸盐和磷酸盐的离子液体相比，1- 己基 -3- 甲基咪唑三(五氟乙基)三氟磷酸盐具有更强的疏水性，适用于中空纤维膜液相微萃取技术中作为支撑溶剂和萃取溶剂，并用于萃取水样中的有机污染物。所建立的方法具有高灵敏度、低检出限和令人满意的重复性。此外，中空纤维膜使得基质对萃取效率的影响并不显著。

参考文献

[1] Bianchini P, Merlo F, Quarta V, et al. Improving sample preparation by biochar-coated sampling tubes: Proof-of-concept extraction of sex hormones from real waters. Adv Sample Prep, 2024, 12: 100129.

[2] Suwanvecho C, Krčmová L K, Švec F. Centrifugal-assisted sample preparation techniques: Innovations and applications in bioanalysis. TrAC-Trends Anal Chem, 2024, 180: 117909.

[3] Jiménez J J. Simultaneous liquid–liquid extraction and dispersive solid-phase extraction as a sample preparation method to determine acidic contaminants in river water by gas chromatography/mass spectrometry. Talanta, 2013, 116: 678-687.

[4] Bolden R D, Hoke S H, Eichhold T H, et al. Semi-automated liquid–liquid back-extraction in a 96-well format to decrease sample preparation time for the determination of dextromethorphan and dextrorphan in human plasma. J Chromatography B, 2002, 772(1): 1-10.

[5] Zhou J, Lin X J, Zhou X X, et al. Headspace-single drop microextraction based visual colorimetry for non-chromatographic speciation analysis of nitrite and nitrate in environmental water sample. Microchem J, 2024, 207: 111959.

[6] Skok A, Bazel Y, Vishnikin A, et al. Direct immersion single-drop microextraction combined with fluorescence detection using an optical probe. Application for highly sensitive determination of rhodamine 6G. Talanta, 2024, 269: 125511.

[7] Lee H S N, Sng M T, Basheer C, et al. Determination of basic degradation products of chemical warfare agents in water using hollow fibre-protected liquid-phase microextraction with in-situ derivatisation followed by gas

chromatography–mass spectrometry. J Chromatogr A, 2008, 1196–1197: 125-132.

[8] Kaenjun T, Tangtreamjitmun N. Spectrophotometric determination of o-phenylphenol in canned drinks using three-phase hollow-fiber liquid phase microextraction. Food Chem, 2025, 463(P2): 141204-141204.

[9] Dorri A, Safa F, Shariati S, et al. Statistical optimization of two-phase hollow fiber liquid-phase microextraction for preconcentration of strychnine in the clinical and postmortem biological fluids prior to gas chromatography-mass spectroscopy detection. Microchem J, 2024, 201: 110587.

[10] Cestaro B I, Machado K C, Batista M, et al. Hollow-fiber liquid phase microextraction for determination of fluoxetine in human serum by nano-liquid chromatography coupled to high resolution mass spectrometry. J Chromatogr B, 2024, 1234: 124018.

[11] Pedersen-Bjergaard S, Rasmussen K E. Liquid–liquid–liquid microextraction for sample preparation of biological fluids prior to capillary electrophoresis. Anal Chem, 1999, 71(14): 2650-2656.

[12] Sahragard A, Alahmad W, Varanusupakul P. Application of electrocolorimetric extraction for the determination of Ni (Ⅱ) ions in chocolate samples: A green methodology for food analysis. Food Chem, 2022, 382: 132344.

[13] Khan W A, Arain M B, Bibi H, et al. Selective electromembrane extraction and sensitive colorimetric detection of copper (Ⅱ). Z Phys Chem, 2021, 235(9): 1113-1128.

[14] Wu J, Lee H K. Orthogonal array designs for the optimization of liquid–liquid–liquid microextraction of nonsteroidal anti-inflammatory drugs combined with high-performance liquid chromatography-ultraviolet detection. J Chromatogr A, 2005, 1092(2): 182-190.

[15] Psillakis E, Kalogerakis N. Developments in liquid-phase microextraction. TrAC-Trends Anal Chem, 2003, 22(9): 565-574.

[16] Fontanals N, Barri T, Bergström S, et al. Determination of polybrominated diphenyl ethers at trace levels in environmental waters using hollow-fiber microporous membrane liquid–liquid extraction and gas chromatography-mass spectrometry. J Chromatogr A, 2006, 1133(1-2): 41-48.

[17] Soylak M, Salamat Q, Sajjad S.The usability of green deep eutectic solvents in hollow fiber Liquid-Phase microextraction for the simultaneous extraction of analytes of different Natures: A comprehensive study. Spectrochim Acta A, 2024, 319: 124552.

[18] Martins R O, Souza G G, Machado L S. Hollow fiber liquid-phase microextraction of multiclass pesticides in soil samples: A green analytical approach for challenging environmental monitoring analysis. Microchem J, 2023, 193: 109028.

[19] Armstrong D W, He L, Liu Y S. Examination of ionic liquids and their interaction with molecules, when used as stationary phases in gas chromatography. Anal Chem, 1999, 71(17): 3873-3876.

[20] Fortunato R, Afonso C A M, Benavente J, et al. Stability of supported ionic liquid membranes as studied by X-ray photoelectron spectroscopy. J Membr Sci, 2005, 256(1-2): 216-223.

[21] Fortunato R, Afonso C A M, Reis M A M, et al. Supported liquid membranes using ionic liquids: study of stability and transport mechanisms. J Membr Sci, 2004, 242(1-2): 197-209.

[22] Branco L C, Crespo J G, Afonso C A M. Studies on the selective transport of organic compounds by using ionic liquids as novel supported liquid membranes. Chem Eur J, 2002, 8(17): 3865-3871.

[23] Ma X, Huang M, Li Z, et al. Hollow fiber supported liquid-phase microextraction using ionic liquid as extractant for preconcentration of benzene, toluene, ethylbenzene and xylenes from water sample with gas chromatography-hydrogen flame ionization detection. J Hazard Mater, 2011, 194: 24-29.

[24] Wang J, Huang S, Wang P, et al. Method development for the analysis of phthalate esters in tea beverages by ionic liquid hollow fibre liquid-phase microextraction and liquid chromatographic detection. Food Control, 2016, 67: 278-284.

[25] Tao Y, Liu J F, Hu X L, et al. Hollow fiber supported ionic liquid membrane microextraction for determination of sulfonamides in environmental water samples by high-performance liquid chromatography. J Chromatogr A, 2009, 1216(35): 6259-6266.

[26] Mogaddam M R A, Farajzadeh M A, Mohebbi A, et al. Hollow fiber-liquid phase microextraction method based on a new deep eutectic solvent for extraction and derivatization of some phenolic compounds in beverage samples

packed in plastics. Talanta, 2020, 216: 120986.

[27] Hansen F A, Santigosa-Murillo E, Ramos-Payán M, et al. Electromembrane extraction using deep eutectic solvents as the liquid membrane. Anal Chim Acta, 2021, 1143: 109-116.

[28] Dowlatshah S, Rye T K, Hansen F A, et al. Parallel electromembrane extraction of peptides with monoterpene and medium-length fatty acid deep eutectic solvents. Anal Chim Acta, 2024, 1297: 342360.

[29] Nia N N, Hadjmohammadi M R. Amino acids-based hydrophobic natural deep eutectic solvents as a green acceptor phase in two-phase hollow fiber-liquid microextraction for the determination of caffeic acid in coffee, green tea, and tomato samples. Microchem J, 2021, 164: 106021.

[30] Díaz-Álvarez M, Turiel E, Martín-Esteban A. Hydrophobic natural deep eutectic solvents based on L-menthol as supported liquid membrane for hollow fiber liquid-phase microextraction of triazines from water and urine samples. Microchem J, 2023, 194: 109347.

[31] Díaz-Álvarez M, Martín-Esteban A. Preparation and further evaluation of l-menthol-based natural deep eutectic solvents as supported liquid membrane for the hollow fiber liquid-phase microextraction of sulfonamides from environmental waters. Adv Sample Prep, 2022, 4: 100047.

[32] Ezoddin M, Naraki K, Abdi K, et al. Deep eutectic solvent as the acceptor phase in three‐phase hollow fiber liquid‐phase microextraction for the determination of pyrethroid insecticides from environmental water samples prior to HPLC. Biomed Chromatogr, 2022, 36(11): e5461.

[33] Rezaei F, Yamini Y, Moradi M, et al. Supramolecular solvent-based hollow fiber liquid phase microextraction of benzodiazepines. Anal Chim Acta, 2013, 804: 135-142.

[34] Moradi M, Yamini Y, Rezaei F, et al. Development of a new and environment friendly hollow fiber-supported liquid phase microextraction using vesicular aggregate-based supramolecular solvent. Analyst, 2012, 137(15): 3549-3557.

[35] Khan W A, Varanusupakul P, Haq H U, et al. Diverse roles, advantages and importance of deep eutectic solvents application in solid and liquid-phase microextraction techniques–A review. Sep Purif Technol, 2024, 358: 130362.

[36] Ge D D, Lee H K. Ionic liquid based hollow fiber supported liquid phase microextraction of ultraviolet filters. J Chromatogr A, 2012, 1229: 1–5.

[37] Ge D D, Lee H K. Ultra-hydrophobic ionic liquid 1-hexyl-3-methylimidazolium tris(pentafluoroethyl) trifluorophosphate supported hollow-fiber membrane liquid–liquid–liquid microextraction of chlorophenols. Talanta, 2015, 132: 132–136.

[38] Yücel C, Ertaş H, Ertaş F N. Development of a solid phase microextraction gas chromatography tandem mass spectrometry method for the analysis of UV filters, Microchem J, 2024, 200: 110247.

[39] Hu L H, Tian M M, Feng W X, et al. Sensitive detection of benzophenone-type ultraviolet filters in plastic food packaging materials by sheathless capillary electrophoresis–electrospray ionization–tandem mass spectrometry. J Chromatogr A, 2019, 1604: 460469.

[40] Zenker A, Schmutz H, Fent K. Simultaneous trace determination of nine organic UV-absorbing compounds (UV filters) in environmental samples. J Chromatogr A, 2008, 1202(1): 64-74.

[41] Kunz P Y, Fent K. Estrogenic activity of ternary UV filter mixtures in fish (Pimephales promelas)-An analysis with nonlinear isobolograms. Toxicol Appl Pharmacol, 2009, 234(1): 77-88.

[42] Fernandez C J, Gomez N A, Oresti G M, et al. Ionic liquids-based nanoemulsion for assisted by ultrasound liquid–liquid microextraction of UV-filters in water samples. Microchem J, 2024, 204: 111007.

[43] Duque A, Grau J, Benedé J L. Low toxicity deep eutectic solvent-based ferrofluid for the determination of UV-filters in environmental waters by stir bar dispersive liquid microextraction. Talanta, 2022, 243: 123378.

[44] Ramos S, Homem V, Alves A. Advances in analytical methods and occurrence of organic UV-filters in the environment–A review. Sci Total Environ, 2015, 526: 278-311.

[45] Fent K, Zenker A, Rapp M. Widespread occurrence of estrogenic UV-filters in aquatic ecosystems in Switzerland. Environ Pol, 2010, 158(5): 1817-1824.

[46] Těšínská P, Škarohlíd R, Kroužek J, et al. Environmental fate of organic UV filters: Global occurrence, transformation, and mitigation via advanced oxidation processes. Environ Pollut, 2024, 363(P1): 125134.

[47] Jin Y H, Yuan T, Li J F, et al. Occurrence, health risk assessment and water quality criteria derivation of six personal

care products (PCPs) in huangpu river, China. Environ Monit Assess, 2022, 194(8): 577.

[48] Aminot Y, Sayfritz J S, Thomas V K, et al. Environmental risks associated with contaminants of legacy and emerging concern at European aquaculture areas. Environ Pollut, 2019, 252(PB): 1301-1310.

[49] Kley M, Stücheli S, Ruffiner P, et al. Potential antiandrogenic effects of parabens and benzophenone-type UV-filters by inhibition of 3α-hydroxysteroid dehydrogenases. Toxicology, 2024, 509: 153997.

[50] Zhu J, Zhang M Y, Yue Y H, et al. Toxic Beauty: Parabens and benzophenone-type UV-Filters linked to increased non-alcoholic fatty liver disease risk. Chemosphere, 2024, 366: 143555.

[51] Amir Z, Muhammad K, Asim M K, et al. Review on the hazardous applications and photodegradation mechanisms of chlorophenols over different photocatalysts. Environ Res, 2021, 195: 110742.

[52] Pepelko W E, Gaylor D W, Mukerjee D. Comparative toxic potency ranking of chlorophenols. Toxicol Ind Health, 2005, 21: 93-111.

[53] Petroutsos D, Wang J, Katapodis P, et al. Toxicity and metabolism of p -chlorophenol in the marine microalga Tetraselmis marina. Aquat Toxicol, 2007, 85(3): 192-201.

[54] Olaniran O A, Igbinosa O E. Chlorophenols and other related derivatives of environmental concern: Properties, distribution and microbial degradation processes. Chemosphere, 2011, 83(10): 1297-1306.

[55] Tang C M, Tan J H. Determination of Chlorophenols in Sewage Sludge and Soil by HighPerformance Liquid Chromatography–Tandem Mass Spectrometry with Ultrasonic-Assisted and Solid-Phase Extraction. Anal Lett, 2017, 50(18): 2959–2974.

[56] Xu M, Gui L, Peng S C, et al. Determination of chlorophenols in sediment using ultrasonic solvent extraction followed by solid-phase extraction, derivatization, and GC-MS analysis. Water Qual Res J, 2017, 52(2): 90–98.

[57] Kamal A E, Kuniyoshi S. Miniaturized ternary deep eutectic solvent-based matrix solid-phase dispersion: A green sample preparation method for the determination of chlorophenols in river sediment. J Sep Sci, 2023, 46(2): 2200717.

[58] Xu H, Liao Y, Yao J R. Development of a novel ultrasound-assisted headspace liquid-phase microextraction and its application to the analysis of chlorophenols in real aqueous samples. J Chromatogr A, 2007, 1167(1): 1-8.

[59] Fattahi N, Samadi S, Assadi Y, et al. Solid-phase extraction combined with dispersive liquid–liquid microextraction-ultra preconcentration of chlorophenols in aqueous samples. J Chromatogr A, 2007, 1169(1-2): 63-69.

[60] Wang X W, Luo L, Ouyang G F, et al. One-step extraction and derivatization liquid-phase microextraction for the determination of chlorophenols by gas chromatography–mass spectrometry. J Chromatogr A, 2009, 1216(35): 6267-6273.

[61] Guo L, Lee H K. Ionic liquid based three-phase liquid–liquid–liquid solvent bar microextraction for the determination of phenols in seawater samples. J Chromatogr A, 2011, 1218(28): 4299-4306.

[62] Basheer C, Alnedhary A A, Rao B S M, et al. Ionic liquid supported three-phase liquid–liquid–liquid microextraction as a sample preparation technique for aliphatic and aromatic hydrocarbons prior to gas chromatography-mass spectrometry. J Chromatogr A, 2008, 1210(1): 19-24.

[63] Peng J F, Liu J F, Hu X L, et al. Direct determination of chlorophenols in environmental water samples by hollow fiber supported ionic liquid membrane extraction coupled with high-performance liquid chromatography. J Chromatogr A, 2007, 1139(2): 165-170.

[64] Ignat'ev N V, W-Biermann U, Kucheryna A, et al. New ionic liquids with tris(perfluoroalkyl)trifluorophosphate (FAP) anions. J Fluorine Chem, 2005, 126(8): 1150-1159.

[65] Yao C, Pitner W R, Anderson J L. Ionic Liquids Containing the Tris(pentafluoroethyl)trifluorophosphate Anion: a New Class of Highly Selective and Ultra Hydrophobic Solvents for the Extraction of Polycyclic Aromatic Hydrocarbons Using Single Drop Microextraction. Anal Chem, 2009, 81(12): 5054-5063.

第
四
章

低共熔溶剂在分散液液
微萃取中的应用

4.1
概述

　　有机污染物在环境和食品中的浓度通常较低，且样品基质复杂，难以对其直接定量分析。尽管仪器技术取得了巨大进步，但对环境和食品样品中目标分析物的直接测量仍较为困难，因此在仪器分析之前需辅以合适的样品前处理技术。选择合适的样品前处理方法是分析样品中痕量分析物的关键步骤[1,2]。高效的样品前处理既可降低或消除基质效应对分析的干扰，又可实现目标污染物的高效萃取和富集，从而有效地增加分析结果的准确度和有效性[3-5]。早期的液液萃取是环境和食品样品前处理的主要方法，但该方法耗时、操作复杂，需要消耗大量的有机溶剂[6,7]。随着样品前处理技术的发展，在液液萃取的基础上出现了一些微型化的样品前处理新方法，包括固相萃取[8,9]、固相微萃取[10]、单滴液相微萃取[11]、中空纤维液相微萃取[12]和印迹材料基质固相萃取[13,14]等。其中一些方法既烦琐又耗时，而另一些方法需要大量的有机溶剂。近年来，分散液液微萃取因具有简单、快速、萃取剂用量少以及萃取效率高的优点，而在样品前处理中具有诱人的应用前景。

4.2
新型绿色溶剂在液液微萃取技术中的应用

　　Rezaee 及其同事于 2006 年引入了分散液液微萃取，该技术基于三元溶剂体系，包括水相（样品）、非极性水不混溶溶剂（萃取溶剂）和极性水混溶溶剂（分散溶剂）[15]。当把萃取溶剂和分散溶剂的适当组合注入水样中时，萃取溶剂以微小液滴的形式分散在水相中。然后将萃取溶剂从水相中分离出来，并直接注入分析仪器进行分析检测（图 4-1）。分散液液微萃取具有良好的回收率、高的富集因子和较短的萃取时间（通常为几秒）[16]。近年来，建立了多种分散液相微萃取的改进形式以提高对目标分析物的萃取效率，如超声辅助分散液液微萃取、涡流辅助分散液液微萃取、微波辅助分散液液微萃取、空气辅助分散液液微萃取和悬浮固化分散液液微萃取等[17]。

常规的分散液液微萃取的萃取溶剂一般以有机萃取剂为主，如四氯乙烷、二氯甲烷、氯仿和氯苯等，但以上萃取溶剂的毒性较大并且挥发性高，会造成环境负担并对操作人员有害[18]；另外，一些萃取技术如加热、超声和微波会造成溶剂的挥发。因此制备绿色、高效的新型萃取溶剂极为必要[18,19]。目前，每年有大量的文献报道研究人员制备出离子液体、低共熔溶剂和超分子溶剂等新型绿色溶剂并作为萃取溶剂用于分散液液微萃取技术中，其涉及的是最常见的新型绿色溶剂在微萃取技术中应用的形式[20-22]。

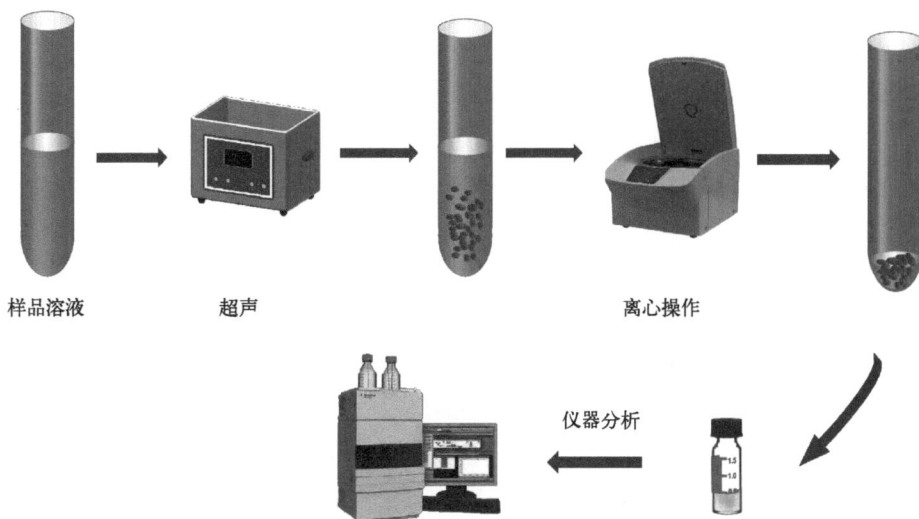

图4-1　分散液液微萃取过程（见文前彩插）

　　1-己基-3-甲基咪唑六氟磷酸盐是在分散液液微萃取中最常作为萃取溶剂的离子液体，可能是因为其多功能性和强大的萃取能力[23-26]。Zhou 等使用 1-己基-3-甲基咪唑六氟磷酸盐为分散液液微萃取的萃取溶剂从水中萃取氨基甲酸酯农药[24]，并使用高效液相色谱-二极管阵列检测器分析。结果表明，农药的检出限为 0.45 ～ 1.40μg/L。近年来，分析科学家也制备出新型的离子液体并用于分散液液微萃取中。如 Erek 课题组制备出新型离子液体 3-(3-氯-2-羟丙基)-1-丁基-1-咪唑-3- 六氟磷酸盐作为液液微萃取的萃取溶剂，甲醇作为分散溶剂，利用超声辅助把离子液体分散在样品水溶液中，最后离心分离，把上层清液倒掉，收集位于下层的离子液体，用乙醇稀释后用紫外可见光谱仪进行分析，检测食品样品中的亮蓝[27]。结果表明，方法的检出限为 7.90μg/L，富集倍数为 40。

自 2015 年首次报道以来，国内外高校和科研机构已把低共熔溶剂用于萃取水相样品中的待测物。如氯化胆碱和苯酚合成的低共熔溶剂已广泛用于微萃取水相样品中的苯系物和多环芳烃、孔雀石绿、磺胺类药物、抗抑郁药物、有机磷农残、钴、汞等物质[28-34]。Shishov 等研究发现氯化胆碱和苯酚合成的低共熔溶剂在水相中会完全分解，使其不能用于水相样品的微萃取中[35]。因此，国内外科研工作者已开始设计并合成疏水性的低共熔溶剂。如 Van 等报道了由季铵盐和正癸酸组成的低共熔溶剂具有良好的疏水性能[36]。Wang 等的研究表明，由甲基三辛基氯化铵和正癸酸形成的低共熔溶剂具有较强疏水性，用于超声辅助分散液液微萃取中，对紫外吸收剂的萃取效果优异，方法的检出限为 0.15 ～ 0.3ng/mL[37]。García-Atienza 等使用含有 L-薄荷醇-辛酸（摩尔比为 1∶2）的天然低共熔溶剂，利用搅拌辅助分散液液微萃取技术提取水样和尿液样品中的精神活性化合物（苯丙胺、甲基酮、甲基苯丙胺、东莨菪碱、3,4-亚甲二氧基甲基苯丙胺、丁酮、去甲氯胺酮、苯甲酰九胺、麦角酸二乙胺、可卡因、氯胺酮、可待因、芬太尼）。离心分离后吸取上层富含待测物的天然低共熔溶剂并使用液相色谱-质谱/质谱进行分析，得出方法检出限为 0.2 ～ 15ng/L[38]。

近年来，以长链烷基醇和长链烷基羧酸作为两亲性物质在水溶液中和四氢呋喃/四烷基胺等溶剂组成的超分子溶剂已大量用作分散液液微萃取的萃取溶剂。基于长链烷基醇的超分子溶剂可用于萃取食品和环境样品中的有机污染物[39-42]。Deng 等使用基于长链烷基醇的超分子溶剂为分散液液微萃取的萃取溶剂来提取饮用水和环境水中的含氟农药残留（图 4-2）[41]。超分子溶剂由十一醇、四氢呋喃和水三元混合物制备而成。在提取农药残留的过程中，将十一烷醇和四氢呋喃的混合物与样品溶液一起加入离心管中，然后加入氯化钠。盐的加入促进了两亲性物质的聚集和超分子溶剂的相分离。最后收集超分子溶剂并注入液相色谱-质谱仪分析检测。建立的方法获得了 81.3% ～ 105.9% 范围内相对较高的萃取回收率。

分析化学研究人员已成功使用基于长链烷基酸的超分子溶剂对食品和环境样品中的有机污染物进行有效的预浓缩[43-46]。例如，Gorji 等使用基于癸酸的超分子溶剂分散液液微萃取法，从水稻、黄瓜和番茄样品中预浓缩了四种有机磷杀虫剂（乙烯利、磷素、二嗪磷和毒死蜱）和一种异噻唑烷杀螨剂（己基噻唑）[45]。在萃取过程中，将样品溶液放入样品瓶中，并加入癸酸和四氢呋喃。随后，向混合物中加入氯化钠导致自发形成超分子溶剂。离心分离后，取出位于上层的超分子溶剂层并使用高效液相色谱仪进行分析。该方法获得了 102 ～ 178 倍相对较高的富集倍数。

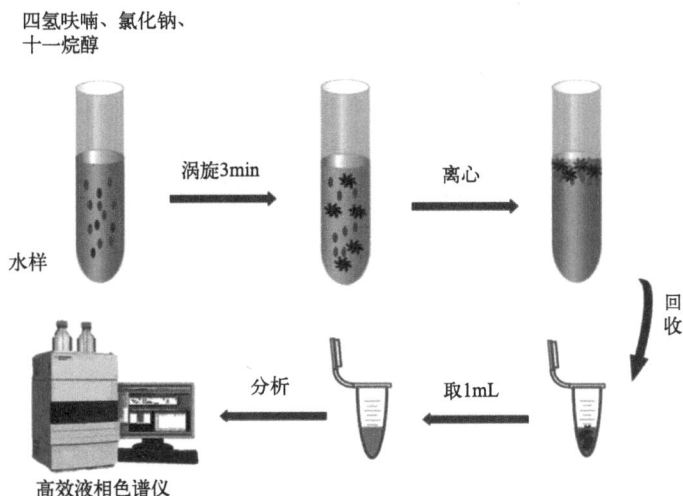

图4-2　基于超分子溶剂涡旋辅助分散液液微萃取含氟农药残留（见文前彩插）

　　目前，大量的离子液体、低共熔溶剂和超分子溶剂等新型绿色溶剂已被制备并作为萃取溶剂用于萃取样品中的各种待测物，是绿色溶剂在微萃取技术中最主要的应用方式。所报道的文献较多，该书无法一一列出。该方法的研究趋势是在不影响检出限的情况下，进一步提高自动化程度并减少样品量。

4.3
分散液液微萃取技术的影响因素

4.3.1　低共熔溶剂种类和组成

　　对于分散液液微萃取技术，萃取溶剂的选择与优化至关重要，因为萃取溶剂直接关系到目标分析物的分离效果与萃取效率。萃取溶剂应满足与水不混溶、与目标分析物具有高亲和力、易于分散到水中和良好的色谱性能等要求。目前，国内外科研人员已制备出多种类型的疏水性低共熔溶剂并用于萃取不同样品中的有机污染物。

　　以薄荷醇、正辛酸和正癸酸作为氢键给体，香芹酚为氢键受体，分别以 1:1 的摩尔比制备低共熔溶剂。将上述合成的 3 种低共熔溶剂（薄荷醇-香芹酚、正辛酸-

香芹酚、正癸酸-香芹酚低共熔溶剂）用于涡旋辅助分散液液微萃取金胺 O、罗丹明 B 和柯依定 3 种色素，进行萃取效率的研究[47]。图 4-3 表明，薄荷醇-香芹酚低共熔溶剂对三种色素的萃取效果最佳。因此，最终选取了该低容溶剂进行后续的探究。实验进一步考察了氢键给体与氢键受体不同摩尔比（3:1、2:1、1:1、1:1、1:2、1:3）对萃取效率的影响。结果表明，薄荷醇和香芹酚摩尔比为 1:1 时的萃取峰面积最大，因此氢键给体与氢键受体的摩尔比定为 1:1。综上所述，选用薄荷醇和香芹酚以摩尔比 1:1 制得低共熔溶剂作为金胺 O、罗丹明 B 和柯依定 3 种色素的萃取溶剂。

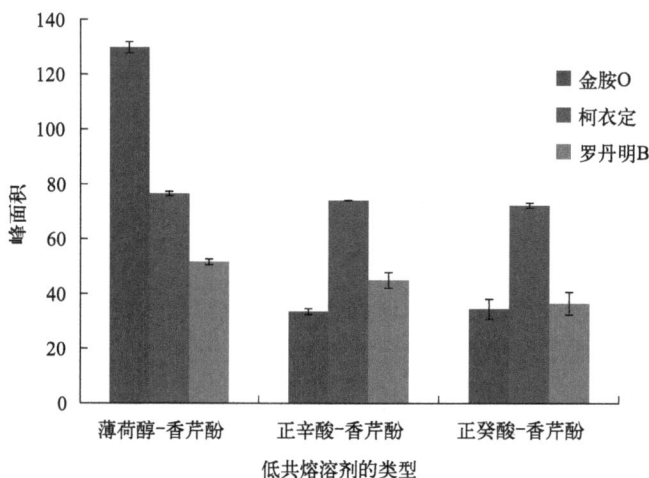

图4-3　低共熔溶剂类型对阳离子色素萃取效率的影响（见文前彩插）

选择苄基三乙基溴化铵、苄基三丁基溴化铵、苄基三乙基氯化铵、苄基三丁基氯化铵作为氢键受体，正辛酸作为氢键给体，以 1:2 的摩尔比合成 4 种低共熔溶剂[48]，对臧红 T 和胭脂红进行萃取，萃取效果如图 4-4（a）所示。实验结果表明苄基三丁基氯化铵-正辛酸制成的低共熔溶剂的萃取效率最高，苄基三乙基氯化铵和苄基三乙基溴化铵作为氢键受体的低共熔溶剂对胭脂红无萃取效果，可能的原因是苄基三丁基氯化铵-正辛酸制成的低共熔溶剂的极性最小，与臧红 T 和胭脂红的相互作用最大，因此，选择该低共熔溶剂进行后续实验。实验进一步考察了苄基三丁基氯化铵和正辛酸不同摩尔比制备的低共熔溶剂对萃取效率的影响 [（图 4-4(b)]，其中氢键受体和氢键给体比例为 1:1 和 1:2 时峰的响应面积较高，但是由于比例为 1:1 时黏度较大，操作难度大，使得测定结果重现性较差，因此，选择苄基三丁基氯化铵和正辛酸比例为 1:2 制备的低共熔溶剂为萃取溶剂。

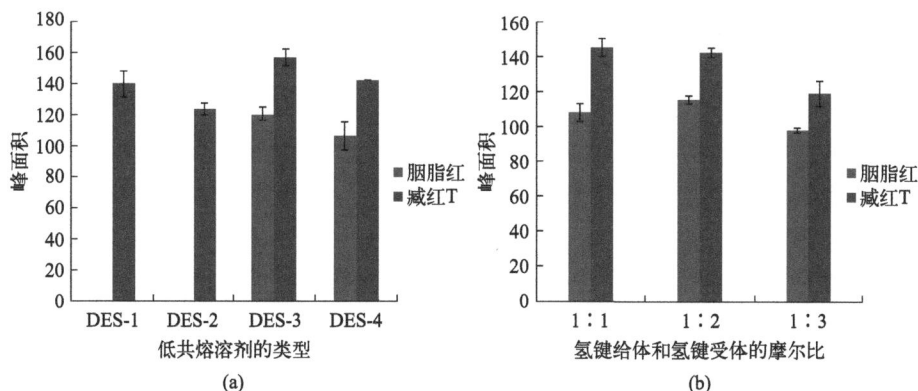

图4-4　（a）低共熔溶剂的类型对臧红T和胭脂红的萃取效率的影响（b）氢键给体和氢键
受体的摩尔比对臧红T和胭脂红萃取效率的影响（见文前彩插）
DES-1—苄基三乙基氯化铵-正辛酸；DES-2—苄基三乙基溴化铵-正辛酸；DES-3—苄基
三丁基氯化铵-正辛酸；DES-4—苄基三乙基溴化铵-正辛酸；

　　以苄基三乙基溴化铵、苄基三丁基溴化铵、苄基三乙基氯化铵和苄基三丁基
氯化铵为氢键受体，正辛酸为氢键给体，以不同摩尔比制备出低共熔溶剂并研究
其对苏丹红染料的萃取效率[49]。实验结果表明，苄基三乙基溴化铵-正辛酸低共
熔溶剂对苏丹红染料的萃取峰面积最大，因此最终选择该低共熔溶剂做进一步研
究优化。氢键给体和氢键受体的摩尔比对低共熔溶剂的理化性质有显著影响，为
研究物质的量比对萃取效率的影响，实验对 n（苄基三乙基溴化铵）:n（正辛酸）
=1:2、1:3 和 1:4 的低共熔溶剂对苏丹红染料的萃取效率进行了探究，由于摩尔
比大于 1:2 的低共熔溶剂黏度过大或者合成过程中有固体析出，故没有进行讨论。
结果表明，n（氢键受体）:n（氢键给体）=1:2 时苏丹红染料的响应峰面积达到峰
值。因此，选择 n（苄基三乙基溴化铵）:n（正辛酸）=1:2 时制备出的低共熔溶
剂作为萃取溶剂。

　　近来发展的低共熔溶剂大多密度低于水，萃取离心后位于溶液上层，难以收
集。目前，可采用悬浮固化、注射器以及自制窄管的方法收集低密度低共熔溶剂，
但是这些方法耗时、操作复杂且萃取成本较高。因此，制备高密度疏水性低共熔溶
剂将有效拓展其在样品前处理中的应用。六氟异丙醇是一种小分子全氟代醇，具有
强氢键供给能力，高密度（ρ=1.596g/cm³）以及强溶解能力等优越的理化性质使其
成为制备高密度低共熔溶剂的理想氢键给体[50,51]。研究以正辛胺、癸胺和壬胺作氢
键受体，六氟异丙醇作为作氢键给体，分别以摩尔比 1:1 合成出 3 种低共熔溶剂
（DES-1 为六氟异丙醇-正辛胺；DES-2 为六氟异丙醇-癸胺；DES-3 为六氟异丙醇-

壬胺），得到均匀淡黄色的油状液体[33]。测定低共熔溶剂的密度，发现 3 种低共熔溶剂的密度均高于水，离心分离后低共熔溶剂位于离心管底部，易于回收操作。将上述合成的 3 种低共熔溶剂对专利蓝 V 和固绿 FCF 进行萃取。图 4-5（a）表明，六氟异丙醇-正辛胺制备的低共熔溶剂获得的峰面积高于其他低共熔溶剂，萃取效率最高。氢键给体和氢键受体的摩尔比是影响低共熔溶剂理化性质（如溶解度、疏水性等）的重要因素，进而影响其萃取效率。实验进一步考察了正辛胺和六氟丁醇物质的量比为 2:1、1:1、1:2、1:3 时对萃取效率的影响，结果如图 4-5（b）所示，当 n（辛胺）:n（六氟异丙醇）=1:2 时，萃取效果最好。

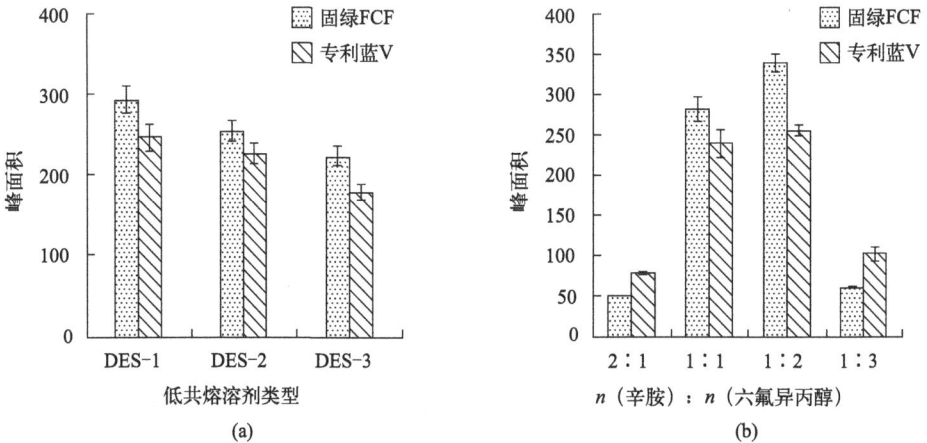

图4-5 （a）低共熔溶剂类型对固绿FCF和专利蓝 V 萃取效率的影响；（b）氢键给体和氢键受体摩尔比对固绿FCF和专利蓝 V 萃取效率的影响

采用低共熔溶剂涡旋辅助分散液液微萃取食品中的苏丹红，由于苏丹红的强疏水性，实验使用以苄基三乙基溴化铵、苄基三丁基溴化铵、苄基三乙基氯化铵和苄基三丁基氯化铵为氢键受体，丁香酚为氢键给体，以不同摩尔比制备出高密度的新型低共熔溶剂，并对其萃取效率研究[52]。实验结果如图 4-6 所示，苄基三乙基溴化铵和丁香酚制备出的低共熔溶剂对苏丹红染料的萃取峰面积最大。作为氢键受体成分的溴离子与氯离子相比，具有更大的体积和更低的静电力。因此，与苄基三乙基氯化铵和丁香酚制备出的低共熔溶剂相比，苄基三乙基溴化铵和丁香酚合成的低共熔溶剂具有更强的疏水性，从而对疏水性较强的苏丹红染料具有更高的萃取效率。另外，氢键受体的烷基链长度的增加会导致峰面积的减小。出现这种现象的可能原因是氢键受体的烷基链长度的增加导致苏丹红染料与低共熔溶剂相互作用减弱，即氢键受体链增长降低了萃取效率。

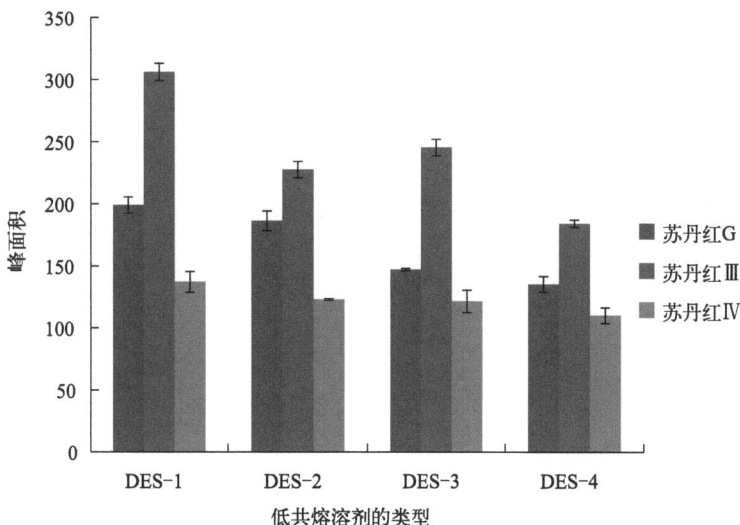

图4-6　低共熔溶剂类型对苏丹红染料萃取效率的影响（见文前彩插）
DES-1—苄基三乙基溴化铵-丁香酚；DES-2—苄基三丁基溴化铵-丁香酚；DES-3—苄基三乙基
氯化铵-丁香酚；DES-4—苄基三丁基氯化铵-丁香酚（氢键受体和氢键给体的摩尔比为1:2）

　　基于先前的研究[36,53]，选择四丁基溴化铵、四丁基氯化铵和DL-薄荷醇作为氢键受体，不同脂肪酸为氢键给体制备疏水性低共熔溶剂，如表4-1所示，其中有11个低共熔溶剂（DES-1～DES-7、DES-10、DES-11、DES-13和DES-14）已成功制备为无晶体沉淀的均匀液体[54]。根据先前的研究可知[35]，水分子可以破坏基于季铵盐的低共熔溶剂中氢键给体与氢键受体的氢键，从而使得低共熔溶溶剂解体。由于基于季铵盐的低共熔溶剂（DES-10，DES-11，DES-13和DES-14）稳定性较弱，所以仅用基于DL-薄荷醇的低共熔溶剂（DES-1～DES-7）作为分散液液微萃取的萃取溶剂。

　　氢键给体和氢键受体的摩尔比以及氢键受体的成分在很大程度上决定了低共熔溶剂的物理化学性质。选择不同氢键受体和氢键给体制备低共熔溶剂，并研究其对紫外吸收剂的萃取效率。结果如图4-7所示，与其他的萃取溶剂相比，由DL-薄荷醇和癸酸组成的低共熔溶剂具有更高的萃取效率。这是由于当固定DL-薄荷醇作为氢键受体时，氢键给体脂肪酸中的烷基链长会导致低共熔溶剂极性的变化。为了进一步提高提取效率，研究了氢键受体和氢键给体的摩尔比对萃取效率的影响。结果表明，当DL-薄荷醇与癸酸的摩尔比从2:1变为1:1时，峰面积增加，然后随着摩尔比的进一步从1:1变为1:2，峰面积反而减小。因此，实验以DL-薄荷醇和癸酸以摩尔比1:1制备的低共熔溶剂作为萃取溶剂。

表4-1　疏水性低共熔溶剂的组成

缩写	氢键给体	氢键给体	摩尔比	室温下的状态
DES-1		正辛酸	2:1	透明液体
DES-2		正辛酸	1:1	透明液体
DES-3		正辛酸	1:2	透明液体
DES-4		癸酸	2:1	透明液体
DES-5	DL-薄荷醇	癸酸	1:1	透明液体
DES-6		癸酸	1:2	透明液体
DES-7		十二酸	2:1	透明液体
DES-8		十二酸	1:1	有固体析出
DES-9		十二酸	1:2	有固体析出
DES-10		正辛酸	1:1	透明液体
DES-11	四丁基溴化铵	癸酸	1:1	透明液体
DES-12		十二酸	1:1	有固体析出
DES-13		正辛酸	1:1	透明液体
DES-14	四丁基氯化铵	癸酸	1:1	透明液体
DES-15		十二酸	1:1	有固体析出

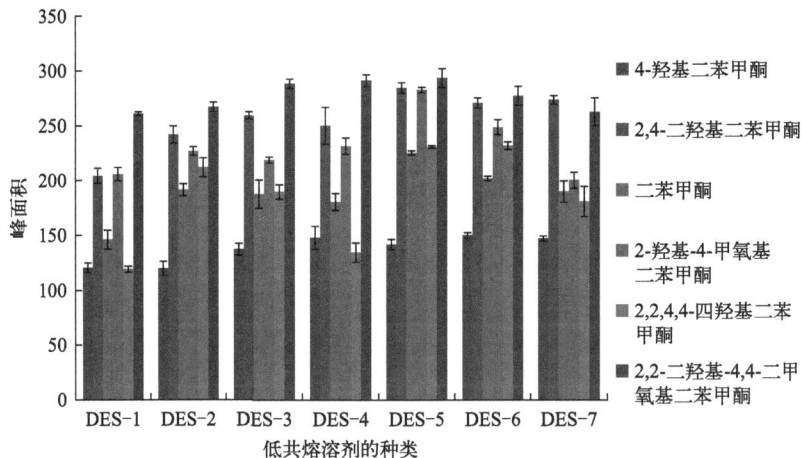

图4-7　低共熔溶剂类型对紫外线吸收剂萃取效率的影响（见文前彩插）

4.3.2　低共熔溶剂的体积

萃取溶剂的用量对分散液液微萃取的效率有很大影响。一般来说，萃取溶剂的用量应尽可能少，以获得最高的富集倍数以及对环境的最低毒性。但是也要保证足够的萃取溶剂的量，以获得较高的萃取回收率。萃取剂用量过少会使待测物不能萃取完全；过多会浪费试剂，对环境产生负担。在分散液液微萃取中，低共熔溶剂的体积通常为 50 ～ 200μL。

采用荷醇和香芹酚以摩尔比 1:1 制备的低共熔溶剂用于涡旋辅助分散液液微萃取水样中的萃取金胺 O、罗丹明 B 和柯依定 3 种色素时 [47]，研究 50 ～ 200μL 的萃取溶剂对 3 种合成色素萃取效率的影响。结果表明，当低共熔溶剂的体积从 50μL 增加至 75μL 时，萃取效率随之增加；再增加低共熔溶剂用量萃取效率反而降低。采用苄基三乙基溴化铵和丁香酚制得的低共熔溶剂萃取食品中的苏丹红染料，研究萃取溶剂用量范围为 50 ～ 200mg 时对萃取效率的影响 [52]。结果如图 4-8（a）所示，随着低共熔溶剂用量从 50mg 增加到 75mg，峰面积也随之增加；当低共熔溶剂的用量超过 75mg 时，色谱信号减弱，表明稀释效应使得更高的低共熔溶剂用量反而降低了萃取效率。在以六氟丁醇和辛胺以摩尔比 1:2 合成的低共熔溶剂为萃取溶剂、萃取时间为 2min、盐浓度为 0%、溶液 pH 未调的条件下，考察了 50μL、100μL、150μL 和 200μL 低共熔溶剂对涡旋辅助分散液液微萃取专利蓝 V 和固绿 FCF 萃取效率的影响 [51]。由图 4-8（b）可知，随着萃取溶剂使用量的增加，峰面积减小，萃取溶剂为 50μL 时的峰面积最大。这是因为随着低共熔溶剂体积的增加，稀释作用导致待测物在低共熔溶剂中的浓度降低，峰面积也随着降低。因此，萃取溶剂量过少不能将待测物完全萃取出，萃取溶剂量过大则会降低待测物在低共熔溶剂中的浓度，造成萃取溶剂的浪费，在实际应用中应选择合适的用量。

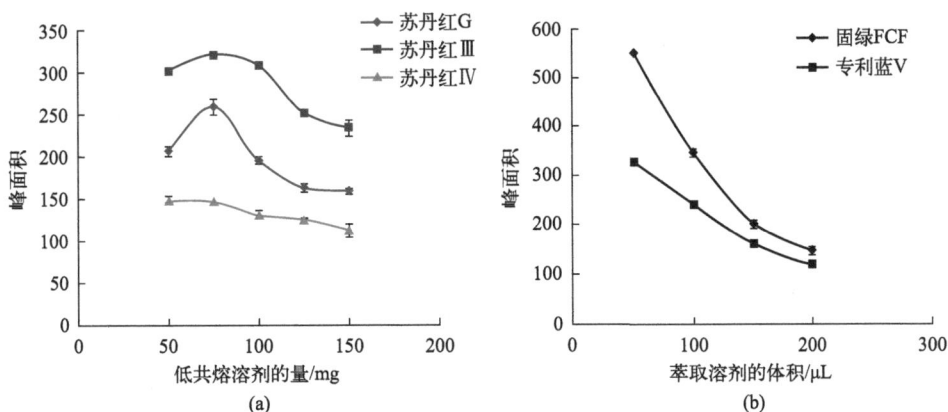

图4-8 （a）低共熔溶剂用量对苏丹红染料萃取效率的影响；（b）萃取溶剂体积对专利蓝 V 和固绿FCF萃取效率的影响

4.3.3 萃取时间

分散液液微萃取为平衡过程,萃取溶剂通过各种方式与样品溶液混合均匀,需要一定的时间使两相达到萃取平衡,从而充分萃取出目标分析物,达到平衡的时间即为萃取时间。在分散液液微萃取中,萃取溶剂被分散成微小的液滴,这些液滴在样品溶液中形成三相体系,通过其微小的孔隙或微结构增加了与目标分析物的接触面积,从而提高了萃取效率,实现样品中待测物的快速萃取分析。

涡旋辅助分散液液微萃取是最常用的萃取模式,萃取时间为涡旋时间。当选用低共熔溶剂用于涡旋辅助分散液液微萃取样品中的合成色素时,目标污染物的萃取通常在 2 ～ 5min 内即可完成,说明这个微萃取过程是一个快速的样品前处理技术。传统的液液萃取方法可能需要复杂的操作步骤和较长的平衡时间,但低共熔溶剂的一个显著优势是萃取剂与待测物质的混合可以迅速完成,且萃取效率高,大大缩短了分析时间。此外,这一过程通常在室温或温和的温度下进行,进一步提高了操作的便捷性和样品处理的速度。另外,分散液液微萃取的快速响应性意味着可以在很短的时间内实现萃取平衡,从而保证目标分析物的高效富集。这种快速的平衡过程减少了分析物在萃取剂和样品介质之间的分配时间,降低了分析物在过程中的潜在损失,提高了方法的回收率和检测的准确性。

进行空气辅助分散液液微萃取时,首先把低共熔溶剂加入样品水溶液中形成混合溶液,然后用玻璃注射器反复抽提和推出混合物,直至萃取溶剂在水溶液被分散成微小的液滴。空气辅助分散液液微萃取过程的萃取时间定义为注射器推拉的次数。当以 DL-薄荷醇与癸酸制备的低共熔溶剂用于空气辅助分散液液微萃取水样中的紫外吸收剂时,为了把低共熔溶剂分散到样品水溶液中,用 10mL 的注射器推拉低共熔溶剂和水溶液的混合物 [54]。结果表明所有分析物的峰面积在推拉次数为 5 次的时候达到了最大值,此后并无明显变化。

4.3.4 溶液 pH 值的影响

在分散液液微萃取的过程中,溶液 pH 值是十分重要的影响因素,因为 pH 会影响目标分析物在溶液中的状态,从而影响萃取效率。调节样品溶液的 pH 值可以使目标分析物处于分子状态,提高分配系数。通过向待测液中加入特定浓度的酸碱溶液,可以调节 pH 值以优化萃取过程。在用低共熔溶剂为萃取溶剂、萃取剂用量为 50μL、萃取时间为 2min、盐浓度为 1% 的条件下,采用 0.1mol/L HCl 和 0.1mol/L

NaOH 调节溶液的 pH 值，分别考查了溶液 pH 值为 4、6、8、10、12 和 13 时对专利蓝 V 和固绿 FCF 萃取效果[51]。结果如图 4-9（a）所示，pH 为 10 时，色素萃取效果最佳；pH 大于 10，萃取效率急剧下降。这是因为溶液的 pH 值会影响专利蓝 V 和固绿 FCF 在溶液中的存在形态，影响目标分析物离子和分子两种形态存在的不同比例，从而影响萃取效果。

我们采用 0.1mol/L 的盐酸和 0.1mol/L 的氢氧化钠调节溶液的 pH，考察了溶液 pH 值为 2、4、6、8 和 10 时涡旋辅助分散液液微萃取对苏丹红染料萃取效率的影响[52]。结果如图 4-9（b）所示，溶液 pH 值为 9 时萃取效率较高，当 pH 值高于或者低于 9 时，萃取效率显著降低。因此选择溶液 pH 值为 9。

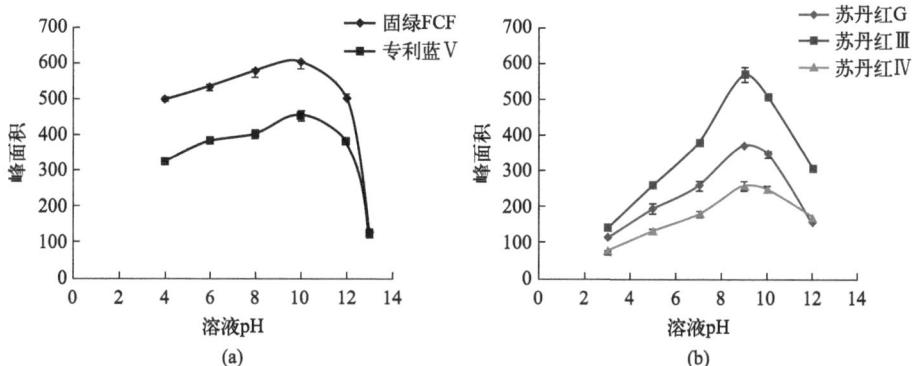

图4-9　（a）溶液pH值对固绿FCF和专利蓝V萃取效率的影响；（b）溶液pH值对苏丹红染料萃取效率的影响

4.3.5　盐效应的影响

样液中加入一定量的盐可以增强工作液的离子浓度，减小水相中萃取目标物的溶解度，并增强其在有机相的分配，以改善萃取的效率；但加入盐会增加溶液的黏度，使目标分析物的扩散速率降低，进而导致萃取效率降低；最终结果将取决于这两方面的竞争。我们研究了氯化钠浓度为 0mg/mL、10mg/mL、30mg/mL、50mg/mL 和 100mg/mL 时对涡旋辅助分散液液微萃取专利蓝 V 和固绿 FCF 的影响[51]。结果如图 4-10（a）所示，当盐浓度从 0mg/mL 增加至 10mg/mL 时，由于盐析作用使得峰面积呈上升趋势，但氯化钠用量继续增加时，峰面积反而下降，可能的原因是盐浓度过高易增大溶液黏度，引起萃取目标物扩散速度降低，最终导致萃取效率降低。因此选择氯化钠用量为 10mg/mL。

通过添加氯化钠来研究盐对分散液液微萃取苏丹红染料萃取效率的影响 [52]。不同浓度的氯化钠（0～100mg/mL）加入水溶液中进行微萃取。图 4-10（b）表明当盐浓度增加到 1% 时，峰面积增加。这可能是因为少量的氯化钠降低了苏丹红染料在水溶液中的溶解度，对萃取效率具有积极影响。然而，当盐浓度从 10mg/mL 进一步增加到 100mg/mL 时，样品的黏度增加，从而对传质过程产生负面影响，导致峰面积减小。因此，使用 10mg/mL 氯化钠可确保萃取效率。

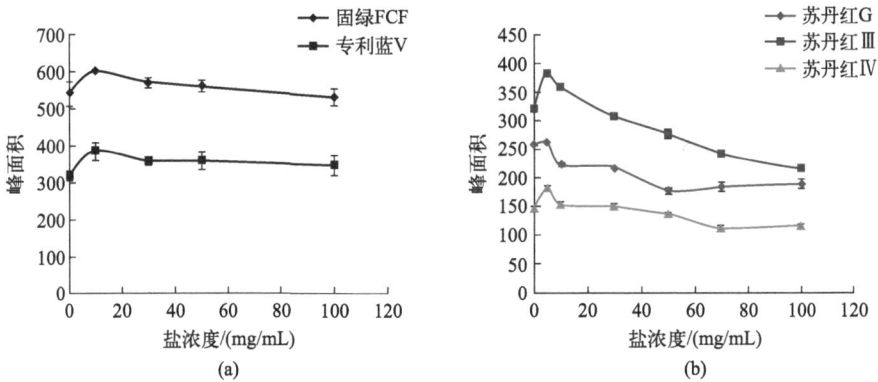

图4-10 （a）盐浓度对固绿FCF和专利蓝V萃取效率的影响;（b）盐浓度对苏丹红萃取效率的影响

4.4
空气辅助分散液液微萃取技术检测水样中紫外线吸收剂的应用[54]

紫外线吸收剂被广泛应用于个人护理产品、化妆品和药品中，以保护皮肤免受太阳辐射的伤害 [55]。紫外线吸收剂可通过游泳、沐浴、废水处理厂等途径进入环境，因此广泛存在于环境水体（河流、湖泊和海水）中。此外，由于紫外线吸收剂的亲脂性能，它们还可能积聚到生态系统中，如海洋沉积物 / 土壤、鱼类，甚至是人体内 [56,57]。动物毒理学研究表明，某些有机紫外线吸收剂即使在微量水平上也可能诱发雌激素和抗甲状腺影响 [58,59]。因此，开发有效的分析方法来监测水环境中的紫外线吸收剂非常重要。分散液液微萃取具有操作简单、有机萃取剂用量少、萃取效率高等优点，是一种绿色、安全、高效的样品前处理方法，已成功用于环境样品中多种微量及超微量有机污染物的检测中。Ribeiro 等的研究证明，由 L-薄荷醇和脂肪羧酸制备的新型疏水性低共熔溶剂在水中具有极高的稳定性[60]，在分散液液微萃取中具有良好的应用前景。

4.4.1　试剂与材料

二苯甲酮（99%）、2, 4-二羟基二苯甲酮（98%，pK_a=7.72）、2, 2′, 4, 4′-四羟基二苯甲酮（99%，pK_a=6.93）、2-羟基-4-甲氧基二苯甲酮（99%，pK_a=7.56）、2, 2′-二羟基-4, 4′-二甲氧基二苯甲酮（98%，pK_a=6.99）和4-羟基二苯甲酮（98%，pK_a=8.12），薄荷醇（98%）、四丁基溴化铵（98%）、四丁基氯化铵（99%）、辛酸（99%）、癸酸（98%）和十二酸（98%），甲醇（高效液相色谱级），紫外线吸收剂（浓度为1mg/mL储备液采用甲醇制备，存于冰箱中备用）。

4.4.2　仪器与设备

高效液相色谱仪：配置自动进样器、四级泵和二极管阵列检测器组成。
C_{18}色谱柱：150mm×4.6mm，5μm。

4.4.3　疏水性低共熔溶剂的制备

在本实验中，选用DL-薄荷醇、四丁基溴化铵和四丁基氯化铵为氢键受体，选择脂肪长链羧酸包括辛酸、癸酸和十二烷酸为氢键给体制备低共熔溶剂，如表4-1所示。所有氢键给体和氢键受体在使用前都在高真空下干燥五天，无需进一步纯化即可使用。把氢键给体与氢键受体加入带有磁力搅拌棒的玻璃瓶中并让混合物在80℃下搅拌，直至形成均匀透明的液体。制备好的低共熔溶剂放在干燥器中，直到它们达到恒重。

采用傅里叶变换红外光谱仪对低共熔溶剂的结构进行表征。红外光谱样品处理：薄荷醇、正癸酸为固体，与溴化钾固体按1:100的比例于研钵中研磨均匀，用压片模具加压，最后得到透明薄片。正辛酸、香芹酚和低共熔溶剂为液体，采用涂片法进行分析。

4.4.4　微萃取过程

将8mL样品溶液转移到10mL离心管中。然后，向样品溶液中加入8mg氯化钠和 100μL 低共熔溶剂。用 10mL 玻璃注射器迅速从离心管中吸取混合液，然后将其推入离心管中（重复五次）。通过该操作，低共熔溶剂完全分散在样品溶液中，形成含有微小液滴的浑浊溶液。以 5000r/min 离心 5min 后，收集上层相并转移到 200μL 玻璃插入管中。最后，取 10μL 收集的低共熔溶剂注入高效液相色谱系统进行分析。仪器参考条件如下：

流动相为甲醇和 1%（体积分数）乙酸，流速为 1.0mL/min。洗脱曲线为梯度程序，从 70% 甲醇开始，10min 内线性上升至 100% 甲醇，并保持 5min，最后在 5min 内恢复至初始状态。进样量为 10μL，色谱柱温度设定为 25℃。2-羟基-4-甲氧基二苯甲酮的检测波长为 254nm，其他分析物的检测波长为 289nm。

4.4.5 研究结论

4.4.5.1 低共熔溶剂的表征

低共熔溶剂形成的主要驱动力是氢键，其相互作用通过红外光谱法证实。如图 4-11 所示，实验研究了 DL-薄荷醇、癸酸、DL-薄荷醇-癸酸低共熔溶剂的红外光谱图。在红外光谱中，癸酸中羟基在 3476cm^{-1} 处的振动在低共熔溶剂中位移到了 3445cm^{-1}，可能是癸酸中氧原子的电子云向低共熔溶剂中氢键的转移导致波长减小。因此，羟基振动的偏移表明氢键的存在和低共熔溶剂的形成。

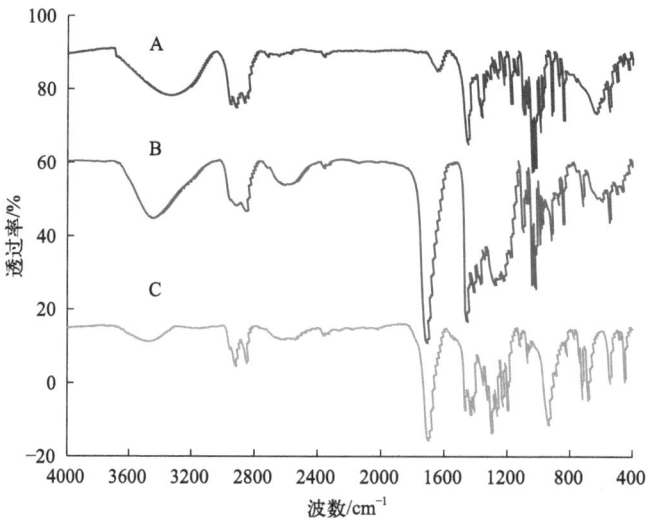

图4-11　DL-薄荷醇（A）、DL-薄荷醇-癸酸（B）低共熔溶剂和癸酸（C）的红外光谱图

表4-2 空气辅助分散液液微萃取-高效液相色谱分析真实水样中紫外线吸收剂的结果

检测项目	加入量/(ng/mL)	游泳池水			河水			生活污水		
		检出量/(ng/mL)	回收率/%	相对标准偏差/%	检出量/(ng/mL)	回收率/%	相对标准偏差/%	检出量/(ng/mL)	回收率/%	相对标准偏差/%
4-羟基二苯甲酮	0	—	—	—	—	—	—	—	—	—
	2	1.902	95.1	2.2	1.906	95.3	1.5	1.834	91.7	3.5
	10	9.350	93.5	0.5	9.020	90.2	5.9	9.840	98.4	5.7
	250	241.250	96.5	7.9	264.750	105.9	6.3	243.000	97.2	4.4
2,4-二羟基二苯甲酮	0	—	—	—	1.0	—	4.8	0.9	—	3.1
	2	1.900	95.0	0.5	2.932	96.6	5.8	2.968	103.4	7.9
	10	9.380	93.8	2.8	9.880	88.8	1.9	11.280	103.8	3.3
	250	236.500	94.6	3.9	245.750	97.9	2.8	241.900	96.4	6.5
二苯甲酮	0	—	—	—	—	—	—	2.2	—	4.3
	2	1.916	95.8	5.5	1.892	94.6	6.2	4.058	92.9	5.7
	10	9.030	90.3	0.3	9.490	94.9	5.4	12.120	99.2	1.3
	250	242.500	97.0	2.9	234.500	93.8	3.9	253.200	100.4	2.6

续表

检测项目	加入量/(ng/mL)	游泳池水			河水			生活污水		
		检出量/(ng/mL)	回收率/%	相对标准偏差/%	检出量/(ng/mL)	回收率/%	相对标准偏差/%	检出量/(ng/mL)	回收率/%	相对标准偏差/%
2-羟基-4-甲氧基二苯甲酮	0	—	—	—	1.2	—	4.7	1.3	—	4.5
	2	1.894	94.7	1.0	3.136	96.8	5.2	3.244	97.2	4.3
	10	9.740	97.4	2.6	10.890	96.9	3.0	10.860	95.6	3.2
	250	245.500	98.2	1.3	254.700	101.4	2.7	246.550	98.1	5.1
2,2',4,4'-四羟基二苯甲酮	0	—	—	—	—	—	—	—	—	—
	2	1.908	95.4	3.6	1.840	92.0	5.6	1.924	96.2	3.4
	10	9.780	97.8	5.3	9.090	90.9	3.3	9.440	94.4	3.8
	250	223.500	89.4	2.9	245.500	98.2	1.1	253.500	101.4	5.3
2,2'-二羟基-4,4'-二甲氧基二苯甲酮	0	—	—	—	—	—	—	—	—	—
	2	1.992	99.6	0.5	1.782	89.1	4.4	2.014	100.7	8.5
	10	10.320	103.2	3.1	9.460	94.6	2.3	10.260	102.6	2.3
	250	230.750	92.3	2.7	233.000	93.2	8.6	241.750	96.7	2.2

4.4.5.2　方法性能评价和真实样品的检测

在最佳萃取条件下研究了方法的线性、检出限、定量限、精密度、富集倍数和回收率。结果表明，紫外线吸收剂在 0.5 ～ 1000ng/mL 具有良好的线性，相关系数为 0.9930 ～ 0.9974。基于在信噪比为 3 和 10 的浓度，检出限和定量限分别为 0.05 ～ 0.2ng/mL 和 0.2 ～ 0.5ng/mL。以浓度为 1ng/mL 的水溶液研究日内（$n=6$）和日间（$n=6$）的精密度，相对标准偏差分别为 1.5% ～ 4.9% 和 0.6% ～ 5.6%，方法具有令人满意的可重复性。以含有 20ng/mL 的溶液研究方法的富集倍数和回收率，结果表明，方法的富集倍数为 144 ～ 154，回收率为 90.2% ～ 96.6%。为了评价方法在真实样品中分析检测紫外线吸收剂的应用性能，利用空气辅助分散液液微萃取-高效液相色谱法分析不同真实水样中的紫外线吸收剂，包括游泳池水、河水和生活污水，结果列于表 4-2 中。结果表明，基质对萃取效率没有显著影响，该方法是测定真实水样中紫外线吸收剂的有效方法。

4.5
涡旋辅助分散液液微萃取色素

近年来，合成色素因着色能力好、使用便捷、稳定性高以及成本低廉等优点[61]，被广泛应用于工业中。研究表明，部分色素具有致癌性、神经毒性、致畸性及其他毒性[62]，故在食品中的使用是严格禁止的[63]。然而，目前依然有不法分子非法使用和出售人工合成色素[64]。另外，每年也有大量的含合成色素工业废水排放到环境水体中，对环境和人类的健康造成威胁[65]。为了保护环境和人类的安全，发展简单、准确和有效的分析方法对人工合成色素进行有效检测意义重大。

涡旋辅助分散液液微萃取因优异的绿色化学指标和较高的萃取效率而备受青睐[66,18]。研究高性能、易于制备的绿色溶剂已成为分散液液微萃取的研究热点[51]。低共熔溶剂因绿色环保、可降解、价廉、易制备（原子利用率100%）、可生物兼容、通过选择不同氢键给体与氢键受体可达到调节其结构与性质等特点[67-69]，成为萃取样品水溶液中有机污染物的有效萃取溶剂之一[70-72]。但是疏水性低共熔溶剂的种类仍较有限，氢键受体主要集中于有限的季铵盐（离子型）和薄荷醇或百里香酚（非离子型），氢键给体主要是长链的烷基酸或烷基醇，对于其他类型的疏水性低共熔溶剂的研究还远远不够 [73-76]。因此，制备稳定的新型低共熔溶剂将有效拓展其在样品前处理中的应用，包括涡旋辅助分散液液微萃取水样和食品样品中的合成色素。

4.5.1 涡旋辅助分散液液微萃取环境水样和饮料中的罗丹明 B、金胺 O 和柯依定

4.5.1.1 试剂与材料

金胺 O（纯度 99%）、罗丹明 B（纯度 98%）、柯依定（纯度 99%）、薄荷醇（纯度 99%）、香芹酚（纯度 99%）、正辛酸（纯度 99%）、正癸酸（纯度 99%）、乙腈（色谱纯）、甲醇（色谱纯）、氯化钠、盐酸、氢氧化钠。实验用水为高纯水。

分别称取适量金胺 O、罗丹明 B 和柯依定标准品，用甲醇溶解配成 1mg/mL 的标准储备液，冰箱中 4℃保存。不同浓度的标准工作液由储备液加入超纯水稀释得到。

4.5.1.2 仪器与设备

高效液相色谱仪：配置自动进样器、四元泵、二极管阵列检测器。

C_{18} 色谱柱：150mm×4.6mm，5μm。

傅里叶变换红外光谱仪。

4.5.1.3 微萃取过程

环境水样采自盘龙江和滇池。饮料样品为某品牌西瓜味、橙子味饮品。饮料样品在萃取前超声脱气 20min。所有样品萃取前均需用 0.45μm 的滤纸过滤。移取 10mL 样品溶液至 15mL 塑料离心管，加入 75μL 低共熔溶剂得到混合溶液，涡旋 2min，得到浑浊混合液。之后将离心管在 5000r/min 下离心 5min，管中混合液分层，上层即为低共熔溶剂。取出低共熔溶剂注入高效液相色谱仪进行分析检测。

高效液相色谱条件：洗脱液为乙酸铵和甲醇（体积比为 95:5）；流速为 1.0mL/min，柱温为 30℃，进样体积为 10μL。金胺 O 和柯依定的检测波长为 430nm，罗丹明 B 的检测波长为 538nm。

4.5.1.4 量化计算方法

色素分子和低共熔溶剂的结构优化采用 Gaussian 16 在 M06-2X-D3/def2-SVP 水平下进行计算。采用 Orca 4.1.0 软件在 RI PWPB95-D3BJ/def2-TZVP 水平下采用

M062X-D3/def2-SVP 的最优化结构计算单点能。用 Multiwfn3.8（dev）计算分子的静电式（基于 M062X-D3/def2-SVPM062X-D3/def2-SVP 的最优化结构的波函数）并用分子动力学模拟软件绘制静电式图。低共熔溶剂和色素分子的结合能计算公式为：

$$\Delta E = E_{DES-dyes} - (E_{DES} - E_{dyes})$$

式中，$E_{DES\text{-}dyes}$ 为低共熔溶剂和色素形成的复合物的总热量，kcal/mol；E_{DES} 和 E_{dyes} 分别为低共熔溶剂和色素分子的热量，kcal/mol。

4.5.1.5　实验结果

（1）模拟计算

本实验采用量子计算分析萃取机理，图 4-12（a）为薄荷醇和香芹酚制备的低共熔溶剂与柯依定复合物的最优化结构，薄荷醇中的羟基基团与柯依定中的氮原子以及香芹酚中羟基与柯依定中的另一个氮原子之间的距离分别为 2.089Å 和 2.187Å（1Å = 10^{-10}m），证明薄荷醇-香芹酚低共熔溶剂与柯依定之间形成了两个氢键。

静电势可以有效说明结构的电荷分布和相对极性。如图 4-12（b）所示，当柯依定和薄荷醇-香芹酚低共熔溶剂发生相互作用时，柯依定分子中的电正性区域位于两个氮原子，薄荷醇-香芹酚低共熔溶剂中的电负性区域位于氢键给体和氢键受体的羟基上，电正性区域与电负性区域存在弱的静电相互作用。相似的静电相互作用也存在于薄荷醇-香芹酚低共熔溶剂和金胺 O 或罗丹明 B 之间。

低共熔溶剂和待测物之间更负的结合能表示它们两者间存在更强的相互作

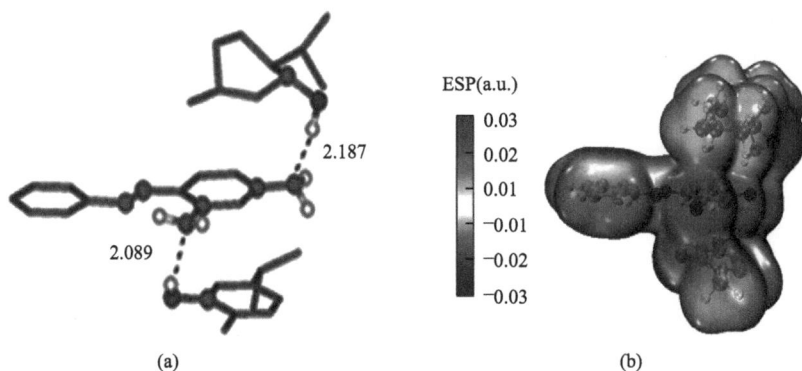

图4-12　（a）在M062X-D3/def2-TZVP水平下薄荷醇-香芹酚低共熔溶剂-柯依定复合物的最优化结构（距离单位为Å，红色球为氧原子，蓝色的球为氮原子，白色的球为氢原子）；（b）薄荷醇-香芹酚低共熔溶剂-柯依定复合物的分子静电势（0.001 a.u.）（见文前彩插）

用。薄荷醇和香芹酚型低共熔溶剂与柯依定、金胺 O 和罗丹明 B 的结合能分别为 −9.56kcal/mol，−12.31kcal/mol 和 −31.03kcal/mol（1kcal=4.184kJ）。以上结果说明，薄荷醇-香芹酚低共熔溶剂和三个色素之间存在氢键和静电相互作用，且结合能均为负值，说明柯依定、金胺 O 和罗丹明 B 均能够被低共熔溶剂有效萃取。

（2）分析方法性能评价

在最优化条件下，考察了方法的线性关系、检出限、定量限、萃取回收率、精密度和富集倍数 6 个分析特征量。罗丹明 B、金胺 O 和柯依定的线性范围为 5 ～ 1000ng/mL，相关系数均大于0.9950。检出限和定量限分别为 1 ～ 1.5ng/mL 和 3.5 ～ 4.7ng/mL。方法的富集倍数为 106 ～ 113。为了验证方法的精密度，将浓度为 10ng/mL 工作液用建立的方法分别在同一天内重复 6 次和连续 6 天检测 3 种色素，计算相对标准偏差。结果表明，日内精密度为 0.7% ～ 3.7%，日间精密度为 2.2% ～ 5.3%。

将所建立的方法用于环境水样和饮料样品中 3 种色素的检测，未出现目标物色谱峰。为了进一步验证该方法的基质效应，在 4 种样品中加入 50ng/L、100ng/L 和 250ng/L 的合成色素进行加标回收实验，结果见表 4-3。

表4-3　实际样品中金胺O、罗丹明B和柯依定的分析结果

样品	待测物	50ng/mL		100ng/mL		250ng/mL	
		回收率 /%	相对标准偏差 %	回收率 /%	相对标准偏差 /%	回收率 /%	相对标准偏差 /%
橙子味饮料	金胺 O	88.1	4.1	98.3	2.3	94.8	5.1
	柯依定	106.8	5.1	86.4	2.1	99.8	0.2
	罗丹明 B	92.9	2.1	90.0	7.7	86.5	1.1
西瓜味饮料	金胺 O	93.5	5.3	103.6	3.4	94.5	3.7
	柯依定	97.5	1.3	95.2	5.3	97.7	2.2
	罗丹明 B	95.2	3.4	93.1	0.5	102.9	1.9
河水	金胺 O	99.1	0.8	101.6	1.5	96.4	2.3
	柯依定	93.4	3.1	85.7	4.2	98.1	2.2
	罗丹明 B	101.6	1.5	98.8	3.6	94.8	4.1
湖水	金胺 O	99.2	6.3	96.5	0.6	98.1	3.3
	柯依定	93.1	1.8	103.4	1.7	103.1	1.3
	罗丹明 B	105.3	7.1	99.5	4.1	96.8	5.8

4.5.2　涡旋辅助分散液液微萃取水样中臧红 T 和胭脂红

4.5.2.1　试剂与材料

臧红 T（AR）、胭脂红（97%）；苄基三乙基溴化铵（98%）、苄基三丁基溴化铵（98%）、苄基三乙基氯化铵（98%）、苄基三丁基氯化铵（98%）、正辛酸（99%）；甲醇、乙腈（色谱纯）；实验用水为纯水系统制得的高纯水。

将臧红 T 和胭脂红用甲醇稀释至 1mg/mL，作为标准储备溶液，冰箱中 4℃下储存。分别移取适量上述储备液，用水稀释至 80ng/mL，作为混合标准工作液。

4.5.2.2　仪器与设备

液相色谱仪（配备二极管阵列检测器），万分之一天平，离心机，0.45μm 微孔滤膜，涡旋振荡器。

4.5.2.3　低共熔溶剂的制备

选择苄基三乙基溴化铵、苄基三丁基溴化铵、苄基三乙基氯化铵、苄基三丁基氯化铵作为氢键受体，正辛酸作为氢键给体，以摩尔比 1:2 制备低共熔溶剂。

制备过程：正辛酸与各氢键受体按要求的摩尔比混合，置于圆底烧瓶中，70℃下连续磁搅拌，直至形成透明液体。将获得的低共熔溶剂冷却至室温，保存在干燥器中备用。

4.5.2.4　微萃取过程

用移液管把 8mL 样品溶液转移至 10mL 锥形底部的离心管中，然后加入 75μL 的低共熔溶剂。将其置于涡旋仪上 1min 使萃取溶剂分散于样品溶液中，随后把离心管放入离心机中，5000r/min 离心 5min，可以观察到低共熔溶剂在溶液上层。最后收集低共熔溶剂层，再加入 50μL 甲醇稀释低共熔溶剂，将得到的混合液体注入高效液相色谱仪进行分析检测。

臧红 T 和胭脂红的分离在 C_{18} 色谱柱上进行；流动相由甲醇（A）和 0.02mol/L 乙酸铵（B）组成。梯度洗脱程序：0 ～ 14min，5% ～ 100%A；14 ～ 17min，100% ～ 5%A。流速为 1mL/min；柱温度为 30℃；进样量为 10μL；检测波长为 508nm（臧红 T）和 552nm（胭脂红）。

4.5.2.5　实验结果

为了验证所发展方法的可靠性，依次考察了在实验最优条件下臧红 T 和胭脂红的线性范围和相关系数、检出限、定量限和相对标准偏差 5 个分析特征量。藏红 T 和胭脂红的线性范围为 4.8 ～ 1000ng/mL，相关系数皆大于 0.9981。在线性浓度范围内，选择浓度为 5ng/mL 的目标分析物作为加标浓度用所发展的方法分析藏红 T 和胭脂红，日间和日内的相对标准偏差（n=6）结果在 2.3% ～ 7.5%。检出限定义为信噪比等于 3 时的质量浓度，计算结果为 1.5 ～ 1.8ng/mL。定量限定义为信噪比等于 10 时的质量浓度，计算结果为 4.8ng/mL。富集倍数为 135 ～ 143。

为了评价该方法的实用性，对水样（滇池水样、宝象河水样、实验室自来水水样）经过滤后用涡旋辅助分散液液微萃取的方法进行检测，并未检测到目标分析物，说明实际水样中目标物含量低于该方法的检出限或不含目标分析物。为证明本方法的基质效应，对实际水样进行加标定量，加入量分别为 5ng/mL、10ng/mL、100ng/mL。在最优化萃取实验条件下，对每个水样在加标浓度下平行测定 3 次，得到的加标回收率（即为目标分析物在水样中的峰面积与在超纯水水样中的峰面积之比）、相对标准偏差结果见表 4-4。图 4-13 为滇池未加标和加标色谱图（加标浓度为 5ng/mL）。

表4-4　实际水样中的平均回收率和相对标准偏差

样品	分析物	5ng/mL		10ng/mL		100ng/mL	
		回收率 /%	相对标准偏差 /%	回收率 /%	相对标准偏差 /%	回收率 /%	相对标准偏差 /%
滇池水样	胭脂红	95.7	3.0	89.4	4.5	98.6	2.2
	藏红 T	108.6	2.0	101.2	0.7	99.2	6.1
宝象河水	胭脂红	91.6	4.8	100.2	1.2	95.8	3.6
	藏红 T	112.7	1.1	88.5	3.1	96.8	5.8
自来水	胭脂红	98.9	6.9	94.3	7.0	103.5	2.4
	藏红 T	97.8	8.0	99.5	1.2	113.6	8.8

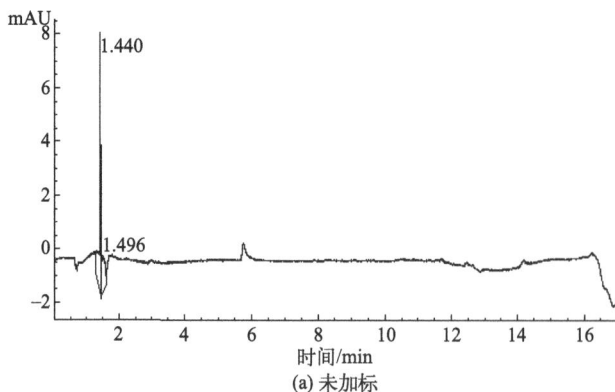

(a) 未加标

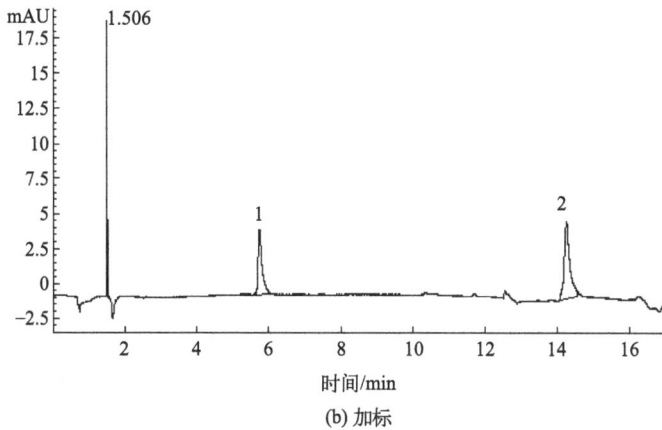

图4-13 滇池水样色谱图（加标浓度为5ng/mL）
1—胭脂红；2—臧红T

4.5.3 涡旋辅助分散液液微萃取水样和饮料样中的专利蓝 V 和固绿 FCF[51]

4.5.3.1 试剂与材料

乙腈（色谱纯）、乙酸铵、专利蓝 V（分析纯）、固绿 FCF（分析纯）、柯依定（分析纯）、六氟异丙醇（99.5%）、正辛胺（98%）、正己胺（99%）、壬胺（99%）、癸胺（99%）。实验用水为高纯水。

分别适量称取专利蓝 V 和固绿 FCF 标准品用乙腈溶解配制成 1mg/mL 标准储备液，并置于冰箱中于 4℃下保存。不同浓度的标准工作液由储备液加入超纯水稀释得到。

4.5.3.2 仪器与设备

液相色谱仪、离心机、涡旋振荡器、超声清洗器。

4.5.3.3 低共熔溶剂的制备

选择正辛胺、壬胺或癸胺作为氢键受体，六氟异丙醇作为氢键给体，以不同的物质的量比制备低共熔溶剂。

制备过程：六氟异丙醇与各长碳链胺按一定的物质的量比混合，置于圆底烧瓶中，70℃条件下持续搅拌，直至得到均一的透明液体；将制备好的低共熔溶剂冷至室温，密封保存在干燥器中备用。

4.5.3.4 微萃取过程

环境水样采集于滇池（云南昆明）；饮料购于昆明本地超市。真实样品在测定前经 0.45μm 滤膜过滤，滤液现制现用。取 8mL 工作溶液或真实样品置于 10mL 离心管中，取 50μL 低共熔溶剂到离心管中。混合溶液置于涡旋仪混合均匀后，以 5000r/min 的速度离心 5min，取出离心管，收集下层低共熔溶剂萃取液，用高效液相色谱仪进样分析检测。

高效液相色谱条件：流动相为甲醇（A）和 0.02mol/L 乙酸铵（B）溶液（体积比为 60%：40%）；柱温 20℃；流速为 0.600mL/min；进样的体积 10μL；检测波长为 610nm。

4.5.3.5 实验结果

为了检验所发展方法的有效性，对线性范围、相关系数、检出限、定量限和相对标准偏差等分析特征量进行研究。相关系数分别为 0.9982 和 0.9953。为了验证所发展分析方法的精密度，相选取浓度为 100ng/mL 的工作液作为加标浓度进行 5 次平行测试，计算的结果在 1.0% ～ 10% 范围内。检出限定义为信噪比等于 3 时的质量浓度为 2.0 ～ 2.6ng/mL。定量限定义为信噪比等于 10 时的质量浓度为 6.0 ～ 8.0ng/mL。

为了验证该方法的实际可行性，将实际样品进行过滤、超声后，借助涡旋辅助分散液液微萃取进行前处理后，直接进入高效液相色谱仪进行检测，结果显示实际样品的检测中并未出现目标峰，说明实际样品中不含有专利蓝 V、固绿 FCF，或者是含量低于检出限。为了进一步验证该方法的基质效应，在两种样品中（滇池水样、饮料样品）加入 50ng/mL、100ng/mL 和 250ng/mL 的合成色素进行加标回收实验，结果如表 4-5 所示。

表4-5　实际样品中固绿FCF和专利蓝Ⅴ的分析结果

样品	分析物	50ng/mL		100ng/mL		250ng/mL	
		回收率 /%	相对标准偏差 /%	回收率 /%	相对标准偏差 /%	回收率 /%	相对标准偏差 /%
滇池水样	固绿 FCF	96.8	5.1	91.6	1.2	98.0	2.6
	专利蓝 Ⅴ	97.1	3.0	88.5	3.6	95.0	2.5
饮料样品	固绿 FCF	82.8	3.5	91.6	4.7	96.4	1.8
	专利蓝 Ⅴ	93.4	1.8	86.9	3.1	102.3	5.6

4.5.4 涡旋辅助分散液液微萃取水样和果汁中的苏丹红 [49]

4.5.4.1 试剂与材料

苏丹红Ⅰ（98%）、苏丹红Ⅲ（98%）、苏丹红Ⅳ（99%）、苄基三乙基溴化铵（98%）、苄基三丁基溴化铵（98%）、苄基三乙基氯化铵（98%）、苄基三丁基氯化铵（98%）、正辛酸（98%）；氢氧化钠、盐酸（分析纯）；甲醇、乙腈（色谱纯）。

实验用水为纯水系统制得的高纯水。

将各标准品用乙腈配制成 0.1mg/mL 的标准储备液，然后在 4℃下储存备用。分别准确移取适量上述储备液用高纯水稀释至 80ng/mL 作为混合标准工作液。

4.5.4.2 仪器与设备

C_{18} 色谱柱、液相色谱仪、真空干燥箱、万分之一天平、涡旋振荡器、超声波清洗器。

4.5.4.3 低共熔溶剂的制备

把各氢键受体（苄基三乙基溴化铵、苄基三丁基溴化铵、苄基三乙基氯化铵、苄基三丁基氯化铵）和正辛酸按一定的比例精确称取后，置于 50mL 圆底烧瓶中，放入磁子后在 70℃下不断搅拌至固体完全溶解，继续搅拌直到液体呈透明澄清的均一液体。所制备的低共熔溶剂冷却至室温，保存在干燥器中备用。

4.5.4.4 微萃取过程

研究所用西瓜果汁、树莓果汁购买于本地超市（昆明），水样采集于滇池和宝象河。所有样品用 0.45μm 的滤膜过滤后备用。加标样是把储备液加入过滤过的样品中，保存在玻璃容器中于 4℃下避光保存。把 8mL 水溶液/样品转移到 10mL 塑料离心管中，加入 50μL 低共熔溶剂。然后将混合溶液置于涡旋仪上混匀，以确保低共熔溶剂能完全分散到水相中，分散过程中可观察到离心管中逐渐形成了细小液滴，溶液呈白色浑浊状。之后把离心管转移至离心机中，5000r/min 离心 5min 后，可观察到溶液分成两层，收集下层的低共熔溶剂相注入进样瓶中，加入 50μL 甲醇稀释的低共熔溶剂，最后把液体注入高效液相色谱系统进行分析。

高效液相色谱条件：流动相由乙腈（A）和水相（B）组成，体积比为 95%:5%，等度洗脱；流速为 1mL/min，柱温为 30℃，进样体积为 10μL，苏丹红Ⅰ和苏丹红Ⅲ的检测波长是 480nm，苏丹红Ⅳ的检测波长是 515nm。

4.5.4.5 实验结果

为了验证基于低共熔溶剂的涡旋辅助分散液液微萃取方法的可靠性,在实验的最优条件下,依次考察了这3种苏丹红染料各自的线性范围、相关系数、定量限、检出限和精密度这5个分析特征量。结果表明,3种苏丹红染料的线性范围均为8～1000ng/mL,线性相关系数不低于0.9956。本实验中用日间精密度和日内精密度来考察方法的精密度。在相同实验条件下,选择线性范围内10ng/mL的目标分析物作为加标浓度,在一天内平行检测6次和连续6天每天检测1次所得结果计算相对标准偏差,日内相对标准偏差为2.7%～3.6%,日间相对标准偏差为4.1%～5.8%。这些结果说明该方法重现性良好,可满足日常分析的要求。以信噪比等于3时对应的质量浓度定义为检出限,3种苏丹红染料的检出限范围为2～2.5ng/mL。以信噪比等于10时对应的质量浓度作为定量限,3种苏丹红染料的定量限均在8ng/mL以下。为了考察方法的有效性和实用性,把该方法用于西瓜味饮料、树莓饮料和环境水样中苏丹红染料的检测中,结果列于表4-6中,其中西瓜味饮料的色谱图见图4-14。

表4-6 实际样品中苏丹红的平均回收率和相对标准偏差

样品	分析物	25ng/mL		50ng/mL		100ng/mL	
		回收率 /%	相对标准偏差 /%	回收率 /%	相对标准偏差 /%	回收率 /%	相对标准偏差 /%
西瓜味饮料	苏丹红 I	95.4	2.3	97.6	0.4	96.1	2.3
	苏丹红 III	95.1	3.1	85.8	3.6	90.0	0.9
	苏丹红 IV	97.3	1.1	98.7	2.8	85.7	2.4
树莓饮料	苏丹红 I	100.7	4.5	93.3	5.1	88.6	7.2
	苏丹红 III	99.4	1.1	98.5	3.1	93.7	0.8
	苏丹红 IV	96.7	3.5	82.3	5.7	96.1	3.1
宝象河水	苏丹红 I	98.6	5.8	97.6	0.5	92.3	5.3
	苏丹红 III	91.2	7.1	99.3	2.8	98.1	0.6
	苏丹红 IV	96.5	2.4	95.4	3.5	90.5	4.1
滇池水	苏丹红 I	111.5	6.3	92.1	6.0	96.5	3.4
	苏丹红 III	96.5	5.0	99.2	1.4	90.1	2.4
	苏丹红 IV	97.4	1.3	100.1	2.8	100.7	3.0

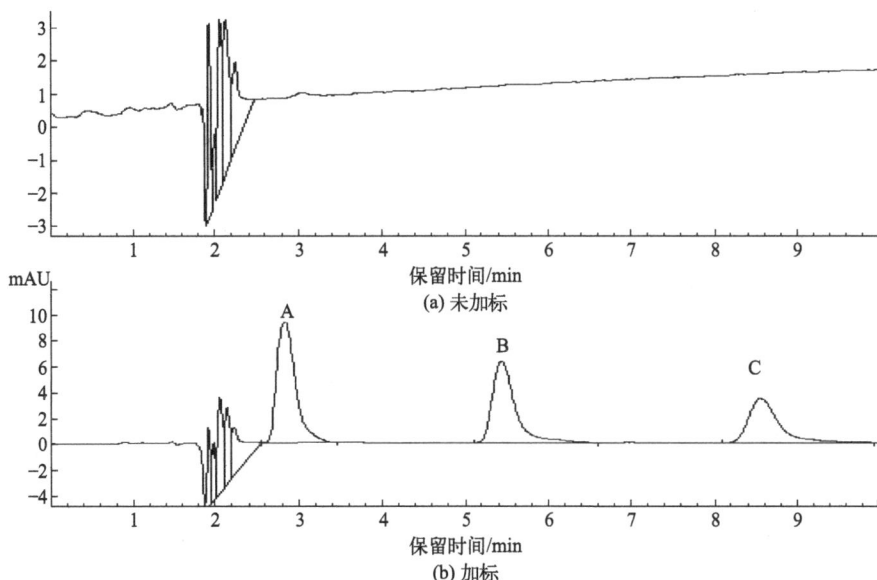

图4-14　西瓜味饮料样品色谱图（加标浓度25ng/mL）
A—苏丹红Ⅰ；B—苏丹红Ⅲ；C—苏丹红Ⅳ

4.5.5　涡旋辅助分散液液微萃取食品中的苏丹红

4.5.5.1　试剂与材料

苏丹红Ⅲ、苏丹红Ⅳ和苏丹红Ⅰ，高效液相色谱级甲醇和乙腈，苄基三乙基溴化铵（98%）、苄基三丁基溴化铵（98%）、苄基三乙基氯化铵（98%）、苄基三丁基氯化铵（98%）、氯化钠和氢氧化钠。实验用水为纯水系统制得的超纯水。

每种分析物的储备溶液均以 250μg/mL 的浓度在乙腈中配制，并在 4℃下保存。用超纯水稀释不同已知浓度的储备溶液，制备工作溶液。

4.5.5.2　仪器与设备

液相色谱仪（配备 C_{18} 柱、自动进样器、四元泵、二极管阵列检测器）、涡旋振荡器、离心机、万分之一天平、傅里叶变换红外光谱仪、核磁共振氢谱仪（^{1}NMR）、差示扫描量热仪。

4.5.5.3　低共熔溶剂的制备

选择苄基三乙基溴化铵（98%）、苄基三丁基溴化铵（98%）、苄基三乙基氯化铵（98%）、苄基三丁基氯化铵（98%）作为氢键受体，丁香酚作氢键给体制备低共熔溶剂。称取适量的氢键给体和氢键受体于一圆底烧瓶中，置于磁力搅拌器上，在 60℃下搅拌反应 1h，最后得到无色透明的低共熔溶剂，冷却后置于干燥器中备用。

4.5.5.4 样品前处理和微萃取过程

实验使用的辣椒酱、辣椒粉和番茄酱均购于当地超市。每个样品称取 0.5g 置于塑料离心管内，与 15mL 甲醇混合。混合物超声 10min 后，在 1676×g 下离心 15min，取上清液 1.0mL，用超纯水稀释至 10mL 待用。在 10mL 离心管内加入 8mL 样品和 75mg 的低共熔溶剂，涡旋混匀后以 5000r/min 离心 5min，管内混合溶液分为上（水相）下（低共熔溶剂层）两层。将下层低共熔溶剂相取出，用 50μL 甲醇溶解，并注入高效液相色谱系统进行分析。

高效液相色谱条件：流动相为超纯水和乙腈（5:95），流速为 1.0mL/min，柱温为 20℃，进样量为 10μL，苏丹红 I 和苏丹红Ⅲ的检测波长为 485nm，苏丹红Ⅳ的检测波长为 515nm。

4.5.5.5 实验结果

（1）低共熔溶剂的表征

用核磁共振氢谱仪和傅里叶变换红外光谱仪对苄基三乙基溴化铵和丁香酚制备的低共熔溶剂结构进行了研究。图 4-15（a）是苄基三乙基溴化铵、丁香酚和低共熔溶剂的核磁共振氢谱图，低共熔溶剂的峰对应苄基三乙基溴化铵和丁香酚，没有发现其他峰值。苄基三乙基溴化铵、丁香酚和低共熔溶剂的傅里叶变换红外光谱如图 4-15（b）所示，丁香酚中羟基团在 3525cm^{-1} 的伸缩振动在苄基三乙基溴化铵-丁香酚低共熔溶剂中变为 3262cm^{-1}，说明低共熔溶剂是由苄基三乙基溴化铵和丁香酚之间的分子间氢键作用形成的。上述结果说明低共熔溶剂制备成功。制得的低共熔溶剂的密度为 1.01 ～ 1.17g/mL，密度均大于水，使得低共熔溶剂层在萃取离心后位于离心管下层，易于收集。用差示扫描量热仪测定低共熔溶剂的熔点，得到熔点的范围为 −17.24 ～ 1.22℃。

（2）特征量分析和真实样品分析

为了验证所建立方法的可靠性，依次考察了在实验最优条件下的三种苏丹红色素的线性范围、相关系数、检出限、定量限、相对标准偏差、富集倍数和萃取回收率等分析特征量。苏丹红 I 在 2 ～ 1000ng/mL、苏丹红Ⅲ和苏丹红Ⅳ在 3 ～ 1000ng/mL

(a)

(b)

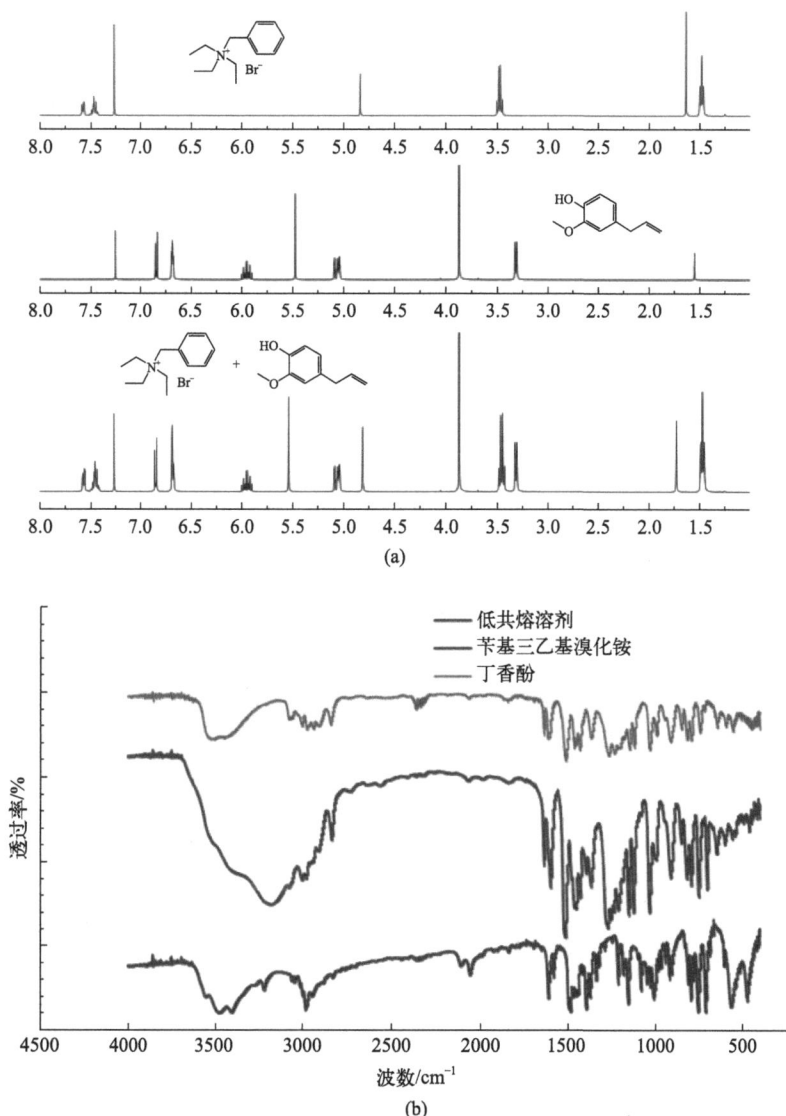

图4-15 （a）苄基三乙基溴化铵、丁香酚和低共熔溶剂的核磁共振氢谱图；（b）苄基三乙基溴化铵、丁香酚和低共熔溶剂的傅里叶变换红外光谱图

的范围内具有良好的线性关系，相关系数均高于 0.994。检出限和定量限定义为信噪比为 3 和 10 时对应的溶液浓度；检出限的范围为 0.5～1ng/mL，定量限范围为 2～3ng/mL。方法的精密度用相对标准偏差表示，用线性范围的最低浓度重复萃取 6 次进行分析，方法的相对标准偏差为 1.4%～4.6%，富集倍数为 92～97，萃取

回收率为 86.3% ～ 90.9%。

为了评价该方法的实用性，用涡旋辅助分散液-液微萃取和高效液相色谱联用的方法对处理后的食品样（番茄酱、甜辣酱、辣椒粉）进行检测，但并未检测到目标分析物，说明这些真实样品中目标分析物的含量低于该检测方法的检出限或未添加目标分析物。为证明本方法的基质效应，对实际食品样进行加标定量，加入量分别为 10ng/mL、100ng/mL、250ng/mL。对每个食品样在加标浓度下平行测定 3 次，测得苏丹红染料的加标回收率为 89.9% ～ 119.3%，相对标准偏差为 0.1% ～ 6.8%，说明该方法在实际食品样中具有良好的应用性。图 4-16 为番茄酱样品和添加了 5ng/mL 苏丹红染料的番茄酱样品的色谱图。

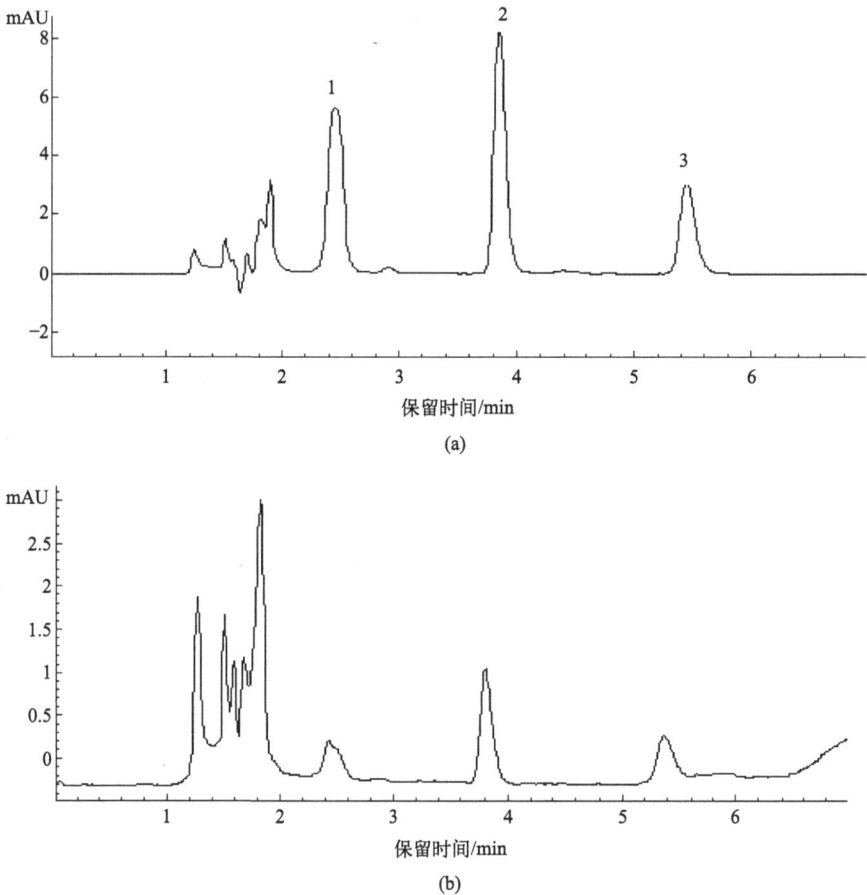

(a)

(b)

图4-16　添加5ng/mL苏丹红（a）和未添加苏丹红（b）的番茄酱样品的高效液相色谱图

1—苏丹红Ⅰ；2—苏丹Ⅲ；3—苏丹红Ⅳ

4.6
本章小结

　　本章建立了基于低共熔溶剂的分散液液微萃取前处理技术，并与高效液相色谱联用进行分析检测，实现了对环境样品和食品样品中有机污染物的快速检测分析。与传统大量使用有机溶剂反复净化和浓缩萃取相的前处理方法相比较，本章所建立的方法萃取溶剂用量在 50 ～ 200μL 之间，降低了分析成本，减少了有毒有机溶剂对环境的污染。另外，所制备的溶剂为低共熔溶剂，绿色环保，对分析人员友好；且所制备的低共熔溶剂疏水性强，萃取分离后易于回收分析。在最优萃取条件下，方法取得了较宽的线性范围、较好的相关度以及较低的检出限和定量限，表明该方法具有较好的精密度和准确度。该方法在实际样品中有良好的应用性，适合用于真实样品中有机污染物的分析测定。

参考文献

[1] López-Lorente A I, Pena-Pereira F, Pedersen-Bjergaard S, et al. The Ten Principles of Green Sample Preparation. TrAC-Trends Anal Chem, 2022, 148: 116530.

[2] Cárdenas S. The role of sustainable materials in sample preparation. Anal Bioanal Chem, 2023, 416(9): 2049-2056.

[3] Martinović T, Gajdošik M Š, Josić D. Sample preparation in foodomic analyses. Electrophoresis, 2018, 39(13): 1527-1542.

[4] Mári Á, Bordós G, Gergely S, et al. Validation of microplastic sample preparation method for freshwater samples. Water Res, 2021, 2021: 17409.

[5] Wang Y, Chen J, Ihara H, et al. Preparation of porous carbon nanomaterials and their application in sample preparation: A review. TrAC-Trends Anal Chem, 2021, 143: 116421.

[6] Stiefel S, MarinoD D, Eggert A, et al. Liquid/liquid extraction of biomass-derived lignin from lignocellulosic pretreatments. Green Chem, 2017, 19(1): 93-97.

[7] Królikowski M. Liquid-liquid extraction of sulphur compounds from heptane with tricyanomethanide based ionic liquids. J Chem Thermodyn, 2018, 131: 460-470.

[8] Justyna P, Mariusz M, Natalia S, et al. New polymeric materials for solid phase extraction. Crit Rev Anal Chem, 2017, 47(5): 373-383.

[9] Gentili A. Cyclodextrin-based sorbents for solid phase extraction. J Chromatogr A, 2020, 1609: 460654.

[10] Khataei M M, Yamini Y, Shamsayei M. Applications of porous frameworks in solid‐phase microextraction. J Sep Sci, 2021, 44(6): 1231-1263.

[11] Tang S, Qi T, Ansah P D, et al. Single-drop microextraction. TrAC-Trends Anal Chem, 2018, 108: 306-313.

[12] Ide A H, Nogueira J M F. Hollow fiber microextraction: a new hybrid microextraction technique for trace analysis. Anal Bioanal Chem, 2018, 410(12): 2911-2920.

[13] BelBruno J J. Molecularly imprinted polymers. Chem Rev, 2019, 119(1): 94-119.

[14] Gama M R, Bottoli C B G. Molecularly imprinted polymers for bioanalytical sample preparation. J Chromatogr B, 2016, 1043: 107-121.

[15] Rezaee M, Assadi Y, Hosseini M R M, et al. Determination of organic compounds in water using dispersive liquid–

liquid microextraction. J Chromatogr A, 2006, 1116(1-2): 1-9.

[16] Han D, Row K H. Trends in liquid-phase microextraction, and its application to environmental and biological samples. Mikrochim Acta, 2012, 176: 1-22.

[17] El-Deen A K, Elmansi H, Belal F, et al. Recent advances in dispersion strategies for dispersive liquid–liquid microextraction from green chemistry perspectives. Microchem J, 2023, 191: 108807.

[18] Sajid M. Dispersive liquid-liquid microextraction: Evolution in design, application areas, and green aspects. TrAC-Trends Anal Chem, 2022, 152: 116636.

[19] Primel E G, Caldas S S, Marube L C, et al. An overview of advances in dispersive liquid–liquid microextraction for the extraction of pesticides and emerging contaminants from environmental samples. Trends Environ Anal Chem, 2017, 14: 1-18.

[20] Boamah P O, Wang L, Shen W, et al. Applications of ionic liquids in the microextraction of pesticides: A mini-review. J Chromatogr Open, 2023: 100090.

[21] Lee J, Jung D, Park K. Hydrophobic deep eutectic solvents for the extraction of organic and inorganic analytes from aqueous environments. TrAC-Trends Anal Chem, 2019, 118: 853-868.

[22] Ballesteros-Gómez A, Sicilia M D, Rubio S. Supramolecular solvents in the extraction of organic compounds. A review. Anal Chim Acta, 2010, 677(2): 108-130.

[23] Wang S, Ren L, Liu C, et al. Determination of five polar herbicides in water samples by ionic liquid dispersive liquid-phase microextraction. Anal Bioanal Chem, 2010, 397: 3089–3095.

[24] Zhou Q, Pang L, Xiao J. Ultratrace determination of carbamate pesticides in water samples by temperature controlled ionic liquid dispersive liquid phase microextraction combined with high performance liquid phase chromatography. Mikrochim Acta, 2011, 173: 477-483.

[25] Wang S, Liu C, Yang S, et al. Ionic liquid-based dispersive liquid–liquid microextraction following high-performance liquid chromatography for the determination of fungicides in fruit juices. Food Anal Method, 2013, 6: 481–487.

[26] Asensio-Ramos M, Hernández-Borges J, Borges-Miquel T M, et al. Ionic liquid-dispersive liquid–liquid microextraction for the simultaneous determination of pesticides and metabolites in soils using high-performance liquid chromatography and fluorescence detection. J Chromatogr A, 2011, 1218(30): 4808-4816.

[27] Erek F, Işik U, Meriç N. Synthesis and characterization of a novel ionic liquid for preconcentration of Brilliant Blue FCF (E 133) from some foods by ultrasound assisted temperature controlled ionic liquid dispersive liquid liquid microextraction method prior to spectrophotometric analysis: A comparative study. Food Chem, 2024, 445: 138694.

[28] Khezeli T, Daneshfar A, Sahraei R. Emulsification liquid–liquid microextraction based on deep eutectic solvent: An extraction method for the determination of benzene, toluene, ethylbenzene and seven polycyclic aromatic hydrocarbons from water samples. J Chromatogr A, 2015, 1425: 25-33.

[29] Aydin F, Yilmaz E, Soylak M. A simple and novel deep eutectic solvent based ultrasound-assisted emulsification liquid phase microextraction method for malachite green in farmed and ornamental aquarium fish water samples. Microchem J, 2017, 132: 280-285.

[30] Liu L, Zhu T. Emulsification liquid–liquid microextraction based on deep eutectic solvents: an extraction method for the determination of sulfonamides in water samples. Anal Methods, 2017, 9(32): 4747-4753.

[31] Moghadam A G, Rajabi M, Asghari A. Efficient and relatively safe emulsification microextraction using a deep eutectic solvent for influential enrichment of trace main anti-depressant drugs from complicated samples. J Chromatogr B, 2018, 1072: 50-59.

[32] Heidari H, Ghanbari-Rad S, Habibi E. Optimization deep eutectic solvent-based ultrasound-assisted liquid-liquid microextraction by using the desirability function approach for extraction and preconcentration of organophosphorus pesticides from fruit juice samples. J Food Compo Anal, 2020, 87: 103389.

[33] Tekin Z, Unutkan T, Erulaş F, Bakırdere EG, Bakırdere S. A green, accurate and sensitive analytical method based on vortex assisted deep eutectic solvent-liquid phase microextraction for the determination of cobalt by slotted quartz tube flame atomic absorption spectrometry. Food Chem, 2020, 310: 125825.

[34] Thongsaw A, Udnan Y, Ross G M, et al. Speciation of mercury in water and biological samples by eco-friendly

ultrasound-assisted deep eutectic solvent based on liquid phase microextraction with electrothermal atomic absorption spectrometry. Talanta, 2019, 197: 310-318.

[35] Shishov A, Gorbunov A, Moskvin L, et al. Decomposition of deep eutectic solvents based on choline chloride and phenol in aqueous phase. J Mol Liq, 2020, 301: 112380.

[36] Van O D J G P, Zubeir L F, van den Bruinhorst A, et al. Hydrophobic deep eutectic solvents as water-immiscible extractants. Green Chem, 2015, 17(9): 4518-4521.

[37] Wang H, Hu L, Liu X, et al. Deep eutectic solvent-based ultrasound-assisted dispersive liquid-liquid microextraction coupled with high-performance liquid chromatography for the determination of ultraviolet filters in water samples. J Chromatogr A, 2017, 1516: 1-8.

[38] García-Atienza P, Martínez-Pérez-Cejuela H, Herrero-Martínez J M, et al. Liquid phase microextraction based on natural deep eutectic solvents of psychoactive substances from biological fluids and natural waters. Talanta, 2024, 267: 125277.

[39] Scheel G L, Tarley C R T. Simultaneous microextraction of carbendazim, fipronil and picoxystrobin in naturally and artificial occurring water bodies by water-induced supramolecular solvent and determination by HPLC-DAD. J Mol Liq, 2020, 297: 111897.

[40] ALOthman Z A, Yilmaz E, Habila M A, et al. Development of combined-supramolecular microextraction with ultra-performance liquid chromatography-tandem mass spectrometry procedures for ultra-trace analysis of carbaryl in water, fruits and vegetables. Int J Environ Anal Chem, 2022, 102(7): 1491-1501.

[41] Deng H, Wang H, Liang M, et al. A novel approach based on supramolecular solvent microextraction and UPLC-Q-Orbitrap HRMS for simultaneous analysis of perfluorinated compounds and fluorine-containing pesticides in drinking and environmental water. Microchem J, 2019, 151: 104250.

[42] Peyrovi M, Hadjmohammadi M. Alkanol-based supramolecular solvent microextraction of organophosphorus pesticides and their determination using high-performance liquid chromatography. J Iran Chem Soc, 2017, 14: 995-1004.

[43] Zohrabi P, Shamsipur M, Hashemi M, et al. Liquid-phase microextraction of organophosphorus pesticides using supramolecular solvent as a carrier for ferrofluid. Talanta, 2016, 160: 340-346.

[44] Amir S, Shah J, Jan M R. Supramolecular solvent microextraction of phenylurea herbicides from environmental samples. Desalin Water Treat, 2019, 148: 202-212.

[45] Gorji S, Biparva P, Bahram M, et al. Rapid and direct microextraction of pesticide residues from rice and vegetable samples by supramolecular solvent in combination with chemometrical data processing. Food Anal Methods, 2019, 12: 394-408.

[46] Torres-Valenzuela L S, Ballesteros-Gómez A, Rubio S. Supramolecular solvent extraction of bioactives from coffee cherry pulp. J Food Eng, 2020, 278: 109933.

[47] 于洋, 曹天荟, 罗安梦, 等. 基于低共熔溶剂的分散液液微萃取-高效液相色谱法测定环境水样和饮料中的柯依定、金胺O和罗丹明B. 分析试验室, 2024, 43(1): 104-110.

[48] 葛丹丹, 王颖臻, 张毅, 等. 新型低共熔溶剂的制备及其在分散液-液微萃取水样中藏红T和胭脂红的应用. 分析试验室, 2022, 41(7): 815-820.

[49] 葛丹丹, 黄兴, 马兴娅, 等. 基于苄基三乙基溴化铵和正辛酸的低共熔溶剂的制备及其在分散液液微萃取中的应用. 化学试剂, 2022, 44(12): 1775-1781.

[50] Trisha B, Animesh G, Debabrata M. Hexafluoroisopropanol: the magical solvent for Pd-catalyzed C-H activation. Chem Sci, 2021, 12(11): 3857-3870.

[51] 于洋, 陈小雅, 丁夕格, 等. 基于高密度低共熔溶剂的分散液液微萃取. 化学试剂, 2023, 45(11): 111-116.

[52] Ge D D, Shan Z Z, Pang T Q, et al. Preparation of new hydrophobic deep eutectic solvents and their application in dispersive liquid–liquid microextraction of Sudan dyes from food samples. Anal Bioanal Chem, 2021, 413: 3873–3880.

[53] Florindo C, Branco L C, Marrucho I M. Development of hydrophobic deep eutectic solvents for extraction of pesticides from aqueous environments. Fluid Phase Equilibr, 2017, 448: 135-142.

[54] Ge D D, Zhang Y, Dai Y X, et al. Air-assisted dispersive liquid–liquid microextraction based on a new hydrophobic deep eutectic solvent for the preconcentration of benzophenone-type UV filters from aqueous samples. J Sep Sci, 2018, 41(7): 1635-1643.

[55] Chandra S R. UV filters in sunscreen products--a survey. Contact Derm, 2002, 46(6): 348-351.

[56] Giokas D L, Salvador A, Chisvert A. UV filters: From sunscreens to human body and the environment. TrAC-Trends Anal Chem, 2007, 26(5): 360-374.

[57] Balmer M E, Buser H R, Müller M D, et al. Occurrence of some organic UV filters in wastewater, in surface waters, and in fish from Swiss Lakes. Environ Sci Technol, 2005, 39(4): 953-62.

[58] Calafat A M, Wong L Y, Ye X Y, et al. Concentrations of the sunscreen agent benzophenone-3 in residents of the United States: national health and nutrition examination survey 2003-2004. Environ Health Perspect, 2008, 116(7): 893-897.

[59] Kunz Y P, Fent K. Multiple hormonal activities of UV filters and comparison of in vivo and in vitro estrogenic activity of ethyl-4-aminobenzoate in fish. Aquat Toxicol, 2006, 79(4): 305-324.

[60] Ribeiro D B, Florindo C, Iff C L. Menthol-based eutectic mixtures: hydrophobic low viscosity solvents. ACS Sustain Chem Eng, 2015, 3(10): 2469-2477.

[61] Rejczak T, Tuzimski T. Application of high-performance liquid chromatography with diode array detector for simultaneous determination of 11 synthetic dyes in selected beverages and foodstuffs. Food Anal Methods, 2017, 10(11): 3572-3588.

[62] 陈东洋, 张昊, 冯家力, 等. 固相萃取-高效液相色谱法同时测定食品中4种合成色素. 分析实验室, 2020, 39(2): 203-206.

[63] Polina B, Christina V, Andrey B. A surfactant-mediated microextraction of synthetic dyes from solid-phase food samples into the primary amine-based supramolecular solvent. Food Chem, 2022, 380: 131812.

[64] Meng J, Qin S H, Zhang L, et al. Designing of a novel gold nanodumbbells SERS substrate for detection of prohibited colorants in drinks. Appl Surf Sci, 2016, 366: 181-186.

[65] Qi P, Liang Z A, Wang Y, et al. Mixed hemimicelles solid-phase extraction based on sodium dodecyl sulfate-coated nano-magnets for selective adsorption and enrichment of illegal cationic dyes in food matrices prior to high-performance liquid chromatography-diode array detection detection. J Chromatogr A, 2016, 1437: 25-36.

[66] Sajid M, Alhooshani K. Dispersive liquid-liquid microextraction based binary extraction techniques prior to chromatographic analysis: A review. TrAC-Trends Anal Chem, 2018, 108: 167-182.

[67] Yang T X, Zhao L Q, Wang J, et al. Improving whole-cell biocatalysis by addition of deep eutectic solvents and natural deep eutectic solvents. ACS Sustain Chem Eng, 2017, 5(7): 5713-5722.

[68] Pätzold M, Siebenhaller S, Kara S, et al. Deep eutectic solvents as efficient solvents in biocatalysis. Trends Biotechnol, 2019, 37(9): 943-959.

[69] Ren S H, Mu T C, Wu W Z. Advances in deep eutectic solvents: New green solvents. Processes, 2023, 11(7): 1920.

[70] Cunha S C, Fernandes J O. Extraction techniques with deep eutectic solvents. TrAC-Trends Anal Chem, 2018, 105: 225-239.

[71] Marrucho I M, Florindo C, Branco L C. In the quest for green solvents design: from hydrophilic to hydrophobic (deep) eutectic solvents. ChemSusChem, 2019, 12(8): 1549-1559.

[72] Li X X, Row K H. Development of deep eutectic solvents applied in extraction and separation. J Sep Sci, 2016, 39(18): 3505-3520.

[73] 熊大珍, 张倩, 樊静, 等. 疏水性低共熔溶剂及其在含水体系萃取分离中的应用, 中国科学: 化学, 2019, 49: 933-939.

[74] Zhang K G, Liu C, Li S Y, et al. A hydrophobic deep eutectic solvent based vortex-assisted liquid-liquid microextraction for the determination of formaldehyde from biological and indoor air samples by high performance liquid chromatography. J Chromatogr A, 2019, 1589: 39-46.

[75] Akramipour R, Glopayegani M R, Gheini S, et al. Speciation of organic/inorganic mercury and total mercury in blood samples using vortex assisted dispersive liquid-liquid microextraction based on the freezing of deep eutectic solvent followed by GFAAS. Talanta, 2018, 186: 17-23.

[76] Faraji M, Noormohammadi F, Adeli M. Preparation of a ternary deep eutectic solvent as extraction solvent for dispersive liquid-liquid microextraction of nitrophenols in water samples. J Environ Chem Eng, 2020, 8: 103948.

第
五
章

低共熔溶剂在基质固相分散技术中的应用

5.1
概述

近年来，紫外可见光谱法 [1]、高效液相色谱-紫外法 [2]、电化学法 [3] 和质谱法 [4] 已被广泛用于检测样品中的有机污染物。检测环境沉积物中的有机污染物时面临的最大挑战是样品中存在的多种干扰物质；此外，沉积物中结晶紫和罗丹明 B 的浓度往往非常低 [5]。因此，在仪器检测前需采用合适的样品前处理技术对样品进行处理。一些微萃取技术如固相萃取 [6]、磁性固相萃取 [7]、磁性纳米级印迹聚合物萃取 [8] 和液液萃取 [9] 已用在固体样品合成染料的萃取中。众所周知，固体样品的前处理比液体样品的更困难 [10]。一般来说，从固体样品中提取目标分析物时首先需要使用有害有机溶剂提取后再使用微萃取技术 [5-9]。因此，一些更环保、更高效的样品前处理方法被引入并应用于固体样品。其中基质固相分散法因其简便、灵敏、廉价和绿色的优点而受到广泛关注 [10-12]，适用于从固体样品中直接提取目标分析物，无需进行初始溶剂提取步骤。

5.2
绿色溶剂作为基质固相分散萃取的分散溶剂

基质固相分散法是把分散材料（吸附剂）和样品在研钵中研磨得到均匀的混合物，通常在研磨过程中需加入一个溶剂以促进分散过程中目标分析物从固体样品到固体吸附剂表面的转移，以便得到更高的萃取效率 [13]；研磨后，把混合物装载到萃取柱上，最后用合适的溶剂洗脱化合物。相比于其他传统方法，基质固相分散将提取与纯化于一体，不仅可以大大缩短分析时间和减少有机溶剂的消耗，而且可以产生令人满意的富集因子。对于基质固相分散法而言，分散溶剂和洗脱溶剂的选择至关重要。近年来，研究者开始把新型绿色溶剂作为有毒有机溶剂的替代者用于基质固相分散法中。

将新型绿色溶剂用作分散溶剂是基质固相分散法的重大突破 [14]，新型绿色溶剂的黏度有助于样品和吸附剂的研磨，帮助目标分析物从样品转移到吸附剂，有效提高萃取效率。因此，新型绿色溶剂的类型会影响目标分析物的萃取效率。如 Wang 等把硅藻土、调料用品、1-己基-3-甲基咪唑-四氟硼酸盐（离子液体作为分散溶剂）加入研钵中研磨 3 ~ 4min 后，把混合物转移到玻璃柱中进行洗脱合成色素[15]。结果表明，方法的检出限为 6.7 ~ 26.8μg/kg，定量限为 15.99 ~ 58.48μg/kg，实验结果优异。

　　低共熔溶剂中氢键给体和受体基团有助于和待测物形成氢键，有益于萃取过程[16]。尽管低共熔溶剂作为分散溶剂有许多优点。但低共熔溶剂的含水量对萃取材料的分散性有显著影响，因低共熔溶剂中的较高的含水量会破坏稳定低共熔溶剂的氢键，导致萃取材料聚集和溶剂的损失。使用超声仪可以提高纳米材料的分散性，但是存在损坏纳米材料结构以及功能完整性的风险[17]。这些缺点可以通过减小低共熔溶剂的含水量进行改进。Nedaei 等通过加热冰片和薄荷醇制备出疏水性低共熔溶剂，并将其用作基质固相分散法的分散溶剂测定土壤样品中的硝基苯类化合物[18]。以低共熔溶剂为分散溶剂和萃取溶剂的基质固相分散法操作步骤如下：将样品、吸附剂和低共熔溶剂在研钵中研磨均匀，加入特定体积的乙腈超声处理以洗脱目标分析物，最后离心分离取出富含分析物的低共熔溶剂层过滤并使用高效液相色谱仪定量分析。低共熔溶剂的应用增强了目标分析物从样品到吸附剂的转移，促进了样品组分在吸附剂表面的分散，有助于目标分析物的萃取。方法的检出限为 0.12 ~ 0.33μg/g，相对标准偏差小于 9.3%。目前，超分子溶剂作为基质固相分散法分散溶剂未见报道，表 5-1 总结了离子液体与低共熔溶剂作为固相基质分散法中分散溶剂的相关工作。

5.3
绿色溶剂作为基质固相分散萃取的洗脱溶剂

　　在传统的基质固相分散法中，分散剂-吸附剂材料被添加到固体样品中研磨混合，将所得混合物装载到萃取柱上，用洗脱溶液解吸分析物[19,20]。目标分析物从吸附剂中的洗脱或解吸被视为影响基质固相分散技术萃取效果的关键因素。洗脱溶剂的选择对于洗脱程序而言非常重要。目前已经有许多把有机溶剂作为洗脱溶剂的工作报道，然而，有毒有机溶剂的使用引发了人们对建立方法安全性的质疑。

表5-1 绿色溶剂在基质固相分散中的应用

绿色溶剂的角色	绿色溶剂的组成	固相吸附剂	目标分析物	样品	检测仪器	检出限	回收率	参考文献
洗脱溶剂	十二烷基三甲基硫酸氢铵离子液体	二氧化硅	5-羟甲基糠醛，环烯醚萜苷	山柰黄	高效液相色谱-紫外检测器	0.02～0.08μg/mL	95.2%～103%	[21]
	溴化1-甲基-3-十二烷基咪唑离子液体	SBA-15分子筛	碘和碘化氨基酸苷	海带	高效液相色谱-紫外检测器	3.7～16.7ng/mL	86.5%～95.4%	[23]
	1-丁基-3-甲基咪唑四氟硼酸盐离子液体	硅镁吸附剂	黄酮苷类化合物	青柠果	高效液相色谱-紫外检测器	4.08～5.04μg/g	90.16%～96.47%	[24]
	1-丁基-3-甲基咪唑四氟硼酸盐离子液体	C18	不同极性的化合物	侧柏叶	高效液相色谱-二极管阵列检测器	0.2～1.2ng/mL	96.9%～104%	[25]
	乳酸-葡萄糖-水低共熔溶剂	百里酚-柠檬酸低共熔溶剂	酚类物质	生菜	高效液相色谱-紫外检测器	1.7～2.2μg/g	70%～115%	[26]
	己酸-单乙醇胺低共熔糖	羧甲基壳聚糖	香豆素类化合物	蛇床子	高效液相色谱-紫外检测器	0.04～0.06μg/mL	91.3%～95.0%	[22]
	1-丁基-3-甲基咪唑四氟硼酸盐离子液体	硅藻土	合成色素	调料	高效液相色谱-紫外检测器	6.7～26.8μg/kg	90.69%～113.52%	[15]
	壬酸-癸酸-十二酸低共熔溶剂	硅藻土	氯酚类化合物	河底沉积物	高效液相色谱-二极管阵列检测器	1.039～2.478μg/g	93.9%～99.2%	[14]
分散溶剂	氯化胆碱-甘油低共熔溶剂	弗罗里硅土	丙烯酰胺	面包	高效液相色谱-质谱	16μg/kg	—	[27]
	冰片-薄荷醇低共熔溶剂	石墨相氮化碳	硝基苯类化合物	土壤	高效液相色谱-紫外检测器	0.12～0.33μg/g	78%～96%	[18]
	薄荷醇-乙酸低共熔溶剂	ZSM-5分子筛	黄酮类化合物	黄芩	高效液相色谱-紫外检测器	0.04～1.03μg/mL	95.90%～102.31%	[28]
	四丁基氯化铵-己醇低共熔溶剂	硅胶-硅藻土	黄曲霉毒素	农作物	高效液相色谱-荧光检测器	0.03～0.10μg/kg	—	[29]

　　在基质固相分散萃取方法中，具有环保性和生物降解性的新型绿色溶剂被认为是优异的洗脱溶剂。近年来，科研工作者尝试用新型绿色溶剂作为洗脱溶剂，证实这些溶剂能够把有机污染物从固相吸附剂上高效洗脱下来。Du 等提出了一种简单、绿色的离子液体涡旋辅助基质固相分散方法萃取山茱萸中的 5-羟甲基糠醛和环烯醚萜苷，并用超高效液相色谱法检测 [21]。在该方法中，将山茱萸和二氧化硅加入研钵中研磨 3min 后转移至 15mL 的离心管中，加入 6mL 的十二烷基三甲基硫酸氢铵（离子液体）作为洗脱溶剂，涡旋 3min 后超声洗脱 10min，吸取上层富含待测物的低共熔溶剂注入超高效液相色谱仪进行分析。在最优化条件下，山茱萸中目标化合物的回收率在 95.2% ～ 103% 之间（相对标准偏差 <5.0%），所有化合物的检测限范围均为 0.02 ～ 0.08μg/mL。结果表明，该方法能够有效地萃取并测定环烯醚萜苷和 5-羟甲基糠醛，用于山茱萸的质量控制。

　　研究表明，低共熔溶剂与目标待测物易形成氢键，与传统有机溶剂相比，使用低共熔溶剂作为洗脱溶剂对目标分析物的洗脱效果更好 [18]。Jiao 等报道了一种基于低共熔溶剂的基质固相分散法萃取蛇床子样品中香豆素的方法 [22]。在本方法中，用羧甲基壳聚糖作为吸附剂并加入样品一起研磨一定时间后，加入一定体积的低共熔溶剂水溶液（己酸和单乙醇胺按照 1:1 的摩尔比制备）并涡旋以使香豆素从羧甲基壳聚糖上解吸出来，之后加入盐酸涡旋并转移至离心机分离，最后收集低共熔溶剂层（上层）并注入高效液相色谱仪测定分析物（图 5-1）。结果表明，方法取得了优异的精密度（日间精密度小于 1.88%，日内精密度小于 6.71%）和准确度（回收率

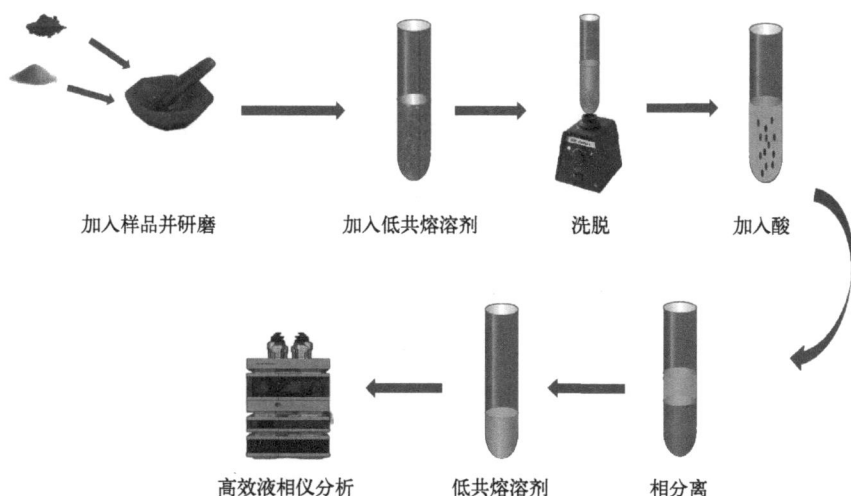

加入样品并研磨　　加入低共熔溶剂　　洗脱　　加入酸

高效液相仪分析　　低共熔溶剂　　相分离

图5-1　低共熔溶剂作为固相基质分散法洗脱溶剂示意图（见文前彩插）

在 91.3% ~ 95.0%）。该方法具有提取过程简单、样品量少（10mg）、有机试剂用量少（2.4mL）、提取时间短（7min）和无需额外浓缩等优点。然而，低共熔溶剂的高黏度使得目标分析物在短时间内难以从吸附剂上完全解吸。

以上结果说明，新型绿色溶剂如离子液体和低共熔溶剂是基质固相分散技术中优异的分散溶剂和洗脱溶剂，可实现对环境、食品和药物中目标分析物的高效萃取。

5.4
基质固相分散技术的影响因素

5.4.1　固相吸附剂的种类

我们研究了磁性沸石咪唑酯骨架材料-8（MZIF-8）、十二烷基硫酸钠修饰的磁性沸石咪唑酯骨架材料-8（SDS@ZIF-8）以及十六烷基三甲基溴化铵修饰的磁性沸石咪唑酯骨架材料-8（CTAB@ZIF-8）作为吸附剂时对萃取效率的影响。图 5-2（a）表明，所有吸附剂都对目标分析物具有高萃取回收率。这主要是由于结晶紫和罗丹明 B 中含有苯环，3 种吸附剂和目标分析物之间存在 π-π 相互作用。另外，结果也显示，十二烷基硫酸钠修饰的磁性沸石咪唑酯骨架材料-8 对结晶紫的萃取回收率明显高于十六烷基三甲基溴化铵修饰的磁性沸石咪唑酯骨架材料-8（$p < 0.05$）。可能的原因是十二烷基硫酸钠修饰的磁性沸石咪唑酯骨架材料-8 中的十二烷基苯磺酸钠具有阴离子基团，可与阳离子染料之间产生静电相互作用。因此，十二烷基硫酸钠修饰的磁性沸石咪唑酯骨架材料-8 是萃取结晶紫和罗丹明 B 良好的固相吸附剂。

5.4.2　低共熔溶剂的类型和体积

对于基质固相分散法而言，研磨萃取步骤中添加分散溶剂有助于目标分析物从样品转移到固相吸附剂中。乙腈、甲醇和异丙醇等高毒性的有机溶剂是最常用的分散溶剂 [17]。为了避免这个问题，本项目中将低共熔溶剂被用作有机溶剂的替代品。考虑到结晶紫和罗丹明 B 的溶解度，实验中制备了 3 种水溶性低共熔溶剂用作分散溶剂，包括氯化胆碱-甲酸、氯化胆碱-乙酸和氯化胆碱-乙二醇型低共熔溶剂。如图 5-2（b）所示，氯化胆碱-乙二醇对结晶紫和罗丹明 B 和结晶紫的萃取回收率明显高于其他低共熔溶剂（$p<0.05$）。为了研究低共熔溶剂对目标分析物萃取回收率的影响，在不添加低共熔溶剂的情况下进行了对比实验。图 5-2（b）显示，罗丹明 B 的萃取回收率明显低于使用低共熔溶剂的方法（$p<0.05$），这证实了低共熔溶剂的使用可以有效地提高萃取回收率。

低共熔溶剂的体积会影响萃取的有效性。实验研究了低共熔溶剂（100μL、150μL、200μL、250μL 和 300μL）体积对萃取回收率的影响，结果如图 5-2（c）所示。结果表明，当低共熔溶剂体积从 100μL 增加到 200μL 时，目标分析物的萃取回收率有所提高；当低共熔溶剂体积从 200μL 增加到 300μL 时，萃取回收率则稍有下降。因此，实验中用 200μL 的低共熔溶剂作为分散溶剂。

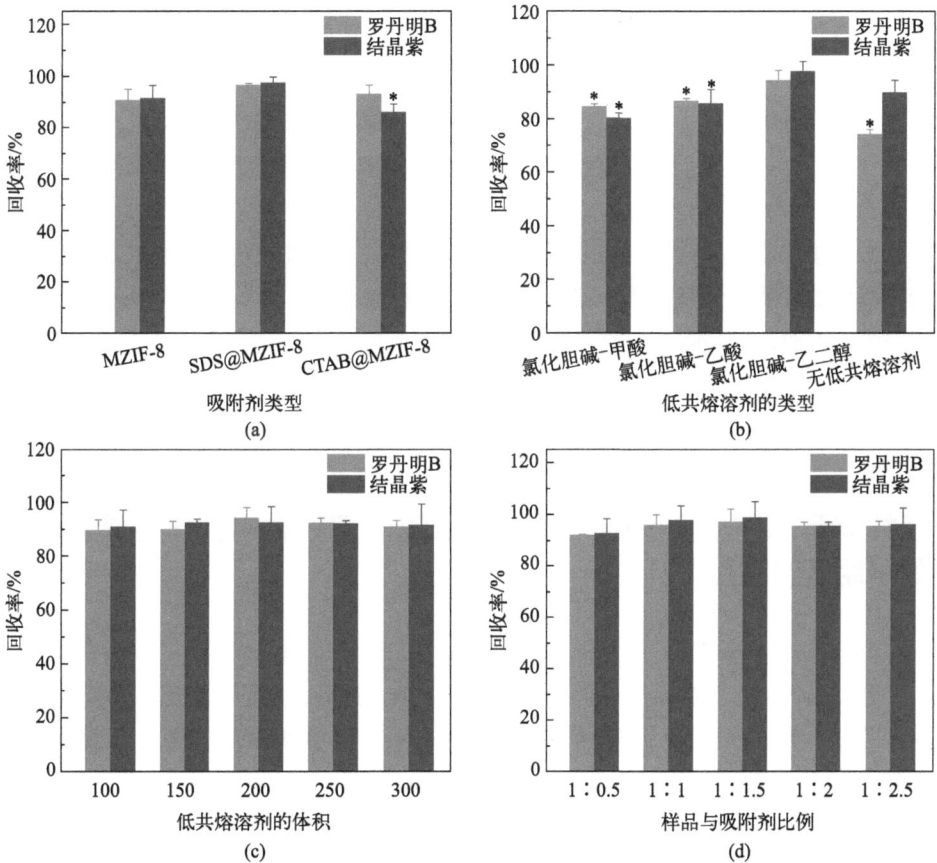

图5-2　（a）吸附剂类型对罗丹明B和结晶紫萃取回收率的影响；（b）低共熔溶剂类型对罗丹明B和结晶紫萃取回收率的影响；（c）低共熔溶剂体积对罗丹明B和结晶紫萃取回收率的影响；（d）样品与吸附剂比例对罗丹明B和结晶紫萃取回收率的影响（见文前彩插）

5.4.3 样品与吸附剂比例的影响

样品与吸附剂的比例也对目标分析物的提取效率有很大影响。研究了 5 种样品与吸收剂的比例（样品量保持在 0.1g）对萃取回收率的影响。结果如图 5-2（d）所示，样品与吸附剂的比例影响了萃取回收率，当样品与固相吸附剂的比例为 1∶0.5 ～ 1∶1.5 时目标分析物的萃取回收率逐渐增加，然后保持不变。因此，后续实验选择样品与吸收剂的比例为 1∶1.5。

5.4.4 研磨时间和洗脱溶剂

研磨时间对基质固相分散法的萃取效率有很大影响。实验研究了不同研磨时间（1min、2min、3min、4min 和 5min）对罗丹明 B 和结晶紫萃取回收率的影响。结果显示，当研磨时间从 1min 增加到 5min 时，罗丹明 B 和结晶紫的萃取回收率没有明显变化。这表明添加低共熔溶剂有助于从固体样品中萃取出目标分析物。因此，选择 1min 作为最佳研磨时间。

影响基质固相分散法萃取效率的另一个关键参数是洗脱溶剂。考虑到罗丹明 B 和结晶紫的性质，选择甲醇、乙醇和乙腈作为洗脱溶剂。结果表明，当使用乙醇作为洗脱溶剂时，罗丹明 B 和结晶紫的萃取回收率最高。

5.5
低共熔溶剂在基质固相分散法萃取滇池沉积物中的结晶紫和罗丹明B的应用[30]

合成染料已广泛应用于各种行业，包括纺织、造纸、皮革、食品、制药等[31,32]。这些合成染料的广泛使用增加了对环境的污染[33]，其中结晶紫和罗丹明 B 对生态和人类具有剧毒。据报道，结晶紫和罗丹明 B 可能对人类产生不良影响，如鼻塞、胸闷，甚至导致基因突变[34-36]。此外，这些染料的化学性质非常稳定，甚至光和生物因素都不能使其降解。因此，结晶紫和罗丹明 B 易累积在环境水体沉积物中。考虑到对生态系统和人类的毒性，灵敏准确地测定环境水体沉积物中的结晶紫和罗丹明 B 非常重要。最近，科研工作者对新型基质固相分散法的开发给予了极大的关注，如超声辅助基质固相分散法[37]、涡旋辅助基质固相分散法[38]和基于磁性材料的基质固相分散法[39]。在基于磁性材料的基质固相分散法中，磁性材料起着萃取吸附剂和分散剂的作用，萃取吸附剂的磁性使其可以在萃取后用磁体简单回收，洗脱后再循环使用[10]，因此，得到了科研工作者的广泛关注。

沸石咪唑酯骨架材料-8（ZIF-8）是金属有机骨架材料的典型代表，具有制备简单、成本低、化学稳定性高、孔径可调和比表面积高等优点，在各种应用中，特别是在样品前处理中具有广阔的应用前景[40-44]。沸石咪唑酯骨架材料-8 具有多孔结构、锌的路易斯酸位点和π离域电子结构，这使其能够与目标分析物产生多种非共价相互作用，适合作为各种分析物的吸附剂[30]。因此，沸石咪唑酯骨架材料-8 已被用于固体微萃取中对多种有机污染物进行萃取[43-46]。然而，沸石咪唑酯骨架材料-8 的回收非常困难，这限制了它的实际应用。沸石咪唑酯骨架材料-8 和磁性四氧化三铁制备而成的复合材料因具备可分离性和高吸附性而引起了相当大的关注[47-49]。磁性沸石咪唑酯骨架材料-8 作为吸附剂沸石咪唑酯骨架材料-8 和磁性纳米粒子的优点，可以作为固相吸附剂应用于基于磁性材料的基质固相分散法中。

低共熔溶剂已作为有机溶剂的绿色替代溶剂应用于相关领域，具有易于制备、成本低、可生物降解、高稳定性和低毒性等特性[50-52]。特别是低共熔溶剂结构中较大的氢键网络使得其对有机和无机分析物都表现出高溶解度[53]。因此，低共熔溶剂从不同样品中萃取各种分析物引起了相当大的关注。本研究中我们用十二烷基硫酸钠改性磁性沸石咪唑酯骨架材料-8，在基质固相分散法的研磨阶段用作分散剂和萃取吸附剂。改性后的 MZIF-8 具有高表面积、丰富的活性表面积、可重复使用性和磁性，在萃取过程中可减少吸附剂的用量，方便洗脱过程，并缩短提取时间。为了以更环保的方式进行基质固相分散法，使用亲水性低共熔溶剂作为绿色分散溶剂萃取滇池沉积物中的结晶紫和罗丹明 B。

5.5.1　试剂与材料

高效液相色谱级甲醇和乙腈，十六烷基三甲基溴化铵（99%）、氯化胆碱（98%）、二水醋酸锌（≥99%）、十二烷基硫酸钠（98%）、结晶紫、罗丹明 B、2-甲基咪唑（98%）、七水硫酸亚铁（分析纯）、六水氯化铁（≥99%）、氯化钠和甲酸。实验用水为超纯水。

5.5.2 仪器与设备

粉末 X 射线衍射仪，Cu-Kα 辐照（λ=0.154178nm）范围为 5°～50°；扫描电子显微镜；红外光谱仪；高效液相色谱仪，配备 C₁₈ 色谱柱（内径 150mm×4.6mm，粒径 5μm）。

5.5.3 固相吸附剂的制备

5.5.3.1 磁性沸石咪唑酯骨架材料 –8 的制备

称取 0.4g 七水硫酸亚铁、0.8g 六水氯化铁和 2.2g 二水醋酸锌于三颈烧瓶中并加入 40mL 的超纯水混合均匀。随后，混合溶液在氮气保护下加热至 80℃，加入 40mL 2-甲基咪唑溶液（2mmol/mL）后，在氮气保护下再搅拌 1h。然后，用外部磁铁收集制备的磁性沸石咪唑酯骨架材料-8，并用乙醇洗涤 3 次。最后，将制备的磁性沸石咪唑酯骨架材料-8 在 80℃的烘箱中干燥，并保存在干燥器中待用。

5.5.3.2 表面活性剂修饰的磁性沸石咪唑酯骨架材料 –8 的制备

首先将 0.1g 的磁性沸石咪唑酯骨架材料-8 加入 50mL 甲醇中制得分散溶液。随后，将 1.0g 表面活性剂（十二烷基硫酸钠或十六烷基三甲基溴化铵）加入分散溶液中，搅拌 30min 即可得到表明活性剂修饰的磁性沸石咪唑酯骨架材料-8。最后通过磁铁收集，并用乙醇洗涤 3 次。将制备好的吸附剂在 80℃烘箱中干燥。

5.5.3.3 低共熔溶剂的制备

本研究中，选择氯化胆碱作氢键受体，乙酸、甲酸或乙二醇作为氢键给体。制备时，在圆底烧瓶中加入适量的氢键给体和氢键受体并在 60℃的水浴中加热，直至获得均匀的透明液体。将获得的低共熔溶剂保存在干燥器中待用。

5.5.4 样品采集和制备

在滇池（云南昆明）的 3 个地点采集了沉积物样本（地点 A，N24°57′10.99″/E102°40′53.76″；地点 B，N24°46′51.97″/E102°43′51.96″；地点 C，N24℃44′13.07″/E102℃36′43.56″）。所采集的样品保存在玻璃瓶中带到实验室。样品冷冻干燥后

过 40 目筛，并置于冰箱中在 4℃保存。经测，A 点沉积物样品未受到结晶紫和罗丹明 B 的污染。因此，我们选择了该样品进行条件优化实验。将 300μL 含有浓度为 50μg/mL 的结晶紫和罗丹明 B 的甲醇加入 1.0g 沉积物样品中作为加标沉积物样品，并将该样品在空气中放置 2h 以干燥甲醇，然后用于基质固相分散法。

5.5.5　微萃取过程

如图 5-3 所示，向研钵中加入 0.1g 沉积物样品、100μL 的低共熔溶剂和 0.1g 十二烷基硫酸钠修饰的磁性沸石咪唑酯骨架材料-8，研磨混合 2min，以加速吸附剂分散到沉积物中。随后，将混合物转移到 2mL 离心管中。在离心管中加入 1mL 水后，倾倒出沉淀物样品，用磁铁将十二烷基硫酸钠修饰的磁性沸石咪唑酯骨架材料-8 保持在离心管中。随后，向离心管中加入 400μL 乙醇并超声处理 5min，以解吸目标分析物。最后，洗脱溶液通过 0.45μm 膜过滤，并注入高效液相色谱系统进行分析。

分离在 30℃下进行，流动相由乙腈（A）和 50mmol/L 乙酸铵（B）组成，流速为 1mL/min；梯度洗脱程序为 0～4min（60%～80%A）、4～5min（80%A）、5～5.1min（80%～60%A）；进样量为 10μL，罗丹明 B 的检测波长为 538nm，结晶紫为 588nm。

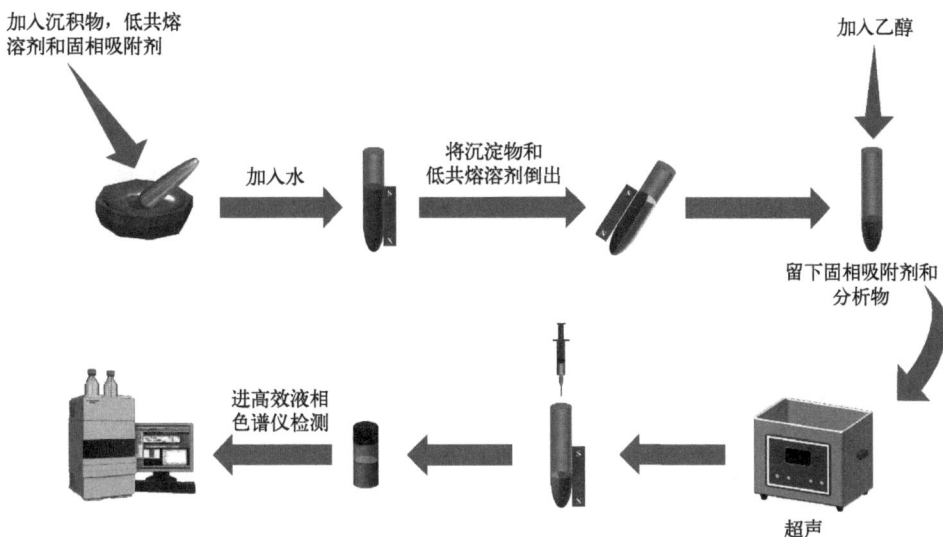

图5-3　基质固相分散法萃取滇池沉积物示意图（见文前彩插）

5.5.6 研究结论

5.5.6.1 萃取吸附剂的表征

通过红外光谱、粉末 X 射线衍射分析和扫描电子显微镜证实了萃取吸附剂的成功合成。利用扫描电子显微镜对固相吸附剂的形貌进行了表征，结果表明，和沸石咪唑酯骨架材料-8 相比 [图 5-4（a）]，四氧化三铁纳米粒子均匀分布在磁性沸石咪唑酯骨架材料-8 表面 [图 5-4（b）]。此外，四氧化三铁纳米颗粒在制备过程中嵌入沸石咪唑酯骨架材料-8 中，因此该材料保持了菱形十二面体形状，但表面略有粗糙。此外与磁性沸石咪唑酯骨架材料-8 的表面相比，十二烷基硫酸钠修饰的磁性沸石咪唑酯骨架材料-8[图 5-4(c)] 以及十六烷基三甲基溴化铵修饰的磁性沸石咪唑酯骨架材料-8 的表面更光滑，证明了表面活性剂对磁性沸石咪唑酯骨架材料-8 的成功修饰。

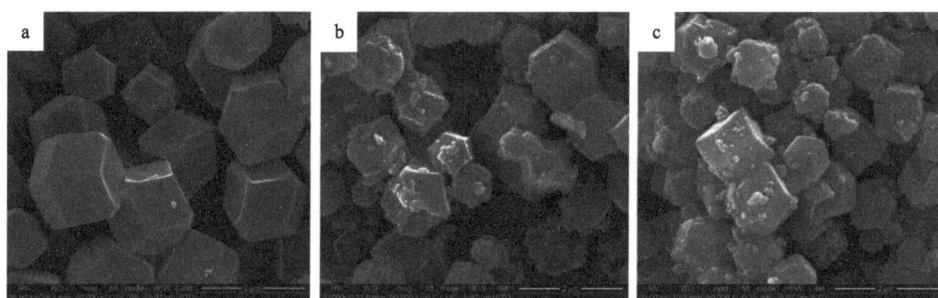

图5-4 沸石咪唑酯骨架材料-8（a）、磁性沸石咪唑酯骨架材料-8（b）和十二烷基硫酸钠修饰的磁性沸石咪唑酯骨架材料-8（c）的扫描电子显微镜图

沸石咪唑酯骨架材料-8、四氧化三铁、磁性沸石咪唑酯骨架材料-8 和十二烷基硫酸钠修饰的磁性沸石咪唑酯骨架材料-8 的红外光谱图如图 5-5（a）所示，磁性沸石咪唑酯骨架材料-8 的红外吸附特性峰可归因于四氧化三铁和沸石咪唑酯骨架材料-8，表明磁性材料已成功制备。此外，十二烷基硫酸钠修饰的磁性沸石咪唑酯骨架材料-8 的红外光谱图与磁性沸石咪唑酯骨架材料-8 相似，表明表面活性剂的修饰不影响其性能。

粉末 X 射线衍射用于分析固相吸附剂的晶体结构。图 5-5（b）显示了沸石咪唑酯骨架材料-8、四氧化三铁、磁性沸石咪唑酯骨架材料-8 和十二烷基硫酸钠修饰的磁性沸石咪唑酯骨架材料-8 的粉末 X 射线衍射光谱，结果表明，磁性沸石咪唑酯骨架材料-8 与四氧化三铁和沸石咪唑酯骨架材料-8 一致，表明磁性沸石咪唑酯骨架材料-8 也具有良好的结晶性。在十二烷基硫酸钠修饰的磁性沸石咪唑酯骨架材料-8 的粉末

X射线衍射光谱中还发现了沸石咪唑酯骨架材料-8和四氧化三铁的特征峰，表明十二烷基硫酸钠的修饰对磁性沸石咪唑酯骨架材料-8的性能没有显著影响。

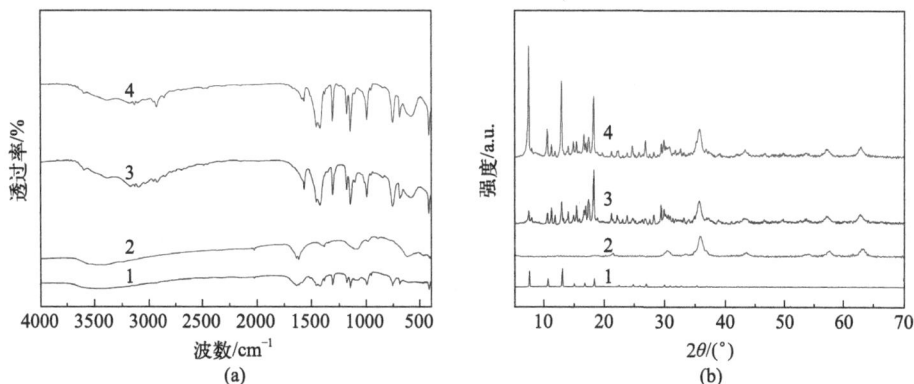

图5-5　四种物质的红外光谱图（a）和粉末X射线衍射图谱（b）
1—沸石咪唑酯骨架材料-8；2—四氧化三铁；3—磁性沸石咪唑酯骨架材料-8；
4—十二烷基硫酸钠修饰的磁性沸石咪唑酯骨架材料

5.5.6.2　分析特征量和滇池沉积物的分析

在最优化条件下，研究了所建立方法的线性、检测限、定量限和精密度。使用含有不同浓度目标分析物的沉积物样品研究了方法的线性，结晶紫和罗丹明B的相关系数分别为0.9943和0.9981。检出限和定量限分别定义为信噪比为3和10时对应的目标分析物浓度，罗丹明B和结晶紫的检出限分别为0.5μg/g和0.3μg/g，定量限分别为1.8μg/g和1.0μg/g。基质固相分散法方法的重复性（日内精密度）和重现性（日间精密度）是通过分析10μg/g的加标沉积物进行计算的。对于重复性，五次重复测量结晶紫和罗丹明B的相对标准偏差分别为1.7%和3.1%；在重现性方面，连续五天测定的结晶紫和罗丹明B的相对标准偏差分别为4.9%和3.7%，表明该方法的精密度良好。最后，基质固相分散法用于萃取3个滇池样品中的结晶紫和罗丹明B，结果如表5-2和图5-6所示。

表5-2　滇池沉积物中结晶紫和罗丹明B的分析结果

样品	加标浓 /(μg/g)	结晶紫		罗丹明 B	
		回收率 /%	相对标准偏差 /%	回收率 /%	相对标准偏差 /%
样品 A	10	93.2[①]	2.5	100.5	4.5
	50	98.7	5.2	96.8	3.1
	200	99.8	1.6	92.9[*]	1.1

样品	加标浓 /(μg/g)	结晶紫		罗丹明 B	
		回收率 /%	相对标准偏差 /%	回收率 /%	相对标准偏差 /%
样品 B	10	95.1	3.5	97.3	2.9
	50	98.1	1.7	101.3	2.5
	200	95.3	2.3	94.7	3.1
样品 C	10	97.5	3.1	93.5*	2.4
	50	98.4	0.8	98.5	1.8
	200	107.3	5.1	97.2	3.3

① 表示待测物的回收率与 100% 有显著差异（$p<0.05$）。

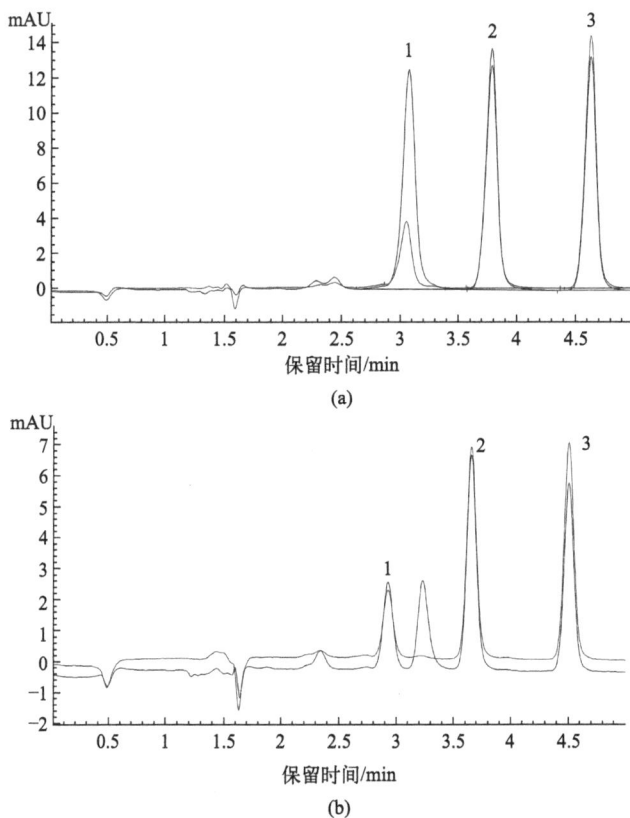

(a)

(b)

图5-6　浓度为5 μg/mL的标准溶液（a）和滇池沉积物样品（b）的高效液相色谱图
（沉积物样品中的浓度约为10 μg/g）

1—罗丹明B；2,3—结晶紫

5.6
本章小结

　　本章介绍了一种简单、有效和简便的磁性基质固相分散法，用于测定沉积物中的结晶紫和罗丹明 B。此方法首次应用十二烷基硫酸钠修饰的磁性沸石咪唑酯骨架材料-8 作为纳米吸附剂，亲水性的低共熔溶剂作为分散溶剂。考虑到吸附剂的磁性，缩短了提取时间，简化了整个基质固相分散法过程。另外，磁性基质固相分散法无需使用分散剂，因为固相吸附剂也起到了分散剂的作用。最后，十二烷基硫酸钠修饰的磁性沸石咪唑酯骨架材料-8 优异的吸附性能使得萃取吸附剂的用量减少，萃取效率很高。在最优化条件下，所开发的方法具有低检出限（$0.3 \sim 0.5\mu g/g$）和定量限（$1.0 \sim 1.8\mu g/g$）、良好的精密度（相对标准偏差 $\leqslant 4.9\%$）和令人满意的回收率（$96.6\% \sim 98.3\%$）。最后，该方法成功用于快速、有效、简单地测定滇池沉积物样品中的结晶紫和罗丹明 B。总体而言，磁性吸附剂的使用大大简化了基质固相分散法的操作过程，这将激发未来对更多可重复使用的磁性吸附剂的研究，大大提高基质固相分散法的可行性。值得注意的是，可以用不同的方式对磁性材料进行修饰，使其具有不同的官能团，有效萃取其他新兴污染物，如多环芳烃、合成染料和伯芳香胺等。

参考文献

[1] Hakami A, Wabaidur S, Khan M, et al. Extraction procedures and analytical methods for the determination of methylene blue, rhodamine B and crystal violet-An Overview. Curr Anal Chem, 2021, 17: 708-728.

[2] Ahmadi S, Ghasempour Z, Hasanzadeh M. A novel photonic chemosensor for rapidly detecting synthetic dyes in orange juice using colorimetric and spectrophotometric methods. Food Chem, 2023, 423: 136307.

[3] Lee S J, Han X, Men X, et al. Improvement of analytical method for three azo dyes in processed milk and cheese using HPLC-PDA. Food Chem, 2023, 18: 100713.

[4] Qi P, Zhou Q, Chen G, et al. Simultaneous qualitative and quantitative determination of 104 fat-soluble synthetic dyes in foods using disperse solid-phase extraction and UHPLC-Q-Orbitrap HRMS analysis. Food Chem, 2023, 427: 136665.

[5] Zhou L, Wu Y, Jiang Q, et al. Pyrolyzed sediment accelerates electron transfer and regulates rhodamine B biodegradation. Sci Total Environ, 2023, 905: 167126.

[6] Wang J, Tao Y, Wang D, et al. Fabrication of highly crystalline covalent organic framework for solid-phase extraction of three dyes from food and water samples. J Sep Sci, 2023, 46: e2200996.

[7] Cui S, Mao X, Zhang H, et al. Magnetic Solid-phase extraction based on magnetic sulfonated reduced graphene oxide for HPLC-MS/MS analysis of illegal basic dyes in foods. Molecules, 2021, 26: 7427.

[8] Zhao M, Hou Z, Lian Z, et al. Direct extraction and detection of malachite green from marine sediments by magnetic nano-sized imprinted polymer coupled with spectrophotometric analysis. Mar Pollut Bull, 2020, 158: 111363.

[9] Smirnova S, Lyskovtseva K, Pletnev I. Extraction and determination of synthetic food dyes using tetraalkylammonium based liquid-liquid extraction. Microchem J, 2021, 162: 105833.

[10] Chatzimitakos T, Karali K, Stalikas C. Magnetic graphene oxide as a convenient nanosorbent to streamline matrix solid-phase dispersion towards the extraction of pesticides from vegetables and their determination by GC-MS. Microchem J, 2019, 151: 104247.

[11] Ocana-Rios I, Thapa B, Anderson J. Multi-residue method to determine selected personal care products from five classes in fish based on miniaturized matrix solid-phase dispersion and solid-phase microextraction coupled to gas chromatography-mass spectrometry. Food Chem, 2023, 423: 136247.

[12] Zhu S, Shi Y, Jin H, et al. Nanographite-assisted matrix solid phase dispersion microextraction of active and toxic compounds from complex food matrices using cyclodextrin aqueous solution as elution solvent. Food Chem, 2023, 417: 135894.

[13] El-deen A K, An overview of recent advances and applications of matrix solid phase dispersion. Sep Purif Rev, 2024, 53: 100-117.

[14] El-Deen A K, Shimizu K. Miniaturized ternary deep eutectic solvent-based matrix solid-phase dispersion: a green sample preparation method for the determination of chlorophenols in river sediment. J Sep Sci, 2023, 46(2): 2200717.

[15] Wang Z, Zhang L, Li N, et al. Ionic liquid-based matrix solid-phase dispersion coupled with homogeneous liquid–liquid microextraction of synthetic dyes in condiments. J Chromatogr A, 2018, 105: 225-239.

[16] Cunha S C, Fernandes J O. Extraction techniques with deep eutectic solventsTrAC-Trend Anal Chem, 2019, 1601: 35-44.

[17] Zaib Q, Adeyemi I, Warsinger D M, et al. Deep eutectic solvent assisted dispersion of carbon nanotubes in water. Front Chem, 2020, 8: 808.

[18] Nedaei M, Zarei A R, Ghorbanian S A. Miniaturized matrix solid-phase dispersion based on deep eutectic solvent and carbon nitride associated with high-performance liquid chromatography: a new feasibility for extraction and determination of trace nitrotoluene pollutants in soil samples. J Chromatogr A, 2019, 1601: 35-44.

[19] Yuan J, Sun Y, Zhao J, et al. Rapid determination of hexabromocyclododecane enantiomers in animal meat by matrix solid phase dispersion coupled with LC-MS/MS. Food Chem, 2022, 394: 133405.

[20] Yang C, Li J, Wang S, et al. Determination of free fatty acids in Antarctic krill meals based on matrix solid phase dispersion. Food Chem, 2022, 384: 132620.

[21] Du K, Li J, Bai Y, et al. A green ionic liquid-based vortex-forced MSPD method for the simultaneous determination of 5-HMF and iridoid glycosides from Fructus Corni by ultra-high performance liquid chromatography. Food Chem, 2018, 244: 190-196.

[22] Jiao P, Li B, Su J, et al. Determination of coumarins in Fructus cnidii by using deep eutectic solvent elution-based carboxymethyl chitosan matrix solid-phase dispersive extraction. Microchem J, 2024, 197: 109736.

[23] Cao J, Peng L Q, Xu J J, et al. Simultaneous microextraction of inorganic iodine and iodinated amino acids by miniaturized matrix solid-phase dispersion with molecular sieves and ionic liquids. J Chromatogr A, 2016, 1477: 1-10.

[24] Xu J J, Yang R, Ye L H, et al. Application of ionic liquids for elution of bioactive flavonoid glycosides from lime fruit by miniaturized matrix solid-phase dispersion. Food Chem, 2016, 204: 167-175.

[25] Ding M, Li J, Zou S, et al. Simultaneous extraction and determination of compounds with different polarities from platycladi cacumen by AQ C18-based vortex-homogenized matrix solid-phase dispersion with ionic liquid. Front Pharmacol, 2019, 9: 1532.

[26] Mammana S B, Canizo B V, Elia-Dazat R, et al. Solid eutectic systems and natural deep eutectic solvents in matrix solid-phase dispersion for the extraction of phenolic compounds from lettuce samples. J Food Compo Anal, 2024, 135: 106661.

[27] Della Posta S, Ascrizzi A M, Pietrangeli G, et al. Miniaturized matrix solid-phase dispersion assisted by deep eutectic solvent for acrylamide determination in bread samples. Anal Bioanal Chem, 2024, 309, 1-9.

[28] Yang F, Jiang L, Mao H, et al. Establishment of deep-eutectic-solvent-assisted matrix solid-phase dispersion

extraction for the determination of four flavonoids in Scutellariae Radix based on the concept of quality by design. J AOAC Int, 2021, 104(6): 1681-1689.

[29] Wu X, Zhang X, Yang Y, et al. Development of a deep eutectic solvent-based matrix solid phase dispersion methodology for the determination of aflatoxins in crops. Food Chem, 2019, 291: 239-244.

[30] Yu Y, Li P, Zheng G , et al. Development of magnetic matrix solid phase dispersion method for the extraction of crystal violet and rhodamine B from sediments based on magnetic ZIF-8 and a deep eutectic solvent. Microchem J, 2024, 201: 110565.

[31] Nawaz N, Rehman A, Hussain M, et al. Dyeing of Wool with Dalbergia sisso as an Eco-friendly Substituent of Conventional Hazardous Synthetic Dye. J Nat Fibers, 2021, 19: 10068-10081.

[32] Ahmadian M,Jaymand M. Interpenetrating polymer network hydrogels for removal of synthetic dyes: A comprehensive review. Coordin. Chem Rev, 2023, 186: 215152.

[33] Barapati S, Mucherla R, Gade R, et al. Photodegradation of Rhodamine B and Crystal Violet using Al-doped Co-Mn nanoferrites and dielectric study. J Mater Sci-Mater El, 2022, 33: 25139-25152.

[34] Sacco O, Matarangolo M, Vaiano V, et al. Crystal violet and toxicity removal by adsorption and simultaneous photocatalysis in a continuous flow micro-reactor. Sci Total Environ, 2018, 644: 430-438.

[35] Sharma J,Sharma S, Bhatt U, et al. Toxic effects of Rhodamine B on antioxidant system and photosynthesis of Hydrilla verticillata. J Hazard Mater Lett, 2022, 3: 100069.

[36] Kohzadi S, Maleki A, Bundschuh M, et al. Doping zinc oxide (ZnO) nanoparticles with molybdenum boosts photocatalytic degradation of Rhodamine b (RhB): Particle characterization, degradation kinetics and aquatic toxicity testing. J Mol Liq, 2023, 385: 122412.

[37] Santos E, Gonzales J, Ores J, et al. Sand as a solid support in ultrasound-assisted MSPD: A simple, green and low-cost method for multiresidue pesticide determination in fruits and vegetables. Food Chem, 2019, 297: 124926.

[38] Senes C, Rodrigues C, Nicácio A, et al. Determination of phenolic acids and flavonoids from Myrciaria cauliflora edible part employing vortex-assisted matrix solid-phase dispersion (VA-MSPD) and UHPLC-MS/MS, J Food Compo Anal, 2021, 95: 103667.

[39] Silva S, Ocana-Rios I, Cagliero C, et al. Isolation of DNA from plant tissues using a miniaturized matrix solid-phase dispersion approach featuring ionic liquid and magnetic ionic liquid solvents. Anal Chim Acta, 2023, 1245: 34085.

[40] Eldos H, Khan M, Zouari N, et al. Adsorptive removal of volatile petroleum hydrocarbons from aqueous solution by zeolite imidazole framework (ZIF-8) and iron oxide (Fe_3O_4) nanoparticles. Environ Technol Inno, 2023, 32: 340858.

[41] Ding Y, Jin L, Feng S, et al. Core-shell magnetic zeolite imidazolate framework-8 as adsorbent for magnetic solid phase extraction of brucine and strychnine from human urine. J Chromatogr B, 2021, 1173: 122702.

[42] Kim G, Yea Y, Njaramba L, et al. Synthesis, performance, and mechanisms of strontium ferrite-incorporated zeolite imidazole framework (ZIF-8) for the simultaneous removal of Pb(Ⅱ) and tetracycline. Environ Res, 2022, 212: 113419.

[43] Li Z, Zhang Z, Zhao T, et al. In-situ fabrication of zeolite imidazole framework@hydroxyapatite composite for dispersive solid-phase extraction of benzodiazepines and their determination with high-performance liquid chromatography-VWD detection. Mikrochim Acta, 2020, 187: 540.

[44] Kong J, Zhu F, Huang W, et al. Sol-gel based metal-organic framework zeolite imidazolate framework-8 fibers for solid-phase microextraction of nitro polycyclic aromatic hydrocarbons and polycyclic aromatic hydrocarbons in water samples. J Chromatogr A, 2019, 1603: 92-101.

[45] Ge D, Lee H. Water stability of zeolite imidazolate framework 8 and application to porous membrane-protected micro-solid-phase extraction of polycyclic aromatic hydrocarbons from environmental water samples. J Chromatogr A, 2011, 1218: 8490-8495.

[46] Ge D, Lee H. Sonication-assisted emulsification microextraction combined with vortex-assisted porous membrane-protected micro-solid-phase extraction using mixed zeolitic imidazolate frameworks 8 as sorbent. J Chromatogr A, 2012, 1263: 1-6.

[47] Chen X, Lei X, Zheng H, et al. Facile one-step synthesis of magnetic Zeolitic Imidazolate Framework for ultra fast removal of Congo red from water. Micropor Mesopor Mat, 2021, 311: 110712.

[48] Zhang H, Sun Z, Wu C, et al. Magnetic Amine-Functionalized ZIF-8 with Hierarchical Pores for Efficient Covalent Immobilization of α-Amylase. ACS Appl Nano Mater, 2023, 6: 7477-7486.

[49] Zhu J, Cheng H, Zhou M, et al. Determining three isoflavones from Pueraria lobata using magnetic ZIF-8 nanoparticle-based solid-phase extraction and pressurized capillary electrochromatography. J Pharm Biomed Anal, 2022, 212: 114592.

[50] Hamedfar A, Javadi A, Modaddam M, et al. Deep eutectic solvent-based microwave-assisted extraction combined with in-syringe homogenous liquid-liquid microextraction of chloramphenicol and florfenicol from chicken meat. Microchem J, 2024, 196: 109636.

[51] Botella M, Lemos A, Lujan C, et al. Recent advances of extraction and separation of emerging organic contaminants through the application of natural deep eutectic solvents. TrAC-Trend Anal Chem, 2024, 171: 117518.

[52] Kohani M, Raissi H, Zaboli A, et al. Exploring the potential of deep eutectic solvents for extracting bioactive compounds from tea: Insights from molecular dynamics simulations. J Mol Liq, 2024, 393: 123589.

[53] Meredith L, Elbourne A, Greaves T, et al. Physico-chemical characterisation of glycerol- and ethylene glycol-based deep eutectic solvents. J Mol Liq, 2024, 394: 123777.

超分子溶剂在涡旋辅助分散液液微萃取中的应用

6.1
概述

　　药品和环境水样基质复杂、干扰成分多，且目标分析物在真实样品中的含量通常在痕量水平，检测前需要辅以适当的样品前处理[1]。目前，液液萃取和固相萃取仍是最常用的样品前处理技术，但该技术需要大量的有毒有机溶剂，且步骤烦琐，操作耗时[2,3]，因此，发展了大量的液相微萃取方法替代液液萃取和固相萃取[4]。最近，涡旋辅助分散液-液微萃取因重现性好、萃取速度快和溶剂消耗低等优点而备受关注。其中，萃取溶剂的选择是目标污染物能否被高效萃取的关键因素。传统分散液液微萃取的萃取溶剂多为氯苯、氯仿、四氯化碳等有毒有害有机溶剂[5]。但这些传统有机溶剂具有良好的溶解性和萃取能力，所以仍然广泛应用于样品前处理中。考虑到绿色化学的需求，开发高毒性有机溶剂的新型替代溶剂至关重要。

　　近年来，超分子溶剂因具有绿色环保、易制备、通过改变两亲性物质的疏水性或极性基团可调节溶剂的性质等特点，被认为是萃取有机污染物的有效萃取溶剂之一[6-8]。超分子溶剂是一种环境友好型的与水不混溶的溶剂，由两亲性聚集体组成，这些聚集体是由两亲性分子在外部刺激下有序自组装形成的[9]。超分子溶剂与目标分析物之间的疏水、氢键、静电、π-阳离子、π-π 分散和 π-π 相互作用导致其对不同极性的分析物具有高萃取效率[10-13]。通常，四氢呋喃是制备超分子溶剂常用的诱导剂，但存在用量大、制备的超分子溶剂密度低于水（离心分离后位于上层，难以回收分析检测）、毒性大等明显缺点，限制了其在液相微萃取中的应用。六氟异丙醇是一种水溶性的全氟代醇，具有高密度（$\rho=1.596g/cm^3$）、强氢键给体能力、强溶解能力、强诱导分相能力，可诱导两亲物质形成液液两相体系，且不含生色基团、不会对紫外检测造成背景干扰，是理想的超分子溶剂诱导剂和密度调节剂[14]。少量的六氟异丙醇（<10%）可诱导两亲性物质凝聚，形成密度高于水的超分子溶剂[15,16]。因此，六氟异丙醇是诱导两亲性物质形成超分子溶剂的优异诱导剂。目前报道的基于六氟异丙醇的超分子溶剂主要有六氟异丙醇诱导烷基醇、烷基酸或部分表面活性剂形成的超分子溶剂，数量仍较有限，制备出新型基于六氟异丙醇的超分子溶剂有助于拓展超分子溶剂在样品前处理中的应用。

6.2
基于超分子溶剂涡旋辅助分散液液微萃取的影响因素

6.2.1　超分子溶剂的组成

分析物与萃取溶剂之间的相互作用对萃取效率有重要的影响，组成诱导剂和两亲性物质的性质和结构决定超分子溶剂的性质与结构。诱导剂和两亲性物质的多样性使得超分子溶剂对不同性质和结构的待测物均可实现高效萃取。实验使用六氟异丙醇-芳樟醇超分子溶剂用于涡旋辅助分散液液微萃取水样中的罗丹明 B 和柯依定[17]，同时对比了六氟异丙醇-芳樟醇超分子溶剂与传统有机溶剂如乙酸乙酯、乙醚、氯仿等对罗丹明 B 和柯依定的萃取效率。结果表明，萃取离心后，乙酸乙酯和乙醚与水相形成均一溶液，不能作为萃取溶剂使用；氯仿与水相可分层且氯仿位于水相下层，但是对罗丹明 B 和柯依定无明显的萃取富集作用（有机层无明显颜色变化，色谱图中无明显的色谱峰出现），可能的原因是罗丹明 B 和柯依定的水溶性较好，一般的有机溶剂难以把这两种物质从水溶液中萃取出来；而超分子溶剂与罗丹明 B 和柯依定之间存在氢键作用、静电作用和偶极作用等，故超分子溶剂是罗丹明 B 和柯依定的理想萃取溶剂。

由于两亲性物质在超分子溶剂中起萃取相的作用，所以其含量对超分子溶剂的萃取效率有重大影响。考察了六氟异丙醇用量为 5%，芳樟醇含量分别为 0.5%、1%、2%、3% 和 4%（均为体积分数）时对罗丹明 B 和柯依定萃取效率的影响，结果如图 6-1（a）所示。随着超分子体系中芳樟醇含量的增加，峰面积降低。这是因为芳樟醇含量的增加使超分子体积增加，减小了超分子溶剂对待测物的富集作用。当芳樟醇的含量低于 0.5% 时，得到的超分子体积较少，操作难度较大，故没有进行研究。因此选用 0.5% 的芳樟醇制备超分子溶剂。

诱导剂的含量影响超分子溶剂的形成，进而影响超分子溶剂的萃取效率。考察了芳樟醇含量为 0.5% 时，不同诱导剂（六氟异丙醇）用量对萃取效率的影响。结果表明，体系中六氟异丙醇用量由 4% 增至 7%，色素峰的响应面积也随之增加，但是继续增加六氟异丙醇的用量，色素峰的响应面积降低。这是因为当体系中的六氟异丙醇含量为 4% ～ 7% 时，能够诱导更多的芳樟醇形成超分子溶剂，对色素的萃取效率也随之增加；但是进一步增加用量会使部分超分子溶剂溶解在六氟异丙醇中，萃取效率反而降低。

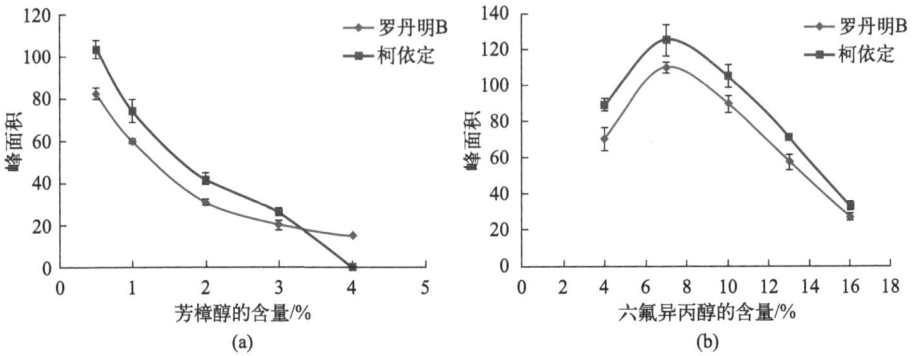

图6-1　（a）芳樟醇含量对罗丹明B和柯依定萃取效率的影响；（b）六氟异丙醇含量对罗丹明B和柯依定萃取效率的影响

　　采用六氟异丙醇诱导长链烷基胺类物质形成超分子溶剂，并用于涡旋辅助分散液液微萃取马兜铃中的马兜铃酸[18]。长链烷基胺的种类对目标分析物的萃取效率有重要影响，实验中选择 3 种伯胺，即己胺、辛胺和癸胺，作为两亲性物质，以六氟异丙醇作为诱导剂制备超分子溶剂。将 120μL 的伯胺（2%）、300μL 的六氟异丙醇（5%）和 5580μL 的样品水样溶液（93%）充分混合并涡旋 30s，将所得混合物在 5000r/min 下离心 5min，收集位于离心管底部的超分子溶剂层并用于高效液相色谱的分析。结果表明，使用己胺和六氟异丙醇制备的超分子溶剂可获得最高的马兜铃酸回收率。因此，选择己胺用于后续实验。

　　作为超分子溶剂萃取相的己胺含量会影响目标分析物的萃取回收率。研究了不同己胺含量（1%、3%、5%、7% 和 9%）对萃取回收率的影响。图 6-2（a）表明，己胺含量从 1% 增加到 7% 时，马兜铃酸的萃取回收率随之增加，但随着己胺含量的进一步增加回收率反而降低。这可能是因为己胺含量的增加提高了超分子溶剂的极性，导致马兜铃酸的萃取回收率降低。基于以上结果，确定 7% 的己胺为最佳含量。

　　六氟异丙醇是超分子溶剂的主要成分，它的含量在萃取回收过程中起着至关重要的作用。在本研究中，研究了不同六氟异丙醇含量（4%、6%、8%、10% 和 12%）对萃取回收率的影响。如图 6-2（b）所示，六氟异丙醇含量从 4% 增加到 6% 时，萃取回收率随之增加，但是六氟异丙醇含量的进一步增加时萃取回收率则降低。原因是当超分子溶剂中六氟异丙醇含量为 6% 时，可诱导更多的己胺形成超分子溶剂，使其对马兜铃酸的萃取效率也增加；然而，当六氟异丙醇含量大于 6% 会

导致超分子溶剂溶解在六氟异丙醇中，从而降低萃取效率。因此，实验中使用 6%
的六氟异丙醇制备超分子溶剂。

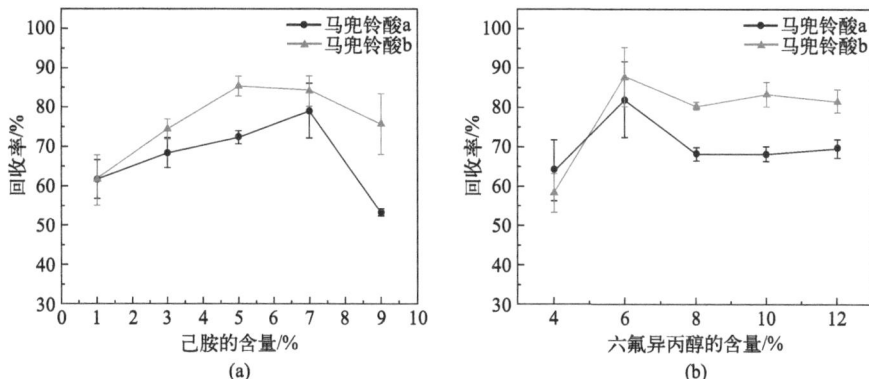

图6-2　（a）己胺含量对马兜铃酸萃取效率的影响；（b）六氟异丙醇含量对马兜铃酸萃取
效率的影响

6.2.2　涡旋时间和速度

涡旋时间是另一个需要优化的参数。研究了涡旋时间在 0.5 ～ 5min 对马兜铃酸
a 和马兜铃酸 b 萃取效率的影响[18]。图 6-3（a）表明，随着涡旋时间从 0.5min 增加
到 5min，萃取回收率下降，这表明在 0.5min 时已达到了萃取平衡。充分涡旋可显
著增加萃取溶剂和待测物的接触面积，使超分子溶剂迅速分散到马兜铃水溶液中。
此过程加速了分析物从水相到萃取相的传质速率，从而提高萃取效率。然而，进一
步增加涡旋时间会导致超分子溶剂中已萃取的马兜铃酸反而溢出进入水溶液，降低
萃取回收率。因此，确定 0.5min 为最佳涡旋时间。

在本研究中，涡旋是超分子溶剂分散到水溶液中的驱动力。研究了涡旋速度对
马兜铃酸萃取效率的影响。结果 [图 6-3（b）] 表明，涡旋速度的增加对萃取回收
率没有明显影响。我们也研究了涡旋时间对超分子溶剂稳定性的影响。如图 6-4 所
示，当涡旋时间从 0.5min 增加到 5min 时，超分子溶剂的氢核磁共振光谱、氟核磁
共振光谱和碳氟核磁共振光谱的谱图均没有明显变化。还研究了涡旋速度对超分子
溶剂稳定性的影响，结果显示，当涡旋速度从 1000r/min 变为 3000r/min 时，超分
子溶剂的氢核磁共振光谱、氟核磁共振光谱、和碳氟核磁共振光谱的谱图几乎保持
不变。因此，可以得出结论，更长的涡旋时间或更高的涡旋速度不会破坏超分子溶
剂的结构，超分子溶剂的结构稳定性高。

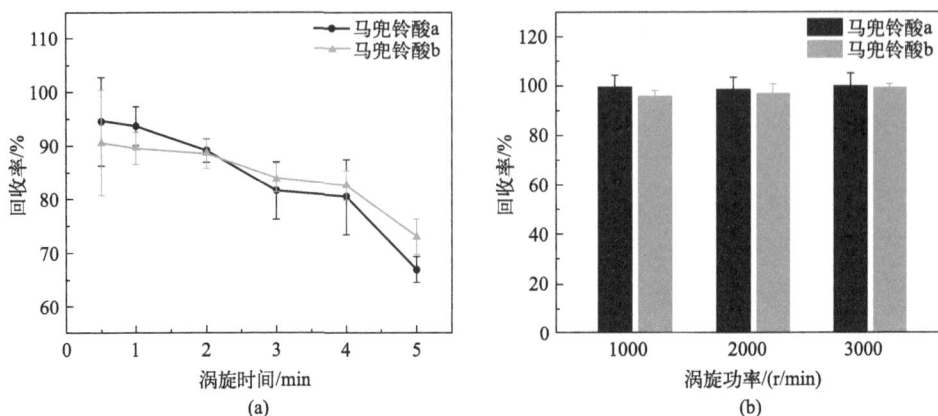

图6-3 （a）涡旋时间对马兜铃酸萃取效率的影响；（b）涡旋功率对马兜铃酸萃取效率的
影响（见文前彩插）

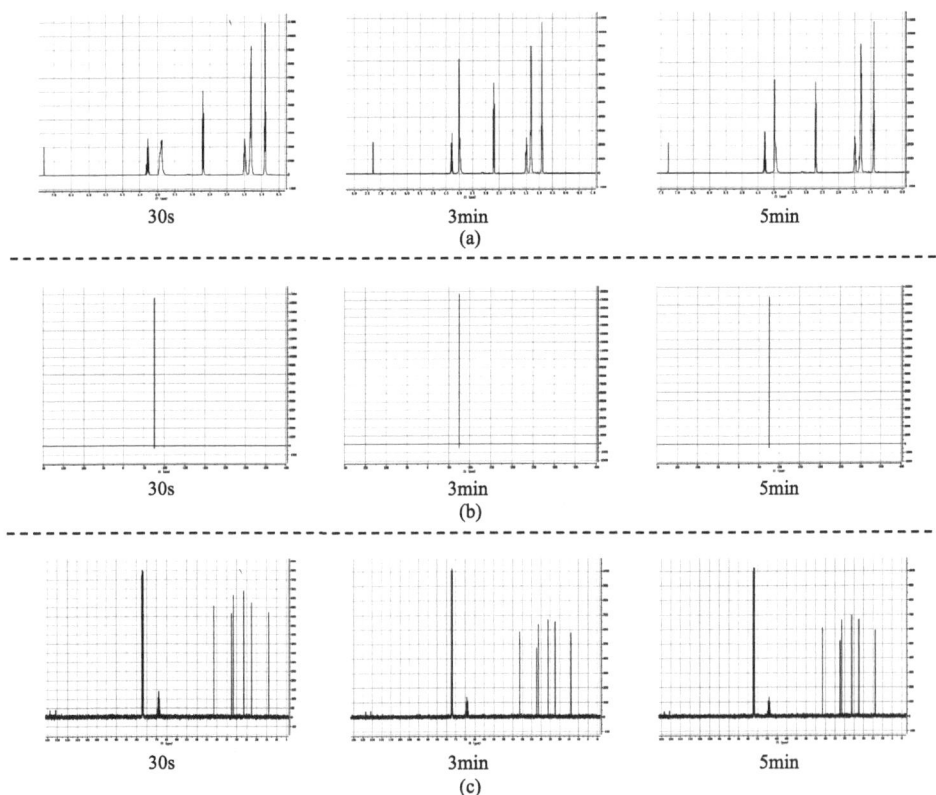

图6-4 超分子溶剂在涡旋时间为30s、3min和5min时的氢核磁共振光谱（a）、氟核磁共振
光谱（b）和碳氟核磁共振光谱（c）谱图（涡旋速度为1000r/min）

6.2.3　溶液 pH 值

在涡旋辅助分散液液微萃取中，pH 值是影响目标分析物萃取效率的关键因素。当以六氟异丙醇 - 己胺超分子溶剂用于涡旋辅助分散液液微萃取马兜铃样液中的马兜铃酸时，研究了不同溶液 pH 值（2、4、6、8、10 和 12）对萃取效率的影响。如图 6-5（a）所示，在溶液 pH 值为 10 时，马兜铃酸 a 和马兜铃酸 b 获得了最高的萃取回收率。可能是由于胺水合物的形成及其解离（R—NH_2·H_2O $\rightleftharpoons$ R—NH_3^++OH^-），使带正电荷的两亲性物质在水溶液中形成水溶性胶束[19]。马兜铃酸 a 和马兜铃酸 b 是酸性化合物，其 pK_a 值为 2.99，己胺的 pK_a 值为 10.56。当溶液为碱性时，马兜铃酸中的 COO^- 与己胺解离产生的 NH_3^+ 之间的静电相互作用，使得马兜铃酸在离子状态下的萃取更有效，并且更有效地促进其向超分子溶剂相转移。因此，溶液 pH 值选择为 10。

我们也考察了六氟异丙醇-芳樟醇超分子溶剂在溶液 pH 为 2.0 ～ 11.0 时，对涡旋辅助分散液液微萃取罗丹明 B 和柯依定萃取效率的影响。结果表明 [图 6-5（b）]，当溶液 pH>8 时，柯依定和罗丹明 B 的萃取效率较理想；溶液处于酸性状态时萃取效率不佳。这是因为罗丹明 B 和柯依定属于阳离子染料，在酸性条件下主要以离子形式存在，难以被超分子溶剂萃取，随着溶液 pH 增加，待测物从离子状态转变为分子状态，从而提高了萃取效率。综合考虑溶液 pH 对两种物质萃取效率的影响，溶液 pH 选择为 8。

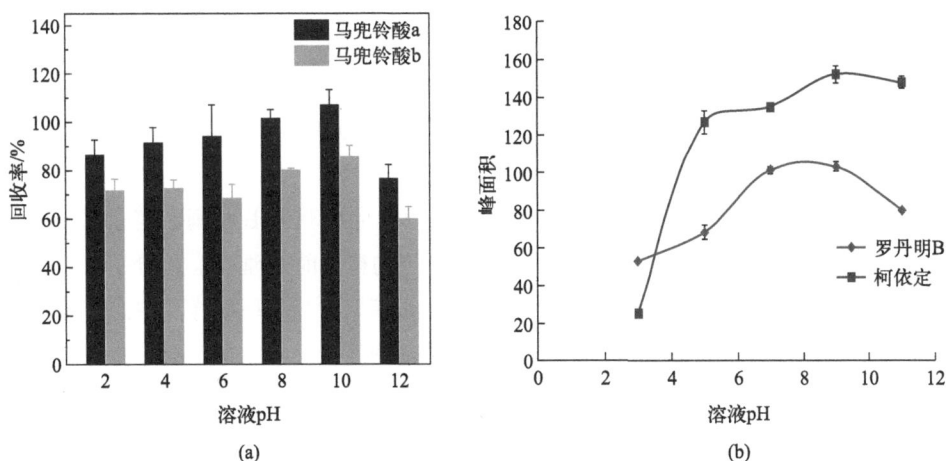

图6-5　（a）溶液pH值对马兜铃酸萃取效率的影响；（b）溶液pH值对罗丹明B和柯依定萃取效率的影响（见文前彩插）

6.2.4 盐浓度的影响

向溶液中添加不同浓度的盐对萃取效率有直接影响[20]。在微萃取过程中仔细控制离子强度以确保最佳结果非常重要。研究表明，随着氯化钠浓度的增加，基于超分子溶剂涡旋辅助分散液液微萃取马兜铃酸的萃取回收率下降[18]。离子强度的变化会显著影响分析物在水中的溶解度，从而影响微萃取过程中的萃取效率。离子强度增加会导致超分子溶剂体积增大，降低其对马兜铃酸的富集效果。此外，较高的离子强度增加了溶液的黏度，降低了分析物的传质速率。故应避免在萃取过程中添加氯化钠。

6.3
超分子溶剂在液液微萃取环境水样和饮料中罗丹明B和柯依定的应用

罗丹明B和柯依定均为人工合成三苯甲烷类碱性色素，被广泛用于服装、塑料、化妆品、皮革等工业中，因具有潜在的毒性、致癌性而被国际癌症研究机构列为三类致癌物，禁止作为食品添加剂使用[21,22]。但因罗丹明B和柯依定具有价格低廉、性质稳定、着色能力强等特点，依然有不法商贩将其作为着色剂添加在食品中[23]。另外，每年有大量的罗丹明B和柯依定通过直接或间接的方式进入到环境水体中，可能会危及动物和人类健康[24]。因此，建立快速、简单、绿色的罗丹明B和柯依定检测方法极为重要。

食品样品和环境水样基质复杂、干扰成分多，且罗丹明B和柯衣定在真实样品中的含量通常在微量水平，检测前需要辅以适当的样品前处理[25]。超分子溶剂可以萃取不同极性的待测物，已广泛用于分散液液微萃取食品和环境样品中的有机污染物[26-30]。近年来，六氟异丙醇诱导的超分子溶剂密度大于水，在萃取离心分离后超分子溶剂位于水相下层，易于回收检测，已成功用于分散液液微萃取中[31-34]。本研究中把六氟异丙醇作为芳樟醇的溶剂、超分子溶剂的诱导剂和密度调节剂，构建六氟异丙醇-芳樟醇新型超分子溶剂体系，用于涡旋辅助分散液液微萃取与高效液相色谱联用法检测罗丹明B和柯依定。

6.3.1　试剂与材料

罗丹明 B（分析纯）、芳樟醇（98%）、柯依定（分析纯）、六氟异丙醇（99.9%）甲醇（色谱级）、乙酸铵（分析纯）。实验用水为高纯水。

分别称取适量的罗丹明 B 和柯依定标准品，用甲醇溶解，配制成 1mg/mL 标准储备溶液，于 4℃保存。使用时用超纯水稀释，制备一定质量浓度的工作溶液，现用现配。

6.3.2　仪器与设备

高效液相色谱仪，配备 C_{18} 色谱柱（150mm×4.6mm, 5μm）；离心机、涡旋混合器。

6.3.3　微萃取过程

环境水样采集于盘龙江和滇池（云南昆明）。饮料样品为某品牌西瓜味、橙子味果汁和另一品牌红茶饮料。饮料样品在检测前超声脱气 20min。所有样品萃取前均用 0.45μm 的滤纸过滤。取 8mL 样品溶液至 10mL 具锥形底部的离心管中，加入适量的芳樟醇配制芳樟醇体积分数为 1% 的溶液，在此溶液中加入适量六氟异丙醇，涡旋 30s 后置于离心机中 5000r/min 离心 5min，可以观察到超分子溶剂层位于下层。最后，收集超分子溶剂层并注入高效液相色谱进行分析。

高效液相色谱流动相为乙腈（A）-0.02mol/L 乙酸铵（B）。梯度洗脱程序：$0 \sim 14$min，$5\% \sim 100\%$A；$14 \sim 17$min，$100\% \sim 5\%$A。流速为 1mL/min，进样量为 10μL。检测波长分别为 430nm（柯依定）和 538nm（罗丹明 B）。

6.3.4　超分子相图的绘制和相率的测定

把一定量的芳樟醇加入超纯水中配制成 $0.5\% \sim 0.6\%$（体积分数）的水溶液，再加入一定体积的六氟异丙醇（或三氟乙醇，体积分数为 $1\% \sim 60\%$），使溶液总体积为 1mL，并转移至 1.5mL 的离心管中。涡旋混合 10s，在 5000r/min 的速度下进行离心分离 5min，肉眼观察并记录体系的相行为。

相率定义为超分子溶剂相的体积（V_s）与总体积（V_t）之比。在研究芳樟醇含量对相率的影响时，固定六氟异丙醇含量为 5%，芳樟醇含量由 0.5% 增加至

6%。当考察六氟异丙醇含量对相率的影响时，保持芳樟醇含量为 1%，六氟异丙醇的含量在 4%～28% 范围内变化。把一定量的六氟异丙醇加入一定量的芳樟醇溶液中，涡旋混匀 10s，随后离心分离 5min，记录超分子溶剂相的体积，并计算相率。

6.3.5 研究结论

6.3.5.1 六氟异丙醇-芳樟醇体系的二元相图

六氟异丙醇诱导芳樟醇形成的超分子溶剂二元相图如图 6-6（a）所示。该二元相图被两条分界线分为三个区域，当芳樟醇含量为 0.5%～7% 时，加入少量的六氟异丙醇未能形成超分子溶剂，不溶于水的芳樟醇浮在液面上层（记为 I 区域）；当六氟异丙醇的量增加时，超分子溶剂形成并且位于溶液下层（记为 L/S 区域），如当芳樟醇含量为 1%、六氟异丙醇的含量为 3.1%～31.9% 时，均可形成超分子溶剂；L/S 区域的范围较大，为后续的萃取应用提供了较好的可行性；当六氟异丙醇的含量为 17%～51.3% 时，超分子溶剂溶解在六氟异丙醇中，体系会转为均一的一相，记为 L 区域。对比了六氟异丙醇和三氟乙醇诱导芳樟醇体系形成超分子溶剂的能力。三氟乙醇/芳樟醇体系的相图 [图 6-6（b）] 显示，当芳樟醇含量为 0.5%～7% 时，三氟乙醇诱导形成的超分子溶剂位于上层，离心分离后难以收集，且需要加入的三氟乙醇的量较大（15%～30%）（记为 S/L 区域）；所形成的超分子稳定性较差，

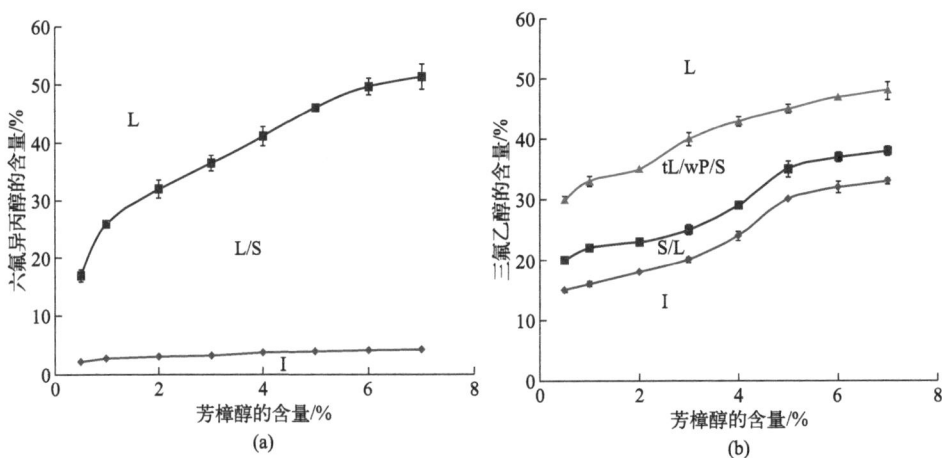

图6-6　（a）六氟异丙醇-芳樟醇体系的相图和（b）三氟乙醇-芳樟醇体系的二元相图

当三氟乙醇的量为 25% ～ 30% 时，超分子层出现浑浊（记为 tL/wP/S 区域），因此，所形成的 S/L 超分子溶剂区域很窄；当三氟乙醇含量为 30% ～ 45% 时，该体系又转变为均一的一相。综上所述，六氟异丙醇在诱导芳樟醇形成超分子溶剂方面具有优异的表现：使用量较少；所形成的超分子溶剂位于下层，易于收集；所形成的超分子溶剂稳定性较好。

6.3.5.2 六氟异丙醇－芳樟醇体系的相率

首先考察了芳樟醇含量对相率的影响，当六氟异丙醇含量为 5% 时，相率随着芳樟醇含量的增加而线性增加。然后研究了六氟异丙醇含量对超分子溶剂体系相率的影响。当固定芳樟醇含量为 1%、六氟异丙醇的含量由 3% 增加至 15% 时，相率线性增加，继续增加六氟异丙醇含量，相率显著降低。这是因为六氟异丙醇含量过高会溶解超分子溶剂，使得超分子溶剂体积反而减少。还考察了溶液 pH 对相率的影响。由于芳樟醇 pK_a 为 14.51，所以当溶液 pH 在 2 ～ 11 范围时相率基本保持不变。最后考察了时间对体系相率的影响。结果表明，该超分子体系的相率在 1 个月内无明显变化，说明六氟异丙醇-芳樟醇形成的超分子溶剂体系稳定性较高。

6.3.5.3 分析方法的评价

在最佳萃取条件下，对本方法的线性、检出限、定量限、萃取回收率、富集倍数和精密度进行了评价。结果表明，罗丹明 B 在 5 ～ 1000μg/L、柯依定在 4.5 ～ 1000μg/L 范围内，线性关系良好，相关系数均大于 0.9950。检出限为 1.3 ～ 1.5μg/L，定量限为 4.5 ～ 5.0μg/L。罗丹明 B 和柯依定的富集倍数分别是 95 倍和 92 倍。为考察方法的精密度，选择 10μg/L 色素标准溶液做日内（重复 5 次）和日间（连续 5 天）精密度实验，相对标准偏差均低于 5.2%，说明该方法重现性良好。

6.3.5.4 实际样品测定

将本方法用于检测河水、湖水和 3 种市售饮料中的罗丹明 B 和柯依定，5 种样品均未检出待测物，说明样品中不含罗丹明 B 和柯依定，或者含量低于方法的检出限。因此，在 5 种样品中加入 10μg/L、25μg/L 和 250μg/L 的罗丹明 B 和柯依定进行加标回收实验，结果列于表 6-1 中。结果表明，本方法具有良好的准确度和重复性，可用于实际样品中罗丹明 B 和柯依定的分析检测。

表6-1 实际样品中罗丹明B和柯依定的平均回收率和相对标准偏差

样品	待测物	10μg/L		25μg/L		250μg/L	
		回收率 /%	相对标准偏差 /%	回收率 /%	相对标准偏差 /%	回收率 /%	相对标准偏差 /%
盘龙江水	罗丹明 B	94.2	2.2	84.4	5.2	97.8	2.4
	柯依定	100.7	2.2	106.9	4.5	90.0	1.8
滇池水	罗丹明 B	95.0	3.1	104.1	4.1	87.6	0.7
	柯依定	97.6	1.8	92.0	0.5	109.1	3.3
西瓜味果汁	罗丹明 B	95.0	0.6	102.0	2.7	97.9	0.6
	柯依定	93.2	7.6	96.1	1.6	94.3	6.8
橙子味果汁	罗丹明 B	91.3	1.3	99.5	1.9	99.3	2.1
	柯依定	98.6	3.5	94.7	3.1	106.7	2.8
红茶饮料	罗丹明 B	102.3	2.4	88.9	3.5	98.2	4.1
	柯依定	97.8	6.3	95.1	6.0	101.5	3.4

6.4
超分子溶剂在涡旋辅助分散液液微萃取马兜铃中马兜铃酸的应用

马兜铃科植物因其出色的镇痛和抗炎作用，在传统草药领域有着悠久的历史 [35]。例如，马兜铃科植物长期以来被用作蛇虫咬伤的解毒剂 [36,37]，并且还显示出显著的抗菌和抗真菌活性 [38,39]。此外，据报道其叶提取物可抑制药物诱导的高尿酸血症，还具有抗疟活性 [40,41]。植物化学研究表明，该植物主要含有马兜铃酸（AAs，属于异马兜铃酸）的生物碱，这是一组常见于马兜铃属和景天属植物中的毒素，分布于世界各地，被国际癌症研究机构列为一类致癌物 [42-44]。在过去的几十年中，不断有关于其衍生物肾毒性的报道，人类直接接触这些含马兜铃酸的植物会导致一种严重且不可逆的疾病，称为马兜铃酸肾病 [45-47]。然而，由于其具有多种抗炎、降压和抗疟特性，这些草药及其相关产品至今仍被广泛使用 [48-50]。因此，迫切需要开发一种快速、灵敏、有效的方法来测定生物样品和草药中的马兜铃酸。

六氟异丙醇是诱导超分子溶剂形成的良好诱导剂。由烷基醇和烷基羧酸作为两亲性物质制备的超分子溶剂广泛用于样品前处理中 [51-53]。六氟异丙醇诱导新型两亲性物质制备超分子溶剂将有效地扩大超分子溶剂的应用范围。长链烷基伯胺是一种高效萃取剂，性能优异、易于获取、水溶性低且分离效率高。据报道，由长链烷基伯胺和单萜类化合物制备的超分子溶剂已用于萃取水相中的磺胺类药物[19]。在水相中，烷基伯胺形成胶束溶液，当加入诱导剂时，可观察到超分子溶剂液滴的形成，导致快速相分离并形成富含两亲性物质的超分子溶剂。在碱性胺溶液中，马兜铃酸以解离的负电荷形式存在，可轻易地溶解到长链烷基胺胶束中，并且伯胺烃链与分析物之间也可发生疏水相互作用，有利于马兜铃酸的萃取。本研究首次合成了一种新型的密度高于水的六氟异丙醇-烷基伯胺超分子溶剂，并将其用于涡旋辅助分散液液微萃取马兜铃酸 a 和马兜铃酸 b。最后，所开发的方法应用于测定马兜铃中的马兜铃酸。

6.4.1　试剂与材料

高效液相色谱级甲醇和乙腈，马兜铃、马兜铃酸 a（>98%）、己胺、辛胺（99%）、马兜铃酸 b（>98%）、六氟异丙醇（99.5%）、六氟丁醇（≥98%）、癸胺（98%）、四氢呋喃（≥99.5%）、磷酸（≥85%）、无水乙醇（≥99.7%）、甲醇（分析纯，≥99.5%）、氢氧化钠（分析纯，96%）、氯化钠（分析纯，≥99.5%）、盐酸（分析纯，36%～38%）、可溶性淀粉（分析纯）。实验用水为超纯水。

6.4.2　仪器与设备

高效液相色谱仪，配备自动进样器、四元泵、恒温柱温箱、二极管阵列检测器以及 C_{18} 色谱柱（150mm×4.6mm×5μm）。

pH 计、台式离心机、涡旋混合器。

6.4.3　实际样品制备

将马兜铃干燥、研磨，过 40 目筛，密封并保存在暗处。称取 1g 马兜铃粉末，加入 20mL 超纯水，在 115℃下回流煎煮 2h 后冷却至室温并过滤。最后，将样品体积定容至 20mL，并稀释 20 倍，得到马兜铃样品溶液。

6.4.4　微萃取过程

在 10mL 离心管中加入 5580μL 的马兜铃酸 a 和马兜铃酸 b 的水溶液，用

0.1mol/L 的氢氧化钠将溶液 pH 值调节至 8。然后，向样品溶液中加入 120μL 己胺（体积分数为 2%），再加入 300μL 六氟异丙醇（体积分数为 5%）。将所得混合物涡旋 30s 后，5000r/min 离心 5min，可以清晰地观察到两相，底部沉积的是富集的含有目标分析物的超分子溶剂层，将其收集用于高效液相色谱分析。萃取过程如图 6-7 所示。

高效液相色谱条件：流动相由磷酸水溶液（pH=1.5）和甲醇（70:30）组成，以 1mL/min 的流速等度洗脱。样品进样量为 10μL，马兜铃酸 a 和马兜铃酸 b 的检测波长为 254nm。

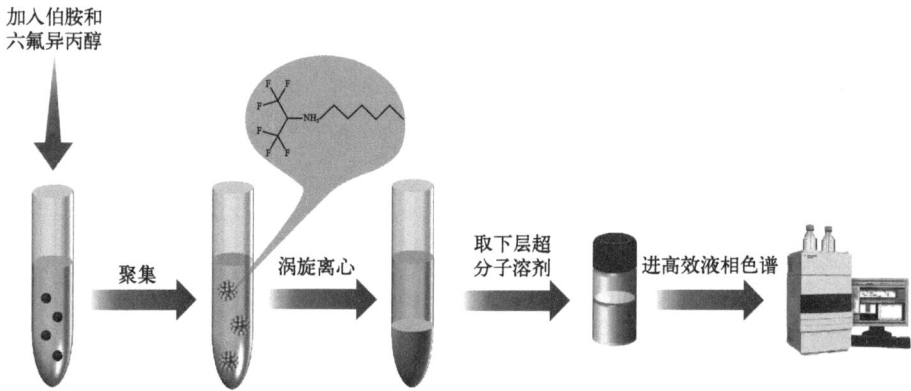

图6-7 萃取过程（见文前彩插）

6.4.5 研究结论

6.4.5.1 超分子溶剂的表征和相图

基于长链烷基伯胺的超分子溶剂通过两个连续的自组装过程制备而成。在第一阶段，观察到两亲性分子的聚集和长链烷基伯胺液滴的形成，这是适量的长链烷基伯胺溶解在水溶液中产生的，长链烷基伯胺分子进一步组装成大的聚集体；第二阶段是凝聚现象，是向长链烷基伯胺溶液中加入诱导剂六氟异丙醇产生的，六氟异丙醇为长链烷基伯胺提供强氢键和疏水相互作用，随后形成密度高于水的超分子溶剂，有利于相分离后超分子溶剂相的收集。本研究中六氟异丙醇诱导己胺、辛胺和壬胺形成三种超分子溶剂。

六氟异丙醇-长链烷基伯胺体系的相图如图 6-8 所示，在室温下，当长链烷基伯胺含量为 1% ～ 15%（体积分数）时，低至 0.6% ～ 5.3%（体积分数）的六氟异丙醇即可诱导液-液相分离（L/S 区），在底部形成超分子溶剂相。然后，随着六氟异丙醇含量的增加，超分子溶剂相溶解，当六氟异丙醇含量超过 21.8% ～ 65.0% 时，超分子溶剂相完全溶解在六氟异丙醇中，两相区域转变为单一液相（L 区）。结果表明，三种伯胺都可以由六氟异丙醇诱导形成超分子溶剂，并且两相区域是稳定的。此外，还观察到伯胺链长越长，形成超分子溶剂所需的诱导剂越少。

　　根据先前的研究，四氢呋喃和乙醇广泛用于诱导两亲性物质形成水不溶性超分子溶剂。因此，研究了四氢呋喃和乙醇诱导长链烷基伯胺胶束形成超分子溶剂的能力。结果表明，四氢呋喃和乙醇均不能诱导长链烷基伯胺形成超分子溶剂。

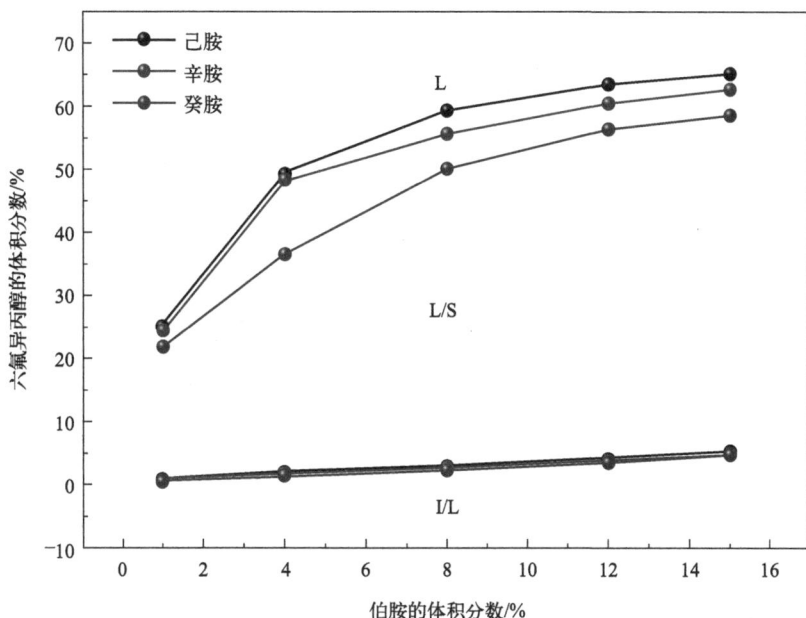

图6-8　六氟异丙醇-长链烷基伯胺体系的相图（n=3）（见文前彩插）

I/L—两液相区，顶部为不溶长链烷基伯胺，底部为水相；L/S—液-液两相区，顶部为水相，底部为超分子溶剂相；L—液相区

6.4.5.2　可溶性淀粉排阻性能的研究

　　可溶性淀粉作为一种大分子物质，主要存在于谷物、根茎和块茎中，超分子溶剂有潜力从复杂基质中提取小分子物质并排除大分子物质。为了研究六氟异丙醇-长链烷基伯胺超分子溶剂对淀粉的排除能力，分别制备了浓度为 50μg/mL 和 100μg/mL 的可溶性淀粉水溶液。将超分子溶剂加入可溶性淀粉水溶液中，然后将混合物

涡旋 30s，并在 5000r/min 下离心 5min。收集水相后，向水溶液中加入碘溶液。最后，在 587nm 处记录溶液的吸光度。

为了确定水相中可溶性淀粉的浓度，测定了浓度范围为 0～200μg/mL 的可溶性淀粉水溶液的吸光度，得到可溶性淀粉水溶液的线性方程为 $A=0.0014c-0.0088$（$R^2=0.9963$），其中 A 和 c 分别为淀粉溶液的吸光度和浓度。最后，计算出超分子溶剂对可溶性淀粉的排除率在 97.2%～100.6% 之间。结果表明，超分子溶剂有优异的潜力用作萃取溶剂，可以同时完成小分子目标分析物的提取和大分子物质的排除。

6.4.5.3　分析性能与方法验证

在优化萃取条件下，评估所建立方法的分析特征量包括方法的线性、检出限、定量限和精密度。结果表明，该方法在马兜铃酸 b 浓度范围为 1～1000ng/mL 和马兜铃酸 a 浓度范围为 10～1000ng/mL 时呈现出很好的线性关系，相关系数大于0.9981。以信噪比为 3 定义检出限，马兜铃酸 a 和马兜铃酸 b 的检出限分别为 3.1ng/mL 和 0.3ng/mL。以信噪比为 10 定义定量限，马兜铃酸 a 和马兜铃酸 b 的检出限分别为 9.5ng/mL 和 1.0ng/mL。方法的精密度通过测定平行样品（$n=5$）并连续重复 5天得到的日间和日内相对标准偏差来表示。结果表明，该方法具有良好的精密度，日内和日间精密度均在 4.7%～6.8% 之间。

6.4.5.4　实际样品分析

为验证该方法的可靠性，在最佳实验条件下测定了马兜铃中马兜铃酸 a 和马兜铃酸 b 的含量，每个样品重复 3 次。结果见表 6-2，马兜铃中马兜铃酸 a 和马兜铃酸 b 的浓度分别为 4.18μg/g 和 0.38μg/g。为评估方法的准确性，在马兜铃样品中添加 100ng/mL 和 250ng/mL 的马兜铃酸 a 和马兜铃酸 b 进行萃取回收实验，结果见表6-2。图 6-9 显示了添加浓度为 0 和 100ng/mL 的马兜铃样品的高效液相色谱图。结果表明，所开发的方法适用于实际样品中马兜铃酸的测定。

表6-2　马兜铃中马兜铃酸a和马兜铃酸b的平均回收率和相对标准偏差

分析物	含量/（μg/g）	相对标准偏差 /%	加标量 100ng/mL		加标量 250ng/mL	
			回收率 /%	相对标准偏差 /%	回收率 /%	相对标准偏差 /%
马兜铃酸 a	4.48	4.0	98.7	0.5	97.4	2.9
马兜铃酸 b	0.38	6.5	100.6	3.3	92.8	7.2

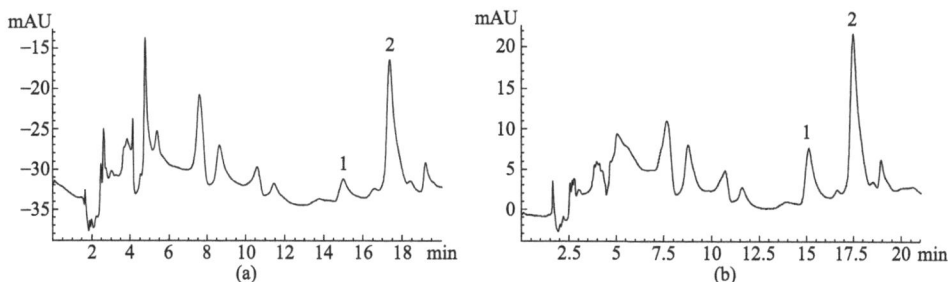

图6-9　马兜铃样品无添加（a）和添加100ng/mL马兜铃酸（b）的色谱图
1—马兜铃酸b；2—马兜铃酸a

6.4.5.5　绿色分析程序指数

在绿色分析化学领域，根据绿色指数评估分析方法至关重要。绿色分析程序指数是用于评估所开发程序。绿色性能的指标，采用不同颜色表示不同程度的环境影响，绿色、黄色和红色分别对应低、中、高三个等级。如图 6-10 所示[54-63]，本方法[图 6-10（k）] 在富集马兜铃酸方面的绿色程度明显优于其他方法，这可归因于几个因素：首先，本研究中采用超分子溶剂作为萃取溶剂，萃取率高且产生的废弃物

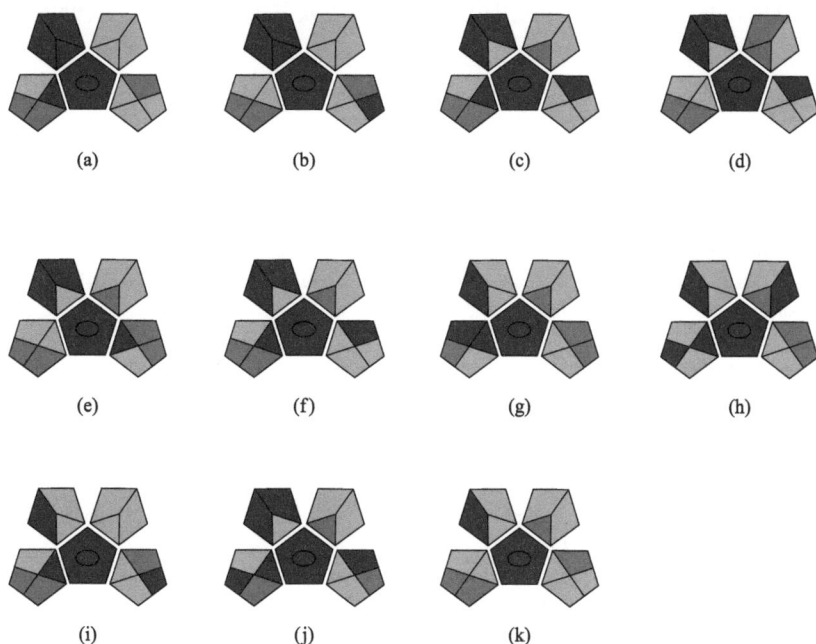

图6-10　使用绿色分析程序指数工具与报告的方法进行比较[54-63]（见文前彩插）

少；其次，本研究建立的方法具有操作简单、能耗低等特点，是一种更高效、可持续的马兜铃酸测定方法；再次，多相萃取[54]和在线固相萃取[55]使用大量有机萃取剂，导致绿色程度较低，与绿色化学原则相违背，磁性固相萃取[56,57,59]和空气辅助液-液微萃取[63]需要额外的洗脱步骤，使得这些方法的气密性较差，得分较低。总之，本节所建立的方法在马兜铃酸测定方面具有多个优势，值得推广。

6.5
本章小结

用六氟异丙醇和两亲性物质（己胺和芳樟醇）制备出新型超分子溶剂，用于涡旋辅助液液微萃取与高效液相色谱仪联用检测水样和药品中的有机污染物。与其他使用有机溶剂的微萃取方法相比，本章节中仅将六氟异丙醇和两亲性物质加入水中即可制备出超分子溶液，避免了使用有毒有害的有机溶剂，方法简单绿色；采用涡旋辅助的方式把超分子溶剂分散到溶液中，达到平衡的时间较短，节约了时间成本。在最优化萃取条件下，建立的方法均取得了较宽的线性范围，较低的检出限、定量限和较高的富集倍数。所建立的方法用于检测真实样品的待测物，回收率和精密度良好，可推广用于环境水样和药品中其他成分的萃取测定。

参考文献

[1] Duque A, Grau J, Benedé J L. Low toxicity deep eutectic solvent-based ferrofluid for the determination of UV filters in environmental waters by stir bar dispersive liquid microextraction. Talanta, 2022, 243: 123378.

[2] Dalmaz A, Özak S S. Development of clinoptilolite zeolite-coated magnetic nanocomposite-based solid phase microextraction method for the determination of Rhodamine B in cosmetic products. J Chromatogr A, 2022, 1680: 463433.

[3] Wei J, Guo Z M, Zhang P J, et al. A new reversed-phase/strong anion-exchange mixed-mode stationary phase based on polar-copolymerized approach and its application in the enrichment of aristolochic acids, J Chromatogr A, 2012, 1246: 129-136.

[4] Tagami T, Takeda A, Asada A, et al. A simple and selective detection method for aristolochic acid in crude drugs using solid-phase extraction. J Nat Med, 2013, 67: 838-843.

[5] Yamini Y, Rezazadeh M, Seidi S. Liquid-phase microextraction–The different principles and configurations. TrAC-Trend Anal Chem, 2019, 112: 264-272.

[6] Ballesteros-Gómez A, Rubio S, Pérez-Bendito D. Potential of supramolecular solvents for the extraction of contaminants in liquid foods. J Chromatogr A, 2009, 1216(3): 530-539.

[7] Trujillo W A, Sorenson W R, Luzerne P L, et al. Determination of aristolochic acid in botanicals and dietary supplements by liquid chromatography with ultraviolet detection and by liquid chromatography/mass spectrometry:

single laboratory validation confirmation. J AOAC Int, 2006, 89(4): 942-959.

[8] Salamat O, Yamini Y, Moradi M, et al. Extraction and separation of zirconium from hafnium by using nano-structured supramolecular solvent microextraction method. J Iran Chem Soc, 2018, 15: 293-301.

[9] Moradi M, Yamini Y, Feizi N. Development and challenges of supramolecular solvents in liquid-based microextraction methods. TrAC-Trends Anal Chem, 2021, 138: 116231.

[10] Vakh C, Kasper S, Kovalchuk Y, et al. Alkyl polyglucoside-based supramolecular solvent formation in liquid-phase microextraction. Anal Chim Acta, 2022, 1228: 340304.

[11] Musarurwa H, Tavengwa N T. Supramolecular solvent-based micro-extraction of pesticides in food and environmental samples. Talanta, 2021, 223: 121515.

[12] Yu Y, Li P, Zheng G H, et al. A supramolecular solvent-based vortex-assisted direct microextraction of sulfonamides in sediment samples. Microchem J, 2024, 196: 109553.

[13] Rastegar A, Alahabadi A, Esrafili A, et al. Application of supramolecular solvent-based dispersive liquid–liquid microextraction for trace monitoring of lead in food samples. Anal Methods, 2016, 8(27): 5533-5539.

[14] Colomer I, Chamberlain A E R, Hayghey M B, et al. Hexafluoroisopropanol as a highly versatile solvent. Nat Rev Chem, 2017, 1: 0088.

[15] Jenkins S I, Collins C M, Khaledi M G. Perfluorinated alcohols induce complex coacervation in mixed surfactants. Langmuir, 2016, 32(10): 2321-2330.

[16] Chen J, Deng W, Li X, et al. Hexafluoroisopropanol/Brij-35 based supramolecular solvent for liquid-phase microextraction of parabens in different matrix samples. J Chromatogr A, 2019, 1591: 33-43.

[17] 戴恩睿, 葛丹丹, 马兴娅, 等. 基于六氟异丙醇/芳樟醇超分子液液微萃取环境水样和饮料中罗丹明B和柯衣定. 分析试验室, 2023, 42(2): 197-202.

[18] Hu W, Yu Y, Weng Z, et al. Supramolecular solvent for the vortex-assisted dispersive liquid–liquid microextraction of aristolochic acids from Aristolochia debilis prior to HPLC-DAD. Microchem J, 2024, 206: 111608.

[19] Bogdanova P, Pochivalov A, Vakh C, et al. Supramolecular solvents formation in aqueous solutions containing primary amine and monoterpenoid compound: Liquid phase microextraction of sulfonamides. Talanta, 2020, 216: 120992.

[20] Qin Y, Wang R Q, Xing R R, et al. Dispersive liquid - liquid microextraction based on a supramolecular solvent followed by high - performance liquid chromatographic analysis of lignans in Forsythiae Fructus. J Sep Sci, 2023, 46(5): 2200719.

[21] Kaczmarczyk B, Kisiel A, Piątek P, et al. Induced ion-pair formation/de-aggregation of rhodamine B octadecyl ester for anion optical sensing: Towards ibuprofen selective optical sensors. Talanta, 2021, 227: 122147.

[22] 李惠茗, 张惠怡, 赖祥文, 等. 石墨烯基固相萃取灵敏检测环境水样中痕量罗丹明B. 分析试验室, 2015, 34 (10): 1151.

[23] Huang Y, Wang D, Liu W, et al. Rapid screening of rhodamine B in food by hydro-gel solid-phase extraction coupled with direct fluorescence detection. Food Chem, 2020, 316: 126378.

[24] Sun Y, Li W, Zhao L, et al. Simultaneous SERS detection of illegal food additives rhodamine B and basic orange Ⅱ based on Au nanorod-incorporated melamine foam. Food Chem, 2021, 357: 129741.

[25] Wang X, Song G, Wu W, et al. Determination of the food colorant, chrysoidine, in fish by GC-MS. Chroma, 2008, 68, 659-662.

[26] Caballero-Casero N, Rubio S. Comprehensive supramolecular solvent-based sample treatment platform for evaluation of combined exposure to mixtures of bisphenols and derivatives by liquid chromatography-tandem mass spectrometry. Anal Chim Acta, 2021, 1144: 14-25.

[27] Hai X, Niu J, Ren T, et al. Rhamnolipids-based bio-supramolecular solvents as green and sustainable media for extraction of pyrethroid insecticides in water and food matrices. J Chromatogr A, 2024, 1731: 465215.

[28] Algar L, Sicilia M D, Rubio S. Tailoring supramolecular solvents with phosphoryl groups for highly efficient extraction of chlorophenols in natural waters. Anal Chim Acta, 2024, 1309: 342688.

[29] Zhang J, Li S, Yao L, et al. Cyclodextrin-based ternary supramolecular deep eutectic solvents for efficient extraction and analysis of trace quinolones and sulfonamides in wastewater by adjusting pH. Anal Chim Acta, 2024, 1311: 342714.

[30] Altunay N, Elik A, Tuzen M, et al. Determination and extraction of acrylamide in processed food samples using alkanol-based supramolecular solvent-assisted dispersive liquid-liquid microextraction coupled with spectrophotometer: Optimization using factorial design. J Food Compo Anal, 2023, 115: 105023.

[31] Zong Y, Chen J, Hou J, et al. Hexafluoroisopropanol-alkyl carboxylic acid high-density supramolecular solvent based dispersive liquid-liquid microextraction of steroid sex hormones in human urine. J Chromatogr A, 2018, 1580: 12-21.

[32] Li X, Chen J, Wang H, et al. Hexafluoroisopropanol-alkanol based high-density supramolecular solvents: Fabrication, characterization and application potential as restricted access extractants. Anal Chim Acta, 2020, 1124: 20-31.

[33] Li C, Xu J, Chen D, et al. Detection of phthalates migration from disposable tablewares to drinking water using hexafluoroisopropanol-induced catanionic surfactant coacervate extraction. J Pharm Anal, 2016, 6(5): 292-299.

[34] Wang F, Li X, Addo T S N, et al. Hexafluoroisopropanol-based supramolecular solvent for liquid phase microextraction of pesticides in milk. Food Chem, 2024, 460: 140689.

[35] Padhy G K. A review of Aristolochia indica: Ethnomedicinal uses, phytochemistry, pharmacological and toxicological effects. Curr Tradit Med, 2021, 7(3): 372-386.

[36] Bhattacharjee P, Bhattacharyya D. Characterization of the aqueous extract of the root of Aristolochia indica: evaluation of its traditional use as an antidote for snake bites. J Ethnopharmacol, 2013, 145(1): 220-226.

[37] Meenatchisundaram S, Parameswari G, Michael A. Studies on antivenom activity of Andrographis paniculata and Aristolochia indica plant extracts against Daboia russelli venom by in vivo and in vitro methods. J Indian I Sci, 2009, 2(4): 76-79.

[38] Bartha G S, Tóth G, Horváth P, et al. Analysis of aristolochlic acids and evaluation of antibacterial activity of Aristolochia clematitis L. Biol Futura, 2019, 70(4): 323-329.

[39] Gadhi C A, Weber M, Mory F, et al. Antibacterial activity of Aristolochia paucinervis Pomel. J Ethnopharmacol, 1999, 67(1): 87-92.

[40] Ansari H, Ansari A P, Qayoom I, et al. Saqmunia (Convolvulus scammonia L.), an important drug used in Unani system of medicine: A review. J Drug Deli Thera, 2022, 12(5): 231-238.

[41] Kamaraj C, Kaushik N K, Mohanakrishnan D. Antiplasmodial potential of medicinal plant extracts from Malaiyur and Javadhu hills of South India. Parasitol Res, 2012, 111: 703-715.

[42] Zhang H M, Zhao X H, Sun Z H, et al. Recognition of the toxicity of aristolochic acid.J Clin Pharm ther,2019,44(2): 157-162.

[43] Stiborová M, Frei E, Arlt V M, et al. Metabolic activation of carcinogenic aristolochic acid, a risk factor for Balkan endemic nephropathy. Mutat Res/Rev Mutat, 2008, 658(1-2): 55-67.

[44] Lu Z N, Luo Q, Zhao L N, et al. The mutational features of aristolochic acid–induced mouse and human liver cancers. Hepatology, 2020, 71(3): 929-942.

[45] Debelle F D, Vanherweghem J L, Nortier J L. Aristolochic acid nephropathy: a worldwide problem. Kidney Int, 2008, 74(2): 158-169.

[46] HanJ Y, Xian Z, Zhang Y S, et al. Systematic overview of aristolochic acids: nephrotoxicity, carcinogenicity, and underlying mechanisms. Front Pharmacol, 2019, 10: 648.

[47] Grollman A P, Shibutani S, Moriya M, et al. Aristolochic acid and the etiology of endemic (Balkan) nephropathy. Pans, 2007, 104(29): 12129-12134.

[48] Salomé D C, Cordeiro N M, Valério T S, et al. Aristolochia trilobata: Identification of the anti-inflammatory and antinociceptive effects. Biomedicines, 2020, 8(5): 111.

[49] Mathew L S, Peter E L, Weisheit A, et al. Ethno medical knowledge and traditional use of Aristolochia bracteolata Lam. for malaria among local communities in Jubek State of South Sudan: A cross-sectional survey. J Ethnopharmacol, 2021, 279: 114314.

[50] Aigbe F R, Munavvar A S Z, Rathore H, et al. Alterations of haemodynamic parameters in spontaneously hypertensive rats by Aristolochia ringens Vahl.(Aristolochiaceae). J Trad Com Med, 2018, 8(1): 72-80.

[51] Li X, Chen J, Yan C. Alkanediol–hexafluoroisopropanol amphiphilic supramolecular solvent: Fabrication,

characterization, and application potential for control of hormones and metabolic modulators in human urine. Microchem J, 2024, 201: 110533.

[52] Fu R, Ren T, Zhang Y, et al. Hexafluoroisopropanol-based supramolecular solvent for liquid phase microextraction of triazole fungicides in drinking water and beverages. Microchem J, 2023, 191: 108842.

[53] Ballesteros-Gómez A, Ballesteros J, Rubio S. Comprehensive characterization of organic compounds in indoor dust after generic sample preparation with SUPRAS and analysis by LC-HRMS/MS. Sci Total Environ, 2024, 912, 169390.

[54] FangL W, Tian M L, Yan X M, et al. Row, Dual ionic liquid-immobilized silicas for multi-phase extraction of aristolochic acid from plants and herbal medicines. J Chromatogr A, 2019, 1592: 31-37.

[55] Zhang M, Liu H, Han Y, et al. On-line enrichment and determination of aristolochic acid in medicinal plants using a MOF-based composite monolith as adsorbent. J Chromatogr B, 2020, 1159: 122343.

[56] Wang J, Liu W, Luo G, et al. Synergistic effect of well-defined dual sites boosting the oxygen reduction reaction. Energ Environ Sci, 2018, 11(12): 3375-3379.

[57] Guo W, Shi Z, Zhang J, et al. Analysis of aristolochic acid I in mouse serum and tissues by using magnetic solid-phase extraction and UHPLC-MS/MS. Talanta, 2021, 235: 122774.

[58] Yan Y, Huang C, Shen X. Electromembrane extraction of aristolochic acids: New insights in separation of bioactive ingredients of traditional Chinese medicines. J Chromatogr A, 2019, 1608: 460424.

[59] Wang L, Li H, Huo H, et al. An interface-reinforced rhombohedral Prussian blue analogue in semi-solid state electrolyte for sodium-ion battery. Esm, 2021, 36: 99-107.

[60] Zhao C X, Liu J N, Li B Q, et al. M tiscale construction of bifunctional electrocatalysts for long-lifespan rechargeable zinc–air batteries. Adv Funct Mater, 2020, 30(36): 2003619.

[61] Xu L, Yang Y, Cai W L, et al. In-situ determination of onset lithium plating for safe Li-ion batteries. J Energy Chem, 2022, 67: 255-262.

[62] Sun J, Zheng Z, Jia Z, et al. Multivariate surface self-assembly strategy to fabricate ionic covalent organic framework surface grafting monolithic sorbent for enrichment of aristolochic acids prior to high performance liquid chromatography analysis. J Chromatogr A, 2024, 1713: 464504.

[63] Yadeghari A, Ardalan M, Ali Farajzadeh M, et al. A microextraction liquid-chromatographic determination of aristolochic acid I in urine, flour, and aristolochiaceae fruit. Curr Pharm Anal, 2017, 13(4): 345-351.

第
七
章

超分子溶剂在直接微萃
取法中的应用

7.1
概述

测定沉积物样品中的有机污染物对于监测和管理水生态系统和人类健康的风险具有重要意义[1]。分析物浓度低和基质复杂性高,导致在沉积物分析中准确测定存在巨大挑战。分析物的萃取与富集是沉积物分析的关键环节,该步骤会影响到分析检测过程的灵敏度与准确度[2]。对于沉积物样品,目前常用的萃取和预富集的方法为机械振荡[3]、磁性固相萃取[4]和加速溶剂萃取等[5]。然而,这些方法需要较长的时间和大量的有毒有机溶剂。因此,已经开发了用于测定固体样品中有机污染物的耗时少且溶剂用量少的方法,如超临界流体萃取[6]和加压流体萃取[7],但这些方法需要昂贵的仪器。涡旋辅助直接微萃取是一种同时萃取和净化(半)固体样品的技术[8,9],具有样本量低、提取时间短和操作简易等优点。但常使用传统有机溶剂作为涡旋辅助直接微萃取的萃取溶剂[8]。因此,开发其他更绿色、更简单的萃取方法是沉积物样品分析中的一个重要趋势。消除或减少有毒且昂贵的有机溶剂的使用是实施绿色萃取方法的途径之一。

最近,设计和制备环境友好型溶剂以替代传统有机溶剂受到了广泛关注,如离子液体[10]、低共熔溶剂[11]和超分子溶剂[12]。其中,超分子溶剂的突出物理化学性质,如溶剂性质和结构的可设计性、可调性、易于制备和低成本,使其成为有毒有机溶剂的一种环境友好型替代溶剂[13-15]。由四氢呋喃诱导烷基醇或烷基羧酸在水中形成的超分子溶剂广泛用于样品前处理中[16,17]。然而,这些超分子溶剂的密度低于水,在相分离过程后位于水溶液的上层,因此,收集微量的超分子溶剂相极其困难[18];另外两亲性物质局限于烷基醇/酸以及部分表面活性剂,且四氢呋喃通常用量较大,已被世界卫生组织列为 2B 类致癌物,对环境和分析工作者有害。因此,构建的新型超分子溶剂体系能有效萃取的同时还须克服上述缺点。

六氟异丙醇因具有高密度、强氢键给体能力、强溶解能力等特性,是一种理想的超分子溶剂诱导剂[14, 19, 20]。六氟异丙醇诱导形成的超分子体系密度大于水,易于收集;少量的六氟异丙醇(体积分粉 <10%)即可诱导两亲性物质形成超分子溶剂;且这些超分子溶剂体系可以排除蛋白质、多糖、腐殖酸等大分子物质,一步实现复杂基质中小分子物质的萃取。但六氟异丙醇的半数致死量(LD_{50})值为 340mg/kg,

表明其毒性相对较高[21]。因此，构建更绿色的新型超分子溶剂体系将有助于不同复杂基质中痕量物质的萃取富集。六氟丁醇和七氟丁醇是全氟醇，具有高密度和强氢键给体能力等与六氟异丙醇相似的优越性能，且六氟丁醇和七氟丁醇的LD_{50}分别为950mg/kg和3630mg/kg。和六氟异丙醇相比，六氟丁醇和七氟丁醇具有更高的沸点、更低的蒸气压和更低的毒性值[22]。目前六氟丁醇和七氟丁醇尚未用于构建超分子溶剂，构建新型高密度超分子溶剂将有助于推广超分子溶剂在样品前处理中的应用。

7.2
涡旋辅助直接微萃取技术的影响因素

7.2.1　萃取方法的选择

超声辅助萃取是从沉积物样品中萃取目标分析物的常用方法。为了验证涡旋辅助直接微萃取法萃取沉积物中有机污染物的有效性，比较了两种方法对有机分析物的萃取效率。使用六氟丁醇-十二十四醇聚醚超分子溶剂作为萃取溶剂，研究了从沉积物样品中涡旋辅助萃取（5min）和超声辅助萃取（5min和20min）孔雀石绿和结晶紫的萃取回收率[21]。如图7-1（a）所示，涡旋辅助萃取对目标分析物呈现出高萃取回收率，可能是因为涡旋辅助萃取使得超分子溶剂与沉积物中有机污染物之间有更大的接触面积。因此，涡旋辅助萃取在沉积物样品中有机污染物的萃取方面表现优异。

使用香茅醇（体积分数为2%）和七氟丁醇（体积分数为6%）制备的超分子溶剂作为萃取溶剂。研究了涡流辅助直接微萃取（5min）和超声辅助直接微萃取（5min和20min）对萃取回收率的影响[22]。结果如图7-1（b）所示，萃取方法对磺胺类物质萃取回收率有很大影响，使用涡旋辅助直接微萃取方法具有更高的提取回收率和更好的相对标准偏差。因此，基于超分子溶剂的涡旋辅助直接萃取法可用于沉积物中有机污染物的萃取。

7.2.2　超分子溶剂的组成

在基于超分子溶剂萃取过程中，组成超分子溶剂的两亲性物质的种类和含量对

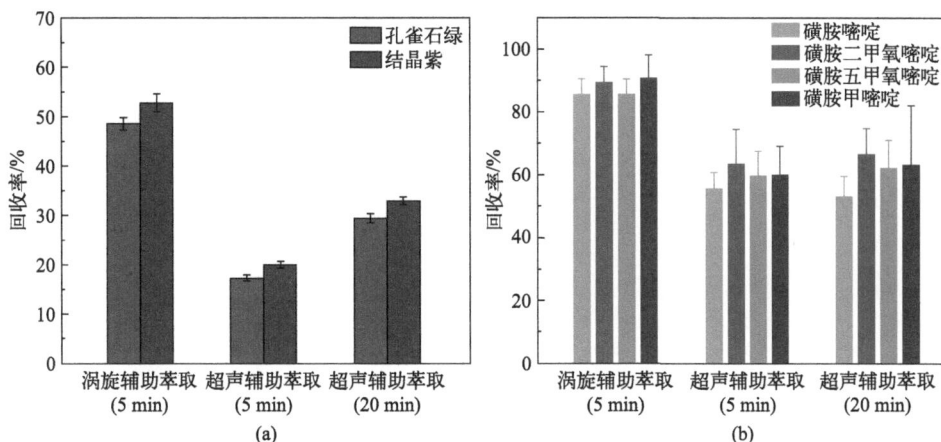

图7-1　萃取方法对孔雀石绿和结晶紫（a）、磺胺类化合物（b）萃取回收率的影响（见文前彩插）

萃取效率至关重要。用六氟丁醇诱导脂肪醇聚氧乙烯醚（AEOs）形成超分子溶剂并用于涡旋辅助直接微萃取法萃取沉积物中的孔雀石绿和结晶紫时，脂肪醇聚氧乙烯醚类型的选择对目标分析物的萃取效率有很大影响[21]。在实验中，选择脂肪醇聚氧乙烯醚-3、脂肪醇聚氧乙烯醚-9 和十二十四醇聚醚为两亲性物质制备出三种超分子溶剂。如图 7-2（a）所示，三种脂肪醇聚氧乙烯醚都获得了高萃取回收率，且十二十四醇聚醚获得的萃取回收率高于其他两亲性物质。可能的原因是脂肪醇聚氧乙烯醚中的氧原子与极性分析物（如孔雀石绿和结晶紫）之间具有很强的氢键相互作用。且十二十四醇聚醚与孔雀石绿和结晶紫具有更合适的极性。十二十四醇聚醚在超分子溶剂中的含量是另一个需要优化的关键因素。在 2%～10%（体积分数）范围内研究了十二十四醇聚醚含量对孔雀石绿和结晶紫萃取回收率的影响。如图 7-2（b）所示，当十二十四醇聚醚体积从 2% 增加到 8% 时，萃取回收率显著提高；然而，当十二十四醇聚醚含量超过 8% 时，萃取回收率降低。

超分子溶剂的诱导剂也会影响萃取效率。诱导剂六氟丁醇是强的氢键给体，因此，基于六氟丁醇的超分子溶剂与孔雀石绿和结晶紫具有更强的氢键相互作用，从而具有更好的萃取效率。目标分析物的萃取回收率因六氟丁醇含量而异。研究了六氟丁醇含量在 6%～14%（体积分数）范围内对回收率的影响 [图 7-2（c）]，结果表明，当六氟丁醇含量从 6% 增加到 10% 时，目标分析物的萃取回收率增加，当六氟丁醇含量进一步增加时，回收率几乎保持恒定。

此外，我们也用七氟丁醇诱导香茅醇在水溶液中形成一种新型超分子溶剂，并

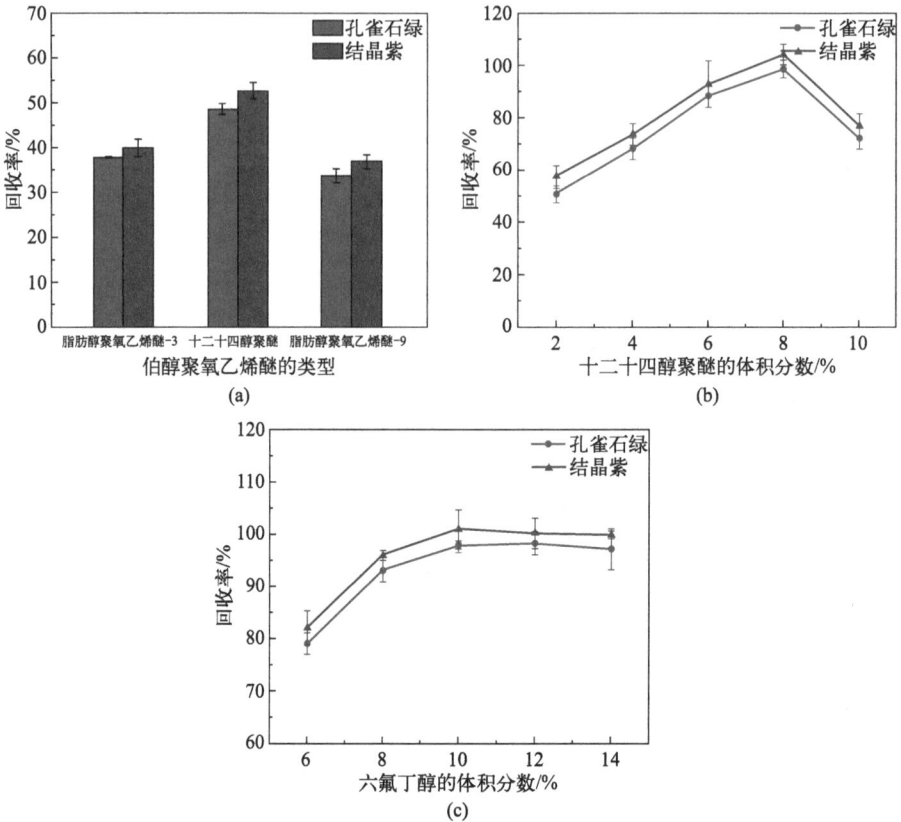

图7-2 （a）脂肪醇聚氧乙烯醚类型对孔雀石绿和结晶紫萃取回收率的影响；（b）十二十四醇聚醚含量对孔雀石绿和结晶紫萃取回收率的影响；（c）六氟丁醇含量对孔雀石绿和结晶紫萃取回收率的影响（见文前彩插）

用于涡旋辅助直接微萃取法萃取滇池沉积物中的磺胺类化合物[22]。超分子溶剂中的香茅醇在萃取溶剂中起主要的萃取作用，其含量是影响目标分析物萃取回收率的主要参数。探讨了香茅醇含量（1%、2%、4%、6%、8% 和10%）对萃取磺胺类化合物回收率的影响。图 7-3（a）显示，香茅醇含量从 1% 增加到 4% 时，磺胺类化合物萃取回收率随之增大，进一步添加香茅醇则萃取回收率下降。因此，选择 4% 为最佳香茅醇含量。

研究了诱导剂七氟丁醇含量（体积分数为 2% ～ 12%）对萃取回收率的影响。随着七氟丁醇含量从 2% 增加至 10%，萃取回收率提高。当七氟丁醇含量为 10% 时，获得了最大的萃取回收率 [图 7-3（b）]。七氟丁醇含量高于 10% 反而导致萃取回收率降低。因此，10% 的七氟丁醇是最佳的诱导剂用量。

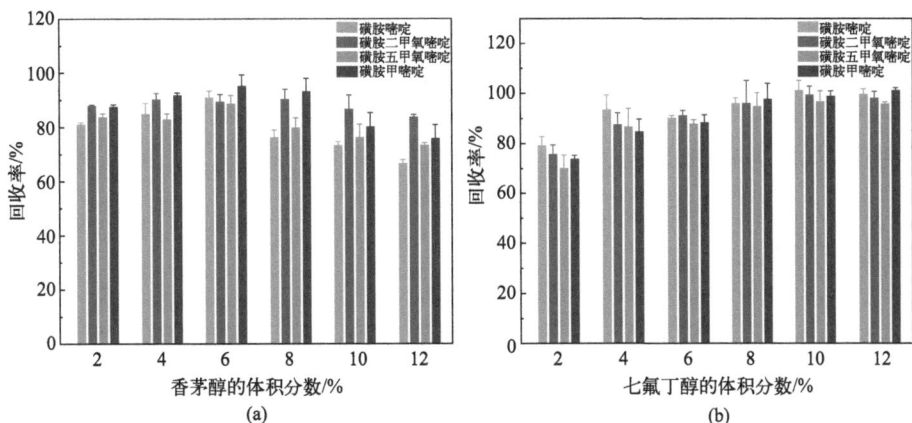

图7-3　（a）香茅醇含量对磺胺类化合物萃取效率的影响；（b）七氟丁醇含量对磺胺类化
　　　　合物萃取效率的影响（见文前彩插）

7.2.3　涡旋时间

目标污染物从固体样品到萃取溶剂的传质速率较慢，因此萃取时间是影响涡旋辅助直接微萃取法中回收率的最重要参数之一。当用六氟丁醇-十二十四醇聚醚超分子溶剂萃取孔雀石绿和结晶紫时，涡旋时间在 1～8min 的范围内对萃取效率的影响如图 7-4（a）所示，当萃取时间为 6min 时，目标分析物的回收率最高。因此，确定萃取时间为 6min。

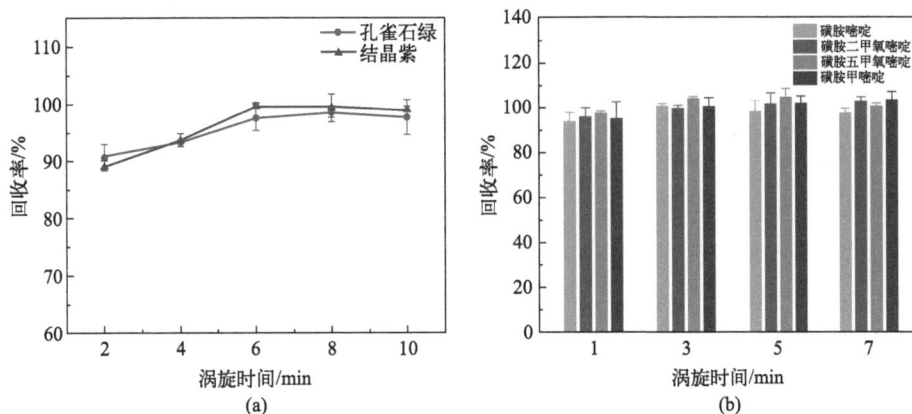

图7-4　（a）涡旋时间对孔雀石绿和结晶紫萃取回收率的影响。（b）涡旋时间对磺胺类化
　　　　合物萃取回收率的影响（见文前彩插）

当基于七氟丁醇-香茅醇超分子溶剂的涡旋辅助微萃取用于沉积物中磺胺类物质的萃取时，研究了涡旋时间（1min、3min、5min 和 7min）对目标分析物萃取回收率的影响。图 7-4（b）显示，当萃取时间从 1min 增加至 3min 时，磺胺类化合物的萃取回收率增加，随后萃取回收率保持不变。因此，选择 3min 的涡旋时间作为最佳萃取时间。

7.2.4 干扰物

按照标准方法 [23] 对沉积物样品的成分进行了分析，结果如表 7-1 所示。环境沉积物中也经常检测到腐殖质。因此，在萃取实验中应考虑 K^+、Mg^{2+}、Ca^{2+}、Fe^{3+}、Al^{3+} 和腐殖酸钠盐等干扰物质的影响。为了测量这些干扰物质对萃取回收率的影响，沉积物样品中添加了 100μg/g 的干扰物质。结果表明，在高浓度干扰物质存在的条件下，磺胺类物质的萃取回收率为 92.7% ～ 102.7%。

表7-1　沉积物采样点和成分分析　　　　　　单位：%

样品	C	Si	Al	Fe	K	Mg	Ca	总有机碳
样品 A (N24°57′10.99″/E102°40′53.76″)	2.77	31.29	4.74	3.64	1.63	0.72	3.02	1.91
样品 B (N24°46′51.97″/E102°43′51.96″)	2.70	29.12	5.72	3.11	1.59	0.43	4.50	1.41
样品 C (N24°44′13.07″/E102°36′43.56″)	1.34	26.05	7.19	3.43	2.72	1.13	4.36	0.89

还研究了腐殖酸钠对沉积物样品中孔雀石绿和结晶紫萃取回收率的影响。在沉积物样品中添加了浓度为 0 ～ 100μg/kg 的腐殖酸钠并研究其对萃取效率的影响。图 7-5 显示，当腐殖酸钠在 0 ～ 100μg/kg 范围内变化时，对萃取回收率没有显著影

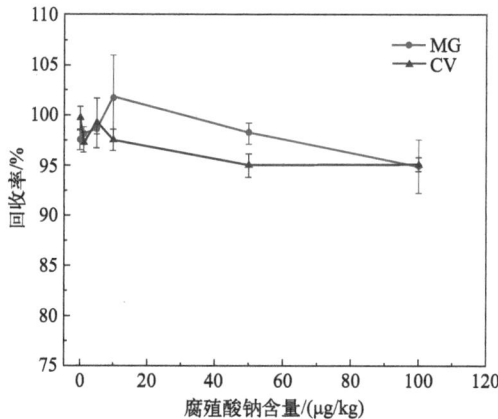

图7-5　腐植酸钠对孔雀石绿和结晶紫萃取回收率的影响

响。这种现象的可能原因是超分子溶剂允许目标分析物扩散通过，同时排除大分子量物质的干扰物质。这些结果表明，对于基于超分子溶剂的涡旋辅助直接微萃取方法的基质效应可忽略不计。

7.3
超分子溶剂在湖泊沉积物孔雀石绿和结晶紫直接微萃取中的应用

孔雀石绿和结晶紫是阳离子三苯甲烷染料，在水产养殖中广泛用作杀菌剂、杀寄生虫剂和防腐剂 [24]。因此，孔雀石绿和结晶紫很容易进入不同的水生态系统并吸附在沉积物中。孔雀石绿和结晶紫对人类和动物有害，具有致癌、致突变和致畸等危害 [25,26]。因此，测定沉积物样品中的孔雀石绿和结晶紫对于监测和管理水生态系统和人类健康的风险具有重要意义。但目标分析物浓度低和基质复杂性高等特点给测定过程带来了一定的困难，因此，在仪器分析之前应用一种具有高萃取和净化效率的合适样品前处理方法是必要的 [4-7]。近年来，超分子溶剂因具有溶剂性质的结构和可设计性、可调性、易于制备和低成本等优点，成为一种优异的绿色溶剂。六氟丁醇因具有高密度、强氢键给体能力和低毒性而成为优异的超分子溶剂诱导剂。到目前为止，表面活性剂（阴离子、阳离子或非离子）[27,28]、长链醇 [29]、长链羧酸 [30] 和伯胺 [31,32] 是制备超分子溶剂最常用的两亲性分子。脂肪醇聚氧乙烯醚由于其生态安全性、无毒性和生物可接受性而受到广泛关注 [33]，这些特性也使其在超分子溶剂制备领域具有独特的优势 [34,35]。本研究首次制备了一种密度高于水的新型六氟丁醇-脂肪醇聚氧乙烯醚超分子溶剂，并将其应用于涡旋辅助直接微萃取法萃取沉积物样品中孔雀石绿和结晶紫。

7.3.1　试剂与材料

市售的脂肪醇聚氧乙烯醚，包括脂肪醇聚氧乙烯醚-3、十二十四醇聚醚（$C_{12}:C_{14}$=70:30）和脂肪醇聚氧乙烯醚-9。六氟丁醇（≥98%）、结晶紫（分析纯）、孔雀石绿（分析纯）、乙酸铵（≥99.5%）、四氢呋喃（≥99.5%）、乙醇（≥99.7%），高效液相色谱级甲醇和乙腈。超纯水由水净化系统制备。

7.3.2 仪器与设备

配备自动进样器、四元泵、恒温柱箱和二极管阵列检测器的高效液相色谱仪，C_{18} 色谱柱（150mm×4.6mm，5μm），带有相机的显微镜，离心机，涡旋混合机。

7.3.3 超分子溶剂的制备

在离心管中加入脂肪醇聚氧乙烯醚、六氟丁醇和超纯水，涡旋 30s 直至获得均匀液体，在 5000r/min 下离心 5min 后，超分子溶剂相置于管的下层，通过微量注射器取出超分子溶剂相。

7.3.4 微萃取过程

样品采集与制备与 5.5.4 一致。准确称取 150mg 加标样品并加入到 2mL 离心管中，加入 315μL 的超分子溶剂，涡旋 4min，然后在 5000r/min 下离心 5min，得到两个分离的相层 [超分子溶剂相（上层）和沉积物相（下层）]，收集上层相并使用 0.45μm 膜过滤。最后，将 10μL 萃取溶剂注入高效液相色谱进行分析。萃取过程如图 7-6 所示。

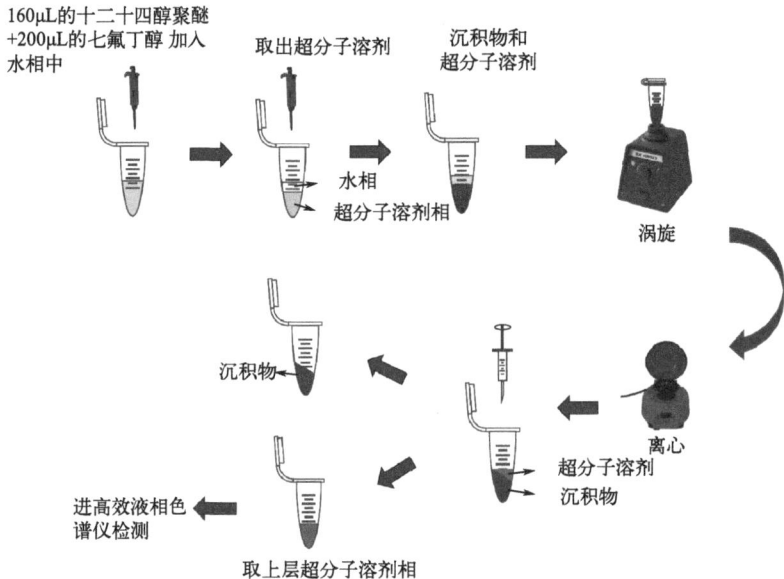

图7-6　萃取过程（见文前彩插）

高效液相色谱分析条件：流速为 1mL/min，流动相由 0.05mol/L 乙酸铵（A）和乙腈（B）组成；采用梯度洗脱，开始时 60% B；0 ～ 4min 时，60% ～ 80% B；4 ～ 5min，80% B；进样量为 10μL，分别在 588nm 和 618nm 波长下检测结晶紫和孔雀石绿。

7.3.5　研究结论

7.3.5.1　超分子溶剂的制备

在本研究中，将六氟丁醇加入不同类型的脂肪醇聚氧乙烯醚溶液中制备超分子溶剂。超分子溶剂的形成涉及两个步骤：第一步，通过向超纯水中加入脂肪醇聚氧乙烯醚获得稳定的反胶束溶液；第二步，六氟丁醇通过氢键和疏水相互作用诱导脂肪醇聚氧乙烯醚胶束的自组装和超分子溶剂的形成。所制备的六氟丁醇-脂肪醇聚氧乙烯醚型超分子溶剂的密度大于水的密度，这有利于相分离后超分子溶剂的收集。

一般来说，溶液 pH 对超分子溶剂相的形成有很大影响。研究发现，在溶液 pH 为 2 ～ 12 的范围内均可得到稳定脂肪醇聚氧乙烯醚的反胶束溶液，并且在加入六氟丁醇后获得了恒定体积的超分子溶剂。因此，可以得出结论，在溶液 pH 为 2 ～ 12 的范围内对超分子溶剂的形成没有显著影响。

脂肪醇聚氧乙烯醚的类型、含量以及六氟丁醇的含量等参数对水溶液中超分子溶剂的形成有很大的影响。通过目视观察法在室温下研究相图以描绘六氟丁醇-脂肪醇聚氧乙烯醚的超分子溶剂形成的区域。构建相图的步骤如下：将一定量的六氟丁醇加入脂肪醇聚氧乙烯醚溶液（体积分数为 1% ～ 15%）中，总体积保持在 1mL；将所得溶液涡旋 30s，然后在 5000r/min 下离心 5min，记录系统的状态。六氟丁醇-脂肪醇聚氧乙烯醚-水系统的二元相图如图 7-7 所示。结果表明，当六氟丁醇的含量处于较低水平时（例如，对于 1% ～ 15% 的十二十四醇聚醚，六氟丁醇含量低于 0.4% ～ 2.2%），可观察到稳定的胶束溶液（定义为 SM）。随着六氟丁醇含量的增加，超分子溶剂相在离心管底部形成，可观察到液-液两相状态（定义为 L/S）。然而，低含量的六氟丁醇不能诱导所有的脂肪醇聚氧乙烯醚形成超分子溶剂，因此在超分子溶剂相和水相之间会出现脂肪醇聚氧乙烯醚的白色沉淀层（定义为 L/WP/S）。随着六氟丁醇含量进一步增加（例如，对于 1% ～ 15% 的十二十四醇聚醚，六氟丁醇含量大于 1.8% ～ 10.0%），十二十四醇聚醚白色沉淀层溶解在六氟丁醇溶液中并转化为超分子溶剂（表示为 L/S）。疏水的六氟丁醇溶解到十二十四醇聚醚胶束中导致胶束生长和凝聚体形成。也就是说，小比例的六氟丁醇诱导了脂肪醇聚氧乙烯醚的凝聚以制备超分子溶剂。此外，六氟丁醇-脂肪醇聚氧乙烯醚-水系统可在较宽的六氟丁醇含量范围内形成稳定的两相区域。从相图中还可以看出，随着脂肪醇聚氧乙烯醚的含量和链长的增加，制备超分子溶剂需要更高含量的六氟丁醇。

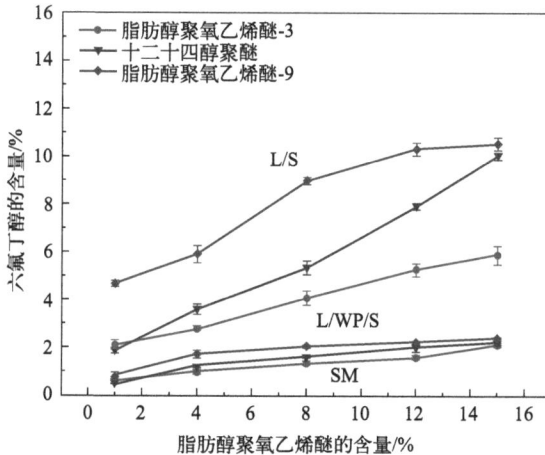

图7-7　六氟丁醇-脂肪醇聚氧乙烯醚-水体系的相图（$n=3$）

SM—AEOs的稳定胶束溶液；L/WP/S—顶部为液体，中间为白色沉淀层，底部为超分子溶剂；
L/S—液液两相区，顶部为水相，底部为超分子溶剂

目前，乙醇和四氢呋喃已广泛应用于水溶液中诱导两亲性分子以制备超分子溶剂。为了进行比较，构建并研究了乙醇-十二十四醇聚醚-水系统和四氢呋喃-十二十四醇聚醚-水系统的相图。如图 7-8 所示，超分子溶剂的形成需要更多的四氢呋喃和乙醇。当十二十四醇聚醚含量为 1% 时，形成超分子溶剂所需乙醇和四氢呋喃的最小含量分别为 24.2% 和 15.4%。此外，四氢呋喃-脂肪醇聚氧乙烯醚型超分子溶剂和乙醇-脂肪醇聚氧乙烯醚型超分子溶剂在相分离后位于上层，难以收集回收，这限制了它们在微萃取中的使用。根据上述观察结果可以得出结论，由于其独特的性质，六氟丁醇是优异的超分子溶剂诱导剂。

为了获得超分子溶剂形成的直接证据，记录了十二十四醇聚醚胶束溶液和六氟丁醇-十二十四醇聚醚超分子溶剂的高分辨率显微镜图像。与十二十四醇聚醚胶束溶液的胶束溶液 [图 7-9（a）] 相比，超分子溶剂的微观结构不同。如图 7-9（b）所示，在超分子溶剂中形成了典型的球形凝聚体液滴。

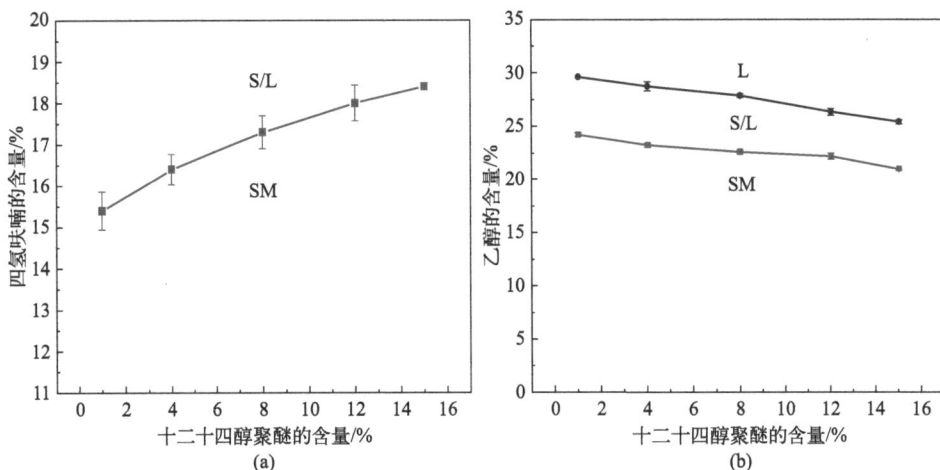

图7-8　（a）四氢呋喃-十二十四醇聚醚-水系统的相图；（b）乙醇-十二十四醇聚醚-水系统
SM—十二十四醇聚醚的稳定胶束溶液；L—均匀液体区域；S/L—液液两相区域，
上部为超分子溶剂层相，下部为水相

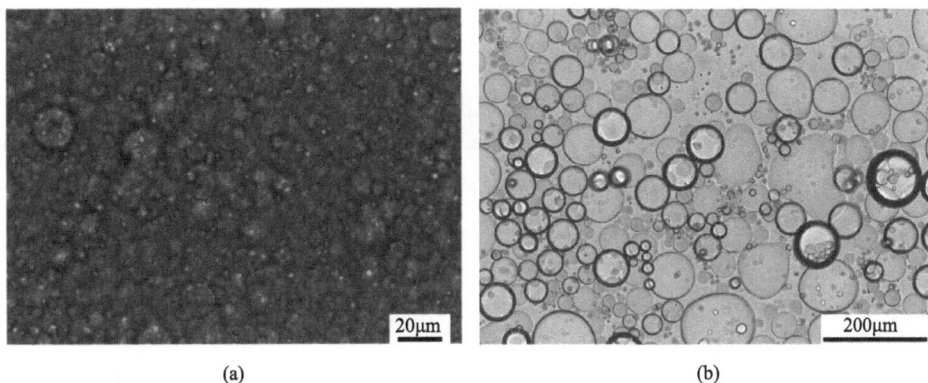

图7-9　（a）十二十四醇聚醚的胶束溶液高分辨率显微镜图像；（b）六氟丁醇-十二十四醇
聚醚超分子溶剂的高分辨率显微镜图像（见文前彩插）

　　腐殖酸钠是环境样品（沉积物和土壤）的主要组成部分。因此，研究了超分子溶剂排除腐殖酸钠从而获得样品净化的能力。将十二十四醇聚醚（体积分数为2%）和六氟丁醇（体积分数为5%）形成的超分子溶剂加入浓度为50μg/mL和100μg/mL的腐殖酸钠水溶液中，总体积为1mL。然后，将混合物涡旋30s并在5000r/min下离心5min，收集水相并测定腐殖酸钠的含量。为了测定腐殖酸钠的含量，制备了浓度在1～150μg/mL范围内的腐殖酸钠标准溶液，并在254nm处测量混合物的吸光度。腐殖酸钠的线性方程为 $A=0.005c-0.0008$，其中 A 和 c 分别是吸光度和腐殖酸钠的浓度。最终得出腐殖酸钠的排除率（定义为水相中腐殖酸钠最终量与水相中腐殖酸钠加入量的质量比）分别为 97.5% 和 96.7%，且相分离后超分子溶剂层无色，表明超分子溶剂可有效排除腐殖酸钠。因此，制备的超分子溶剂被认为是环境样品中有机小分子物质的理想萃取溶剂。

7.3.5.2　分析特征量

为了验证所开发方法的分析性能，对线性、精密度、检测限和定量限进行了研究。对浓度为 2～400μg/g（结晶紫）和 2～500μg/g（孔雀石绿）的沉积物样品进行 3 次重复分析，获得了相关系数高于 0.9947 的良好线性关系。通过对浓度为 5μg/g 和 100μg/g 的沉积物样品进行 5 次测定研究方法的精密度，日内和日间实验的相对标准偏差分别在 0.9%～3.8% 和 3.1%～5.8% 的范围内。以信噪比分别为 3 和 10 时的分析物浓度确定方法的检出限和定量限，分别为 0.5μg/g 和 2.0μg/g。

7.3.5.3　真实样品分析

将所建立的方法应用于滇池 3 个沉积物样品中合成染料的测定。图 7-10 为提取浓度为 0μg/g、5μg/g 和 50μg/g 的加标沉积物样品的高效液相色谱图。在所有实际样品中均未检测到与分析物峰干扰的峰，表明该方法适用于沉积物样品中分析物的预浓缩和净化。使用添加了不同浓度（5μg/g、50μg/g 和 200μg/g）结晶紫和孔雀石绿的沉积物样品进行了回收率实验。结果如表 7-2 所示。

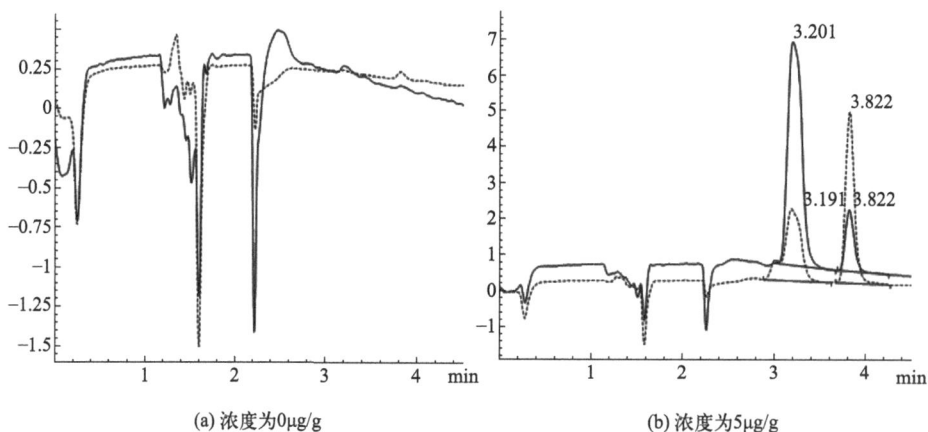

(a) 浓度为0μg/g　　　　　(b) 浓度为5μg/g

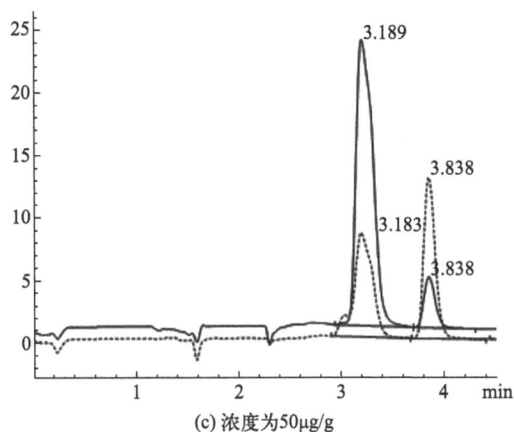

(c) 浓度为50μg/g

图7-10　不同浓度的加标沉积物样品的高效液相色谱图

表7-2　用建立的方法测定湖泊沉积物中的结晶紫和孔雀石绿

样品	加标浓度 /（μg/g）	孔雀石绿			结晶紫		
		检测水平 /（μg/g）	回收率 /%	相对标准偏差 /%	检测水平 /（μg/g）	回收率 /%	相对标准偏差 /%
样品 1	5	4.77	95.4	7.8	5.03	100.6	3.2
	50	48.1	96.2	2.9	48.9	97.8	1.2
	200	196.2	98.1	1.0	184.2	92.1	3.9
样品 2	5	4.93	98.6	6.7	5.23	104.6	6.3
	50	48.4	96.8	3.8	51.3	102.6	2.5
	200	203.0	101.5	2.3	192.4	96.2	6.5
样品 3	5	4.86	97.2	1.7	4.78	95.6	2.9
	50	46.6	93.2	2.9	49.8	99.6	2.1
	200	205.4	102.7	4.3	194.4	97.2	1.5

7.4
超分子溶剂在涡旋辅助直接微萃取沉积物样品中磺胺类抗生素的应用

磺胺类抗生素是广谱抗生素，广泛用作抑菌试剂，用于预防和治疗疾病[36]。然而，在畜牧业生产中滥用磺胺类抗生素导致了过量残留物排放到环境中[37]。据报道，地表水、河水和沉积物中均存在磺胺类抗生素残留[38-40]。磺胺类抗生素残留会导致耐药菌株的发展和传播，从而对生态系统和公共卫生造成直接影响[41]。因此，开发沉积物样品中磺胺类抗生素残留的分析方法具有重要意义。由于残留物浓度低和基质干扰，沉积物样本中磺胺类抗生素的测定仍然很困难。为了获得高浓度的磺胺类抗生素并消除基质效应对仪器测定的影响，在仪器分析之前需要合适的样品前处理[41]。基于超分子溶剂的涡旋辅助直接微萃取法在沉积物有机物萃取分析中有良好的应用性能。

香茅醇是一种从大量芳香植物中获得的单萜醇[42]，是一种环境友好型试剂，具有生物降解性、低毒性和生物适应性。香茅醇广泛应用于化妆品、家居用品和药品[43]。此外，香茅醇还具有许多药理作用，如抗菌、抗真菌、抗高血压、抗氧化和抗炎作用。香茅醇是一种两亲性分子，可用于制备超分子溶剂。七氟丁醇具有与六氟异丙醇相似的溶剂特性，但毒性值低得多（LD_{50} 为 3630mg/kg），沸点更高，可以诱导两亲性物质形成超分子溶剂。因此，七氟丁醇诱导香茅醇制备而成的超分子溶剂可作为一种绿色萃取溶剂应用于涡旋辅助直接微萃取中。

7.4.1　试剂与材料

磺胺嘧啶（98%）、磺胺二甲氧嘧啶（98%），5-甲氧基磺胺嘧啶（98%）和磺胺二甲嘧啶（99%）、香茅醇（95%）、2,2,3,4,4,4-七氟-1-丁醇（98%）和六氟丁醇（≥98%），高效液相色谱级乙腈和甲醇。实验用水为超纯水。

7.4.2　仪器与设备

高效液相色谱仪，C_{18} 色谱柱（150mm×4.6mm，5μm），涡旋混合机、离心机。

7.4.3　微萃取过程

超分子溶剂制备过程：将 200μL 含有 4%（体积分数）香茅醇溶液加入 2mL 离心管中，然后加入 500μL 的七氟丁醇（体积分数为 10%）。将混合物涡旋 30s，然后以 5000r/min 速度离心 5min，收集位于下层的超分子溶剂。

沉积物样品的采集和制备与 5.5.4 一致。称取 0.15g 沉淀物，放入 2mL 聚丙烯离心管中并加入 300μL 的超分子溶剂，涡旋 5min 后，以 5000r/min 的速度离心 10min，收集超分子溶剂层并通过 0.45μm 滤膜。取 10μL 萃取溶剂注入高效液相色

谱分析检测磺胺类化合物。萃取过
程如图 7-11 所示。

高效液相色谱检测条件：使
用由 2% 乙酸水溶液和乙腈组成的
流动相等度洗脱，溶剂体积比为
75:25，进样体积为 10μL，流速保
持在 1mL/min，磺胺类化合物的检
测波长为 270nm。

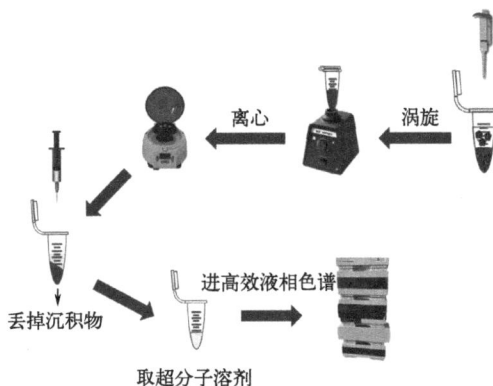

图7-11　涡旋辅助直接微萃取过程

7.4.4　研究结论

7.4.4.1　超分子溶剂的制备

基于香茅醇的超分子溶剂是通过两个连续的自组装过程制备而成的：第一步，通
过香茅醇分子的自组装得到许多微小的液滴，这些液滴又进一步组装成大的聚集体；
第二步，超分子溶剂加入诱导剂使聚集体自组装制备成超分子溶剂。全氟烷基醇与香
茅醇之间具有强烈的氢键和疏水相互作用，在体积分数为 1% ~ 15% 的香茅醇溶液
中加入一定量的全氟烷基醇可形成超分子溶剂，如图 7-12 所示。为了研究超分子溶
剂的形成过程，使用全氟烷基醇（包括六氟异丙醇、六氟丁醇和七氟丁醇）作为诱导
剂。结果表明，三种全氟烷基醇均可诱导香茅醇形成密度高于水的超分子溶剂。实验
研究了溶液 pH 在 2 ~ 12 范围内对超分子溶剂形成的影响。结果表明，由于香茅醇
的非电离性（pK_a=15.13），超分子溶剂体积在 pH 值为 2 ~ 12 时没有明显变化。因此，
七氟丁醇-香茅醇型超分子溶剂形成
过程与溶液 pH 无关。

为了研究超分子溶剂的相图，
在含量为 1% ~ 15%（体积分数）的
香茅醇水溶液中添加不同含量的全
氟烷基醇进行研究。如图 7-13 所示，
在两亲性溶液中加入少量七氟丁醇
时，由于七氟丁醇含量低，溶液为一
个均匀溶液。离心分离后，不溶于
水的香茅醇漂浮在溶液的上层（表

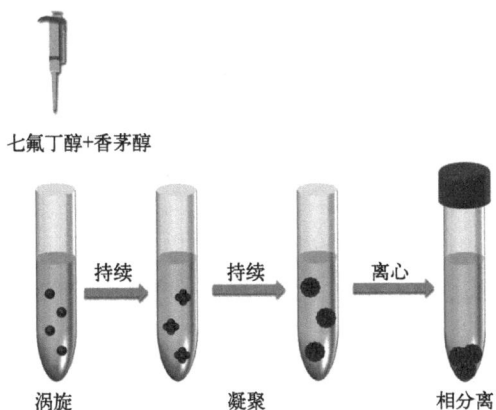

图7-12　超分子溶剂制备过程

示为 I/L 区域）。七氟丁醇含量继续增加会形成密度大于水的超分子溶剂（表示为 L/S）。实验结果表明，七氟丁醇-香茅醇-水体系在较广的七氟丁醇含量范围内形成了超分子溶剂。为了进行比较，还研究了六氟异丙醇-香茅醇-水体系和六氟丁醇-香茅醇-水体系的相图。图 7-13 表明，对于相同含量的香茅醇，需要更高含量的六氟异丙醇和六氟丁醇才能获得 L/S 区域。例如，在含有 4% 香茅醇溶液中，加入 1.5% 的七氟丁醇即可形成 L/S 区域，而六氟异丙醇和六氟丁醇的最小含量分别为 4.2% 和 2.8%，这可归

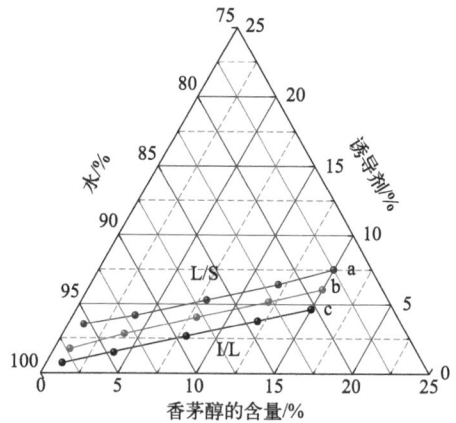

图7-13　六氟异丙醇-香茅醇-水（a）、六氟丁醇-香茅醇-水（b）和七氟丁醇-香茅醇-水（c）系统的相图

因于七氟丁醇的较高疏水性，进一步证实了超分子溶剂形成的主要驱动力之一是疏水相互作用。

7.4.4.2　分析特征量的研究

在最优化条件下，评价了涡旋辅助直接微萃取-高效液相色谱法的线性、灵敏度和精密度。为了研究线性，在 $0.2 \sim 700\mu g/g$ 的范围内制备了 7 个加标沉积物样品，并用所建立的方法进行了萃取检测。所有分析物均具有良好的线性关系，相关系数高于 0.9974。检出限的信噪比为 3 时的浓度定义为检出限，为 $30 \sim 60ng/g$；信噪比为 10 时的浓度定义为定量限，为 $100 \sim 200ng/g$。方法的精密度通过平行测定沉积物样品每天五次以及连续重复五天获得的日间和日内相对标准偏差表示，日内和日间的相对标准偏差分别为 0.8% ~ 3.9% 和 2.4% ~ 6.3%，表明该方法具有良好的精密度。

7.4.4.3　真实样品的分析

为了进一步评估所开发方法的可行性，对从滇池采集的三个沉积物样品进行了分析，每个样品测定三份。三个沉积物样品中均检测出磺胺二甲嘧啶，浓度为 $1.59 \sim 1.77\mu g/g$，样品 A 中检测到 5-甲氧基磺胺嘧啶，其浓度低于方法的定量限。沉积物样品中未发现磺胺嘧啶、磺胺二甲氧嘧啶。为了验证分析方法的准确性，进行了回收率实验，结果如表 7-3 所示。图 7-14 是沉积物样品与磺胺类化合物加标浓度为 $5\mu g/g$ 的加标沉积物样品的色谱图。

表7-3　涡旋辅助直接微萃取-高效相色谱法分析滇池沉积物中磺胺类化合物

样品编号	加标浓度/(µg/g)	磺胺嘧啶		磺胺二甲氧嘧啶		5-甲氧基磺胺嘧啶		磺胺二甲嘧啶	
		检测浓度/(µg/g)	回收率±相对标准偏差/%	检测浓度/(µg/g)	回收率±相对标准偏差/%	检测浓度/(µg/g)	回收率±相对标准偏差/%	检测浓度/(µg/g)	回收率±相对标准偏差/%
A (N24°57′10.99″/ E102°40′53.76″)	0	n.d.	—	n.d.	—	<LOQ	—	1.77	—
	1	0.96	95.8±1.2	0.99	98.7±2.8	1.07	106.9±7.5	2.74	96.7±0.9
	10	10.05	100.5±4.3	9.24	92.4±3.3	9.82	98.2±3.5	11.65	98.8±4.0
	100	98.81	98.8±1.0	101.78	101.8±2.2	105.76	105.8±3.3	102.41	100.6±2.9
B (N24°46′51.97″/ E102°43′51.96″)	0	n.d.	—	n.d.	—	n.d.	—	1.59	—
	1	0.99	99.3±1.1	1.14	113.7±0.9	0.98	97.5±1.7	2.60	101.2±1.2
	10	9.31	93.1±3.1	9.26	92.6±6.4	10.1	101.1±1.3	11.41	98.2±1.4
	100	104.52	104.5±4.7	99.88	99.9±2.1	94.64	94.6±3.5	97.92	96.3±8.3
C (N24°44′13.07″/ E102°36′43.56″)	0	n.d.	—	n.d.	—	n.d.	—	1.73	—
	1	1.02	101.7±3.9	0.96	95.8±4.1	0.93	93.4±1.5	2.82	108.2±7.0
	10	9.67	96.7±2.4	9.76	97.6±6.1	10.4	104.1±2.6	11.22	94.9±4.6
	100	99.68	99.7±3.2	99.62	99.6±2.1	95.59	95.6±5.7	101.31	99.6±1.3

注："n.d." 表示未检出；"<LOQ" 表示检测浓度低于检出限。

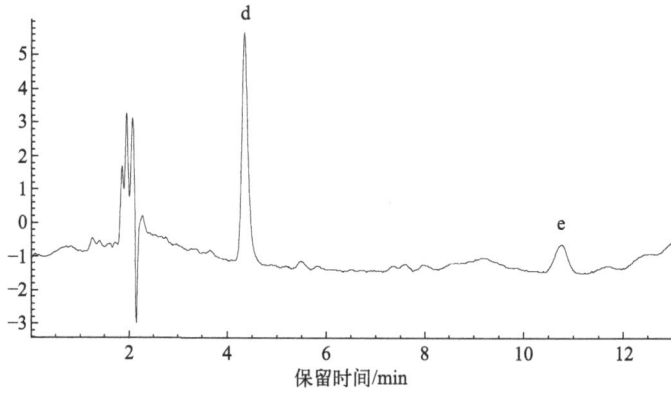

(a) 未加标

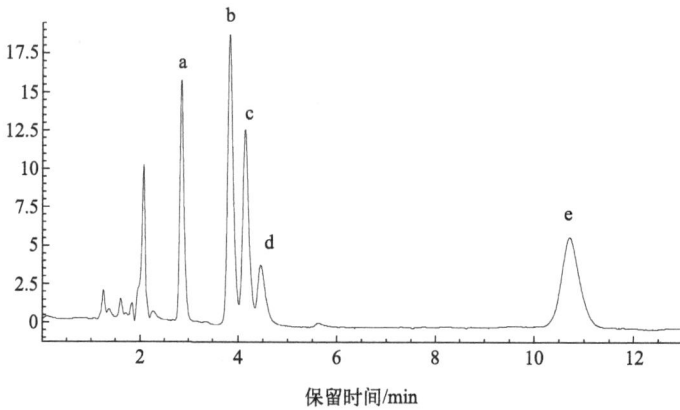

(b) 加标浓度为5μg/g

图7-14 沉积物样品与加标沉积物样品的色谱图

a—磺胺嘧啶；b—磺胺二甲氧嘧啶；c—5-甲氧基磺胺嘧啶；d—超分子溶剂；e—磺胺二甲嘧啶

7.5
本章小结

在本章中，我们制备出六氟丁醇-十二十四醇聚醚型和七氟丁醇-香茅醇型高密度超分子溶剂。与四氢呋喃和乙醇相比，较小比例的诱导剂即可诱导超分子溶剂的形成。此外，水相溶液的 pH 值对超分子溶剂的形成也没有显著影响。该研究首次将这两种高密度的超分子溶剂作为绿色溶剂用于直接微萃取技术中，结合高效液相色谱分析滇池沉积物中的有机污染物。该方法只需少量绿色萃取溶剂和少量样品，符合绿色化学的发展趋势。与传统萃取技术相比，基于超分子溶剂的直接微萃取技术具有操作简单、萃取时间短等优点。超分子溶剂能够提供更好的氢键相互作用，故该方法有望萃取环境样品中的其他分析物，如苏丹红染料、紫外线吸收剂、酸性药物、罗丹明 B 和绿原酸等。所开发的方法可以替代传统的萃取技术，从固体样品中萃取分析物。

参考文献

[1] Čop K T, Pavlović D M, Židanić D, et al. Runje M. Comparison and application of the extraction methods for the determination of pharmaceuticals in water and sediment samples. Microchem J, 2024, 205: 111283.

[2] Brenkus M, Tölgyessy P, Návojová V K, et al. Determination of polycyclic aromatic hydrocarbons, phthalate esters, alkylphenols and alkyphenol ethoxylates in sediment using simultaneous focused ultrasound solid–liquid extraction and dispersive solid-phase extraction clean-up followed by liquid chromatography. Microchem J, 2024, 200: 110299.

[3] Yang C, Chao W, Hsieh C, et al. Biodegradation of malachite green in milkfish pond sediments. Sustainability-Basel, 2019, 11(15): 4179.

[4] Zhao M, Hou Z, Lian Z, et al. Direct extraction and detection of malachite green from marine sediments by magnetic nano-sized imprinted polymer coupled with spectrophotometric analysis. Mar Pollut Bull, 2020, 158: 111363.

[5] Szymczak-Żyła M. Analysis of chloropigments in marine sediments using accelerated solvent extraction (ASE). Limnol Oceanogr Methods, 2016, 14(7): 477-489.

[6] Lefebvre T, Destandau E, Lesellier E. Sequential extraction of carnosic acid, rosmarinic acid and pigments (carotenoids and chlorophylls) from Rosemary by online supercritical fluid extraction-supercritical fluid chromatography. J Chromatogr A, 2021, 1639: 461709.

[7] Ngamwonglumlert L, Devahastin S, Chiewchan N. Natural colorants: Pigment stability and extraction yield enhancement via utilization of appropriate pretreatment and extraction methods. Crit Rev Food Sci, 2017, 57(15): 3243-3259.

[8] Salamat Q, Yamini Y. Application of nanostructured supramolecular solvent based on C_{12}mimBr ionic liquid surfactant to direct extraction of some chlorophenols in soil and rice samples. J Mol Liq, 2022, 366: 120166.

[9] Bişgin A T. Surfactant-assisted emulsification and surfactant-based dispersive liquid-liquid microextraction method for determination of Cu(Ⅱ) in food and water samples by flame atomic absorption spectrometry. J Aoac Int, 2019, 102: 1516-1522.

[10] Lim J R, Chua L S, Mustaffa A A. Ionic liquids as green solvent and their applications in bioactive compounds extraction from plants. Process Biochem, 2022, 122: 292-306.

[11] Kaoui S, Chebli B, Zaidouni S, et al. Deep eutectic solvents as sustainable extraction media for plants and food samples: A review. Sustain Chem Pharm, 2023, 31: 100937.

[12] Moradi M, Yamini Y, Feizi N. Development and challenges of supramolecular solvents in liquid-based microextraction methods. TrAC-Trend Anal Chem, 2021, 1381: 116231.

[13] Dalmaz A, Özak S S. Environmentally-friendly supramolecular solvent microextraction method for rapid identification of Sudan Ⅰ–Ⅳ from food and beverages. Food Chem, 2023, 414: 135713.

[14] Li X, Chen J, Wang H, et al. Hexafluoroisopropanol-alkanol based high-density supramolecular solvents: Fabrication, characterization and application potential as restricted access extractants. Anal Chim Acta, 2020, 1124: 20-31.

[15] Algar L, Sicilia M D, Ribio S. Ribbon-shaped supramolecular solvents: Synthesis, characterization and potential for making greener the microextraction of water organic pollutants. Talanta, 2023, 255: 124227.

[16] Arghavani-Beydokhti S, Rajabi M, Asghari A, et al. Highly efficient preconcentration of anti-depressant drugs in

biological matrices by conducting supramolecular solvent-based microextraction after dispersive micro solid phase extraction technique. Microchem J, 2023, 190: 108703.

[17] Musarurwa H, Tafvengwa N T. Supramolecular solvent-based micro-extraction of pesticides in food and environmental samples. Talanta, 2021, 223(1): 121515.

[18] Karatepe A, Yemen M, Kayapa F, et al. Vortex-assisted restricted access-based supramolecular solvent microextraction of trace Pb(II) ions with 4-(benzimidazolisonitrosoacetyl)biphenyl as a complexing agent before microsampling flame AAS analysis. Talanta, 2022, 248: 123651.

[19] Li C, Chen D, Xiao Y. Detection of phthalates migration from disposable tablewares to drinking water using hexafluoroisopropanol-induced catanionic surfactant coacervate extraction. J Pharm Anal, 2016, 6(5): 292-299.

[20] Moggi G, Pianca M, Russo S, et al. Fluoroalcohols as solvents for aliphatic polyamides. J Fluorine Chem, 1980, 16(6): 615.

[21] Yu Y, Pai N, Chen X, et al. Hexafluorobutanol primary alcohol ethoxylate-based supramolecular solvent formation and their application in direct microextraction of malachite green and crystal violet from lake sediments. Anal Bioanal Chem, 2023, 415(22): 5353-5363.

[22] Yu Y, Li P, Zheng G, et al. A supramolecular solvent-based vortex-assisted direct microextraction of sulfonamides in sediment samples. Microchem J, 2024, 196: 109553.

[23] Yang W, Xiao H, Li Y, et al. Vertical distribution and release characteristics of nitrogen fractions in sediments in the estuaries of Dianchi Lake. Chem Spec Bioavailab, 2017, 29: 110-119.

[24] Ghasemi E, Kaykhaii M. Application of micro-cloud point extraction for spectrophotometric determination of Malachite green, Crystal violet and Rhodamine B in aqueous samples. Spectrochim Acta A, 2016, 164: 93-97.

[25] Tran T V, Nguyen D T C, Kumar P S, et al. Green synthesis of Mn_3O_4 nanoparticles using Costus woodsonii flowers extract for effective removal of malachite green dye. Environ Res, 2022, 214(2): 113925.

[26] Wu J, Yang J, Feng P, et al. Highly efficient and ultra-rapid adsorption of malachite green by recyclable crab shell biochang. J Ind Eng Chem, 2022, 113: 206-214.

[27] Chen D, Zhang P, Li Y, et al. Hexafluoroisopropanol-induced coacervation in aqueous mixed systems of cationic and anionic surfactants for the extraction of sulfonamides in water samples. Anal Bioanal Chem, 2014, 406: 6051-6060.

[28] Xu J, Niu M, Xiao Y. Hexafluoroisopropanol-induced catanionic-surfactants-based coacervate extraction for analysis of lysozyme. Anal Bioanal Chem, 2017, 409: 1281-1289.

[29] Avval M M, Khani R. Eco-friendly and affordable trace quantification of riboflavin in biological and food samples using a supramolecular solvent based liquid–liquid microextraction. J Mole Liq, 2022, 362: 119725.

[30] Timofeeva I, Stepanova K, Bulatov A. In-a-syringe surfactant-assisted dispersive liquid-liquid microextraction of polycyclic aromatic hydrocarbons in supramolecular solvent from tea infusion. Talanta, 2021, 224: 121888.

[31] Zhavoronok M F, Vakh C, Bulatov A. Automated primary amine-based supramolecular solvent microextraction with monoterpenoid as coacervation agent before high-performance liquid chromatography. J Food Compos Anal, 2023, 116: 105085.

[32] Bogdanova P, Vakh C, Bulatov A. A surfactant-mediated microextraction of synthetic dyes from solid-phase food samples into the primary amine-based supramolecular solvent. Food Chem, 2022, 380: 131812.

[33] Yada S, Matsuoka K, Kanasaki Y N, et al. Emulsification, solubilization, and detergency behaviors of homogeneous polyoxypropylene-polyoxyethylene alkyl ether type nonionic surfactants. Colloid Surface A, 2019, 564: 51-58.

[34] Li Y, Yang C, Ning J, et al. Cloud point extraction for the determination of bisphenol A, bisphenol AF and tetrabromobisphenol A in river water samples by high-performance liquid chromatography. Anal Methods, 2014, 6: 3285-3290.

[35] Rocha S A N, Costa C R, Celino J J, et al. Effect of additives on the cloud point of the octylphenol ethoxylate (30EO) nonionic surfactant. J Surfact Deterg, 2013, 16: 299-303.

[36] Xu R, Yang C, Huang L, et al. Broad-specificity aptamer of sulfonamides: isolation and its application in simultaneous detection of multiple sulfonamides in fish sample. J Agric Food Chem, 2022, 70: 11804-11812.

[37] Rana S, Kumar A, Dhiman P, et al. Recent advances in photocatalytic removal of sulfonamide pollutants from waste water by semiconductor heterojunctions: a review. Mater Today Chem, 2023, 30: 101603.

[38] An Z, Hu Y, Zhang D, et al. Preparation of MoS$_2$/SiO$_2$ composites as fixed-bed reactors for Fenton-like advanced oxidation of sulfonamides in water. J Environ Chem, 2022, 10: 107867.

[39] Zhang N, Liu X, Liu R, et al. Influence of reclaimed water discharge on the dissemination and relationships of sulfonamide, sulfonamide resistance genes along the Chaobai River. Front Environ Sci Eng, 2019, 13: 8.

[40] Chen J, Ke Y, Zhu Y, et al. Deciphering of sulfonamide biodegradation mechanism in wetland sediments: from microbial community and individual populations to pathway and functional genes. Water Res, 2023, 240: 120132.

[41] Koczura R, Mokracka J, Taraszewska A, et al. Abundance of class 1 integron-integrase and sulfonamide resistance genes in river water and sediment is affected by anthropogenic pressure and environmental factors. Microbial Ecology, 2016, 72: 909-916.

[42] Staudt A, Duarte P F, Amaral B P, et al. Biological properties of functional flavoring produced by enzymatic esterification of citronellol and geraniol present in Cymbopogon winterianus essential oil. Nat Prod Res, 2021, 35: 5981-5987.

[43] Mao S, Wang B, Yue L, et al. Effects of citronellol grafted chitosan oligosaccharide derivatives on regulating anti-inflammatory activity, Carbohyd. Polym, 2021, 262: 117972.

第
八
章

绿色溶剂在基于纳米磁
流体微萃取中的应用

8.1
概述

目前，许多检测仪器包括高效液相色谱法[1]、紫外-可见分光光度法[2]、差示脉冲伏安法[3]和荧光分光光度法[4]等已被用于定量检测食品和环境样品种的有机污染物。其中，高效液相色谱法操作简单、灵敏度高和成本相对较低，是最常用的分离和测定有机污染物的仪器。研究表明，食品和环境水样中有机污染物的浓度处于 $\mu g/L$（mg/kg）水平[5-7]，该浓度可能低于高效液相色谱分析仪器的检测限，且水样和食品样品中的基质复杂，在仪器分析前需要进行复杂和专业的样品前处理[5,6]。因此，开发一种高效的萃取和富集方法对于定量分析复杂样品中痕量有机污染物至关重要。

迄今为止，液液萃取仍然是使用最广泛的样品前处理方法之一。然而，该方法烦琐、耗时，并且消耗大量潜在有毒且昂贵的有机溶剂[8]。固相萃取被认为是液液萃取的良好替代方法和一种高效的萃取方法。然而，当手动进行时，它需要额外的步骤将提取物浓缩到小体积[8,9]。因此，已经开发了多种基于固相吸附剂的微萃取方法用于有机污染物的萃取，包括分子印迹固相萃取[10]、分散固相萃取[11]和磁性分子印迹固相萃取[12]。吸附剂的选择对于基于吸附剂的微萃取技术至关重要。在过去的二十年中，新一代纳米吸附剂被用于萃取有机污染物[13]。纳米吸附剂具有尺寸小、反应活性高和比表面积大的特点[14]。这些特性使其成为各种有机污染物的理想萃取吸附剂。迄今为止，用于萃取有机污染物的最常用的新一代纳米吸附剂包括锐钛矿、四方纤铁矿、氧化铝、钴铁氧体、硫化镉、金、氧化铜、氢氧化铁、磁赤铁矿、铁、氧化铁、二氧化硅、氧化镍、氧化钛、氧化亚锡、氧化锌、硫化锌、氧化锆、碳纳米管、石墨烯和一些复合材料[15]。最近，纳米磁流体被用作微萃取过程中的新型吸附剂[16]。

8.2
绿色溶剂在基于纳米磁流体微萃取中的应用

在样品前处理过程中回收萃取溶剂/固相吸附剂是微萃取技术的必要步骤，离心分离是最常用的方法，但该步骤需专用仪器，且是微萃取中最耗时的步骤之一；

另外，传统的磁性材料有定量称量困难、萃取平衡时间长的缺点。纳米磁流体兼具磁性和液体的流动性，可有效克服上述缺点 [17-19]。纳米磁流体是由分散在载液中的磁性纳米颗粒组成的胶体混合物。为了在磁场作用下保持胶体稳定性，磁性粒子的尺寸应接近 10nm。然而，单个粒子之间存在的强磁引力和相当大的表面能（>100dyn/cm）可能会导致纳米磁流体的聚集和最终沉淀。为了避免这种情况，应在粒子之间加入排斥相互作用，这可以通过表面修饰或在磁性纳米颗粒上产生电荷来实现 [20]。表面修饰的纳米磁流体采用空间相互作用，而离子纳米磁流体采用静电排斥来解决聚集问题。磁性纳米颗粒之间吸引和排斥相互作用的平衡是纳米磁流体稳定的先决条件 [21]。简而言之，纳米磁流体可能由三个部分组成：磁性粒子、修饰层和载液。目前四氧化三铁纳米磁性颗粒是最常用的磁性粒子；载液在磁性纳米颗粒周围形成保护壳，增强其在样品前处理过程中的稳定性。在纳米磁流体制备过程中，有机溶剂可用作载液 [22]，但它们的毒性阻碍了在纳米磁流体中的使用。研究人员已将离子液体、低共熔溶剂和超分子溶剂作为纳米磁流体的载液 [23]。

氢键、静电作用和范德瓦尔斯力的存在，使得离子液体在纳米颗粒周围形成保护层并增强了纳米磁流体的稳定性。胶体在具有高介电常数的介质中稳定性很高，离子液体通常具有高电荷密度、高介电常数和高极性 [24]，是一类优异的载液。选择适当的离子液体对提高纳米磁流体的萃取效率也有重要作用。如 Gharehbaghi 等用二氧化硅修饰的四氧化三铁和离子液体制备纳米磁流体 [25]，研究了许多基于咪唑盐阳离子的离子液体，如 1-丁基-3-甲基咪唑双（三氟甲基磺酰基）酰亚胺、1-乙基-3-甲基咪唑双（三氟甲基磺酰基）酰亚胺、1-丁基-3-甲基咪唑六氟磷酸盐、1-乙基-3-甲基咪唑六氟磷酸盐、1-丁基-3-甲基咪唑四氟硼酸盐或1-乙基-3-甲基咪唑四氟硼酸盐，以选择合适的载液。结果表明，所制备的纳米磁流体均表现出超过 8h 的良好稳定性 [25]。与其他纳米磁流体相比，四氟硼酸阴离子的离子液体由于尺寸较小，与磁性纳米颗粒表面的相互作用更强，可有效阻碍磁性纳米颗粒的聚集和沉降，因此，1-丁基-3-甲基咪唑四氟硼酸盐能够制备出更稳定的纳米磁流体。如 Yang 等用碳点和油酸修饰的四氧化三铁作为磁性颗粒、1-烷基-3-甲基咪唑六氟磷酸盐为载液制备出纳米磁流体，并用于微萃取水样和牛奶中的酚类化合物 [26]。建立的方法取得了较好的方法精密度（相对标准偏差小于 2.1%）和较低的检出限（0.09 ~ 0.17μg/L）。

低共熔溶剂与磁性纳米颗粒之间的静电相互作用和氢键作用使得低共熔溶剂基纳米磁流体具有较高的稳定性，如 Mehrabi 等人使用油酸修饰的四氧化三铁纳米颗粒为磁芯，以辛酸和左旋肉碱以摩尔比 3∶1 合成的低共熔溶剂为载液制备出纳米磁流体，用于涡旋辅助微萃取水样中的甲硝唑，并以高效液相色谱-紫外吸收光谱进

表8-1　基于新型绿色溶剂的纳米磁流体在样品前处理中的应用

纳米磁流体（磁芯/载液）	待测物	真实样品	萃取方法	富集倍数	检测仪器	检出限/(ng/mL)	回收率/%	参考文献
钡铁氧体/1-己基-3-甲基咪唑双(三氟甲基磺酰亚胺)离子液体	杀虫剂	果汁	分散固相微萃取	—	高效液相色谱	0.05~0.53	85.1~99.6	[40]
二氧化硅包覆四氧化三铁/1-丁基-3-甲基咪唑四氟硼酸盐离子液体	镉	矿物、自来水和海水	分散固相萃取	200	火焰原子吸收分光光度计	0.11	97.5~103.3	[25]
二氧化硅修饰四氧化三铁/1-丁基-3-甲基咪唑四氟硼酸盐离子液体	铅	水、道路灰尘和食物	分散固相萃取	200	火焰原子吸收分光光度计	1.66	99.6~110.2	[41]
1-(2-吡啶偶氮)-2-萘酚修饰的二氧化硅包覆磁性纳米粒子/1-丁基-3-甲基咪唑四氟硼酸盐离子液体	铅和镉	牛奶和生物样品	分散固相萃取	200~250	火焰原子吸收分光光度计	0.21~1.21	96~104	[42]
十二烷基磺酸钠修饰的四氧化三铁/1-己基-3-甲基咪唑四氟硼酸盐离子液体	阳离子染料	虾、水龙头和河水	分散固相萃取	135	紫外-可见分子吸收光谱法	2.5	99~109	[43]
二氧化硅修饰的四氧化三铁/1-己基-3-甲基咪唑四氟硼酸盐离子液体	铜	水和食物	分散固相萃取	267	火焰原子吸收分光光度计	0.32	96.1~103.5	[24]
氧化石墨烯包覆磁性纳米粒子/1-丁基-3-甲基咪唑四氟硼酸盐离子液体	镉	水、蔬菜、烟	分散固相萃取	250	火焰原子吸收分光光度计	0.12	98.2~101.5	[17]
碳量子点/油酸包覆的四氧化三铁/1-辛基-3-甲基咪唑六氟磷酸盐离子液体	酚类化合物	水和牛奶	分散固相萃取	—	高效液相色谱-紫外检测法	0.09~0.17	94.5~102.1	[27]
蒙脱石包覆的四氧化三铁/薄荷醇-癸酸低共熔溶剂	爆炸物	水和土	直接悬浮液滴微萃取	23~93	高效液相色谱-紫外检测法	0.22~0.91	88~104	[35]

续表

纳米磁流体（磁芯/载液）	待测物	真实样品	萃取方法	富集倍数	检测仪器	检出限/(ng/mL)	回收率/%	参考文献
油酸包覆的四氧化三铁/乙酸-薄荷醇低共熔溶剂	甲灭酸	尿样	涡旋辅助-液相微相萃取	—	高效液相色谱-紫外检测法	1.351	80.25～97.44	[31]
十二烷基苯磺酸钠包覆的四氧化三铁/癸酸-薄荷醇低共熔溶剂	钴	水	超声辅助-分散液相微萃取	50	火焰原子吸收分光光度计	0.7	96.4～99	[45]
四乙氧基硅烷包覆的四氧化三铁/磷酸胆碱-薄荷醇-癸酸低共熔溶剂	多环芳烃	烤肉样品	超声辅助-分散液液微萃取	730～920	气相色谱仪-质谱联用仪	0.029～0.082	>89	[37]
甲基三辛基氯化铵包覆的四氧化三铁/十八酸-氯化胆碱低共熔溶剂	杀虫剂	馏分油和草药	搅拌辅助液相微相萃取	1643～1884	气相色谱仪-质谱联用仪	0.0031～0.0073	89～104	[46]
活性碳包覆的四氧化三铁/四甲基氯化铵-百里香酚低共熔溶剂	苄酮香豆素钠	水、等离子体和尿液	分散磁性固相萃取	47.2～49.2	高效液相色谱-紫外检测法	0.3～1.6	94～97	[47]
水包覆的四氧化三铁/氯化胆碱-1-(邻甲苯基)双胍低共熔溶剂	全氟/多氟烷基物质	食用油	—	—	超高效液相色谱质谱	0.3～1.6pg/g	90～109	[48]
油酸包覆四氧化三铁/四丁基氯化铵-癸酸超分子溶剂	左氧氟沙星	尿和人血	液相微萃取	85	荧光光谱法	0.2	94～106	[39]
油酸包覆四氧化三铁/四丁基氯化铵-癸酸超分子溶剂	有机磷农药	果汁和水	液相微萃取	108～135	高效液相色谱-紫外检测法	0.1～0.35	92.2～110.5	[38]
磷酸修饰烷烃层状双氢氧化物包覆的四氧化三铁/十二烷醇-甲苯超分子溶剂	甲霜灵	果汁	空气辅助分散磁性固相萃取	500	气相色谱用氢火焰离子检测器	0.2～0.8	85～96.6	[18]

行检测[27]。结果表明，方法取得了较低的检出限（0.116ng/mL）、较宽的线性范围（0.5～700ng/mL）、较高的回收率（94.3%～97.3%）和优异的精密度（相对标准偏差≤3.7%）。目前，低共熔溶剂是制备纳米磁流体最常用的载液，低共熔溶剂基纳米磁流体已用于微萃取尿液中的他莫昔芬[28]、瑞德西韦[29]、多环芳烃[30]和甲芬那酸[31]，食用油中的植物生长调节剂[32]，环境水样中的非甾体抗炎药[33]、左氧氟沙星和司氟沙星[34]、新兴污染炸药[35]，食品样品中的喹诺酮类抗生素[36]和多环芳烃[37]等。

　　除了离子液体和低共熔溶剂，超分子溶剂也被用作纳米磁流体的载液[18,38,39]。超分子溶剂含有非常高浓度的两亲性分子，可为分析物提供大量的结合位点。因此，非常少量的超分子溶剂即可提供高萃取效率。通过选择合适的超分子溶剂制备纳米磁流体，超分子溶剂可以发挥载液和萃取介质的双重作用。如 Zohrabi 等用油酸包覆的四氧化三铁纳米颗粒和癸酸与氢氧化四丁基铵合成的超分子溶剂制备出新型纳米磁流体，并用于微萃取环境水样和果汁样品中的有机磷残留物[38]。在最优化条件下，建立的方法获得了相对较高的富集倍数（108～135）和相对较高的萃取回收率（92.2%～110.5%）。Adlnasab 等把超分子溶剂基纳米磁流体用于微萃取果汁样品中的二嗪磷和甲霜灵农药残留[18]。使用的超分子溶剂是将1-十二烷醇和甲苯的混合物以1∶3的体积比加入蒸馏水中，进行超声处理制备而得的。所得到的纳米磁流体用空气辅助分散以促进农药残留从样品水溶液到纳米磁流体的转移。萃取后，用磁铁把纳米磁流体（含有农药残留）从样品溶液中分离出来，用乙醇解吸农药残留，最后用气相色谱-氢火焰离子检测器进行分析，获得了相对较好的提取回收率，范围为85.0%～96.6%。

　　纳米磁流体兼具纳米材料的磁性和液体的流动性，易于萃取相的回收；且磁性纳米颗粒和载液对于目标分析物的萃取有加和作用，因此纳米磁流体在微萃取技术中有广阔的应用前景，发展纳米磁流体在样品前处理方面具有重要意义。表 8-1 列举了基于新型绿色溶剂的纳米磁流体在微萃取中的应用。

8.3
基于纳米磁流体微萃取技术的影响因素

8.3.1　纳米磁流体组成的影响

　　对于基于纳米磁流体的微萃取技术，选择高效的萃取相对于获得高萃取效率至关重要。我们用十二烷基硫酸钠-二氧化钛修饰的磁性沸石咪唑酯骨架-8（MZIF-8/TiO₂-SDS）为磁芯，用超分子溶剂作为载液制备出纳米磁流体并用于涡旋辅助微萃取水相样品中的阳离子染料。为了研究纳米磁流体对目标分析物萃取效率的影响，本研究中仅用十二烷基硫酸钠-二氧化钛修饰的磁性沸石咪唑酯骨架-8进行了实验。当用十二烷基硫酸钠-二氧化钛修饰磁性沸石咪唑酯骨架-8作为萃取相时，阳离子染料的萃取回收率为55.1%～66.1%；当用纳米磁流体作为萃取相时，目标分析物的萃取回收率明显提高（77.2%～96.1%）。就纳米磁流体而言，超分子溶剂与阳离子染料之间存在着强烈的氢键、疏水和偶极-偶极相互作用。此外，十二烷基硫酸钠中的阴离子基团和阳离子染料中的阳离子基团在萃取相和目标分析物之间产生静电相互作用。鉴于上述结果，制备的纳米磁流体对阳离子染料具有优异的萃取效率。

为了制备纳米磁流体，载液的选择应满足与水溶液不混溶、低蒸气压、无毒以及与磁性纳米材料有良好的相容性等标准。在本研究中制备了六氟丁醇-香叶醇型超分子溶剂，并将其作为载液进行了研究。超分子溶剂中的两亲性成分起萃取相的作用。因此，香叶醇的含量对纳米磁流体的萃取回收率有显著影响。如图8-1（a）所示，随着香叶醇含量从1%增加到4%（体积分数），目标分析物的萃取回收率增加，4%的香叶醇含量具有最高的萃取回收率，因此被选择用于进一步实验。除了香叶醇的含量之外，超分子溶剂的主要成分六氟丁醇的含量也是影响目标分析物萃取效率的另一个关键因素。为了获得最佳的萃取回收率，我们对六氟丁醇的含量进行了研究。如图8-1（b）所示，当六氟丁醇含量为6%时，目标分析物的萃取回收率最高。因此，后续实验选择六氟丁醇含量为6%。

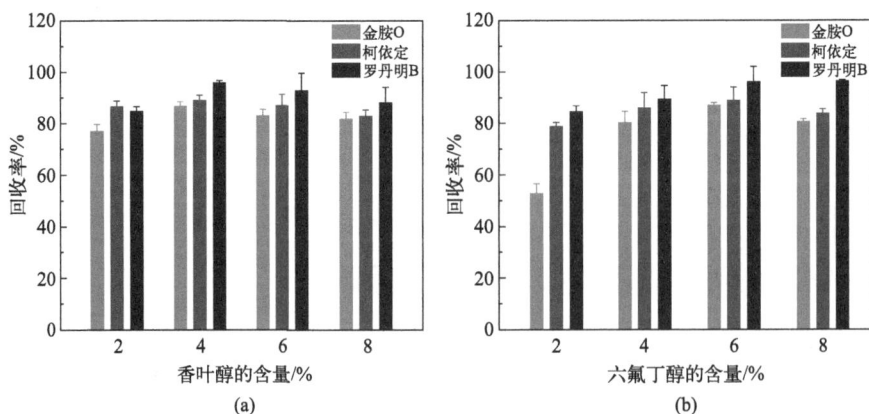

图8-1　（a）香叶醇含量对阳离子染料萃取回收率的影响；（b）六氟丁醇含量对阳离子染料萃取回收率的影响（见文前彩插）

纳米磁流体的中磁性材料的含量对萃取效率有重要影响。因此，制备了不同浓度的纳米磁流体（2～100mg/mL 十二烷基硫酸钠-二氧化钛修饰的磁性沸石咪唑酯骨架-8），以探讨纳米基磁流体含量对萃取回收率的影响。结果如图 8-2 所示，十二烷基硫酸钠-二氧化钛修饰的磁性沸石咪唑酯骨架-8 含量从 2mg/mL 增至 25mg/mL 时，目标分析物的萃取回收率有所提高，之后保持不变。出现这种现象的可能原因是，25mg/mL 的十二烷基硫酸钠-二氧化钛修饰的磁性沸石咪唑酯骨架-8 足以萃取所有染料，进一步增加用量会导致十二烷基硫酸钠-二氧化钛修饰的磁性沸石咪唑酯骨架-8 的聚集。因此，选择在 1mL 六氟丁醇-香叶醇超分子溶剂中加入 25mg 十二烷基硫酸钠-二氧化钛修饰的磁性沸石咪唑酯骨架-8 制备磁流体。

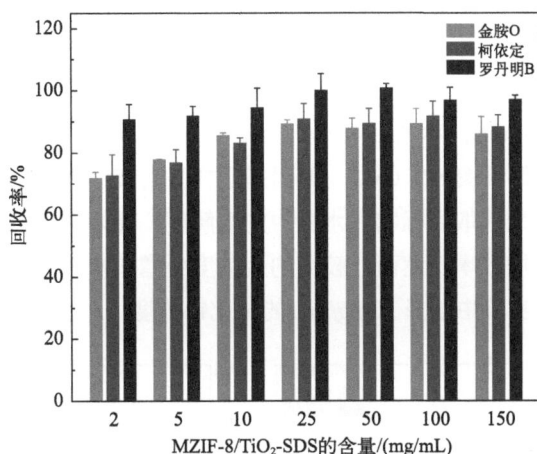

图8-2　MZIF-8/TiO$_2$-SDS含量对萃取回收率的影响（见文前彩插）

8.3.2　涡旋时间的影响

涡旋时间是涡旋辅助分散微萃取中最重要的参数之一。在 0.5～7min 的范围内考察了涡旋时间对阳离子染料萃取回收率的影响。结果表明，涡旋时间为 0.5～3min 时，随着涡旋时间的增加，萃取回收率提高，此后，涡旋时间的增加对萃取效率没有显著影响。因此，确定涡旋时间为 3min。

8.3.3　溶液 pH 值的影响

溶液 pH 值是另一个重要因素，它通过改变酸性或碱性有机分析物的电离程度而影响萃取效率，在萃取过程中起着重要作用。研究了 pH 值在 2 ～ 12 范围内对阳离子染料萃取回收率的影响。如图 8-3（a）所示，金胺 O 和柯依定在溶液 pH 值为 6 ～ 8 时可获得较高的萃取回收率，罗丹明 B 在溶液 pH 值为 6 ～ 10 时具有较高的萃取回收率。当所有分析物的 pH 值超过 10 时，萃取回收率显著降低。当溶液 pH 值低于 8 时，大多数阳离子染料呈分子状态，因此可获得较高的萃取回收率。在溶液 pH 值高于 8 时，静电和氢键相互作用减弱，从而导致了较低的萃取回收率。阳离子染料溶液的 pH 值在 6 ～ 8 范围内，因此在实验中不调整溶液 pH 值。

8.3.4 盐添加的影响

一般来说，盐的添加会影响萃取效率。为了研究盐对萃取回收率的影响，向水溶液中添加了不同浓度的氯化钠（0 ～ 100mg/mL）。所得结果表明，随着氯化钠浓度从 0 增加到 50mg/mL，萃取回收率略有增加，然后随着盐浓度从 50mg/mL 增加到 100mg/mL 而降低 [图 8-3（b）]。原因是向样品溶液中添加一定量的盐会增强溶液的离子浓度，降低萃取目标物在水相中的溶解度，并增强其在纳米磁流体相中的分配，从而提高萃取效率。然而，较高的盐浓度会增加水溶液的黏度，导致萃取回收率降低。因此，实验中选择 50mg/mL 的氯化钠浓度。

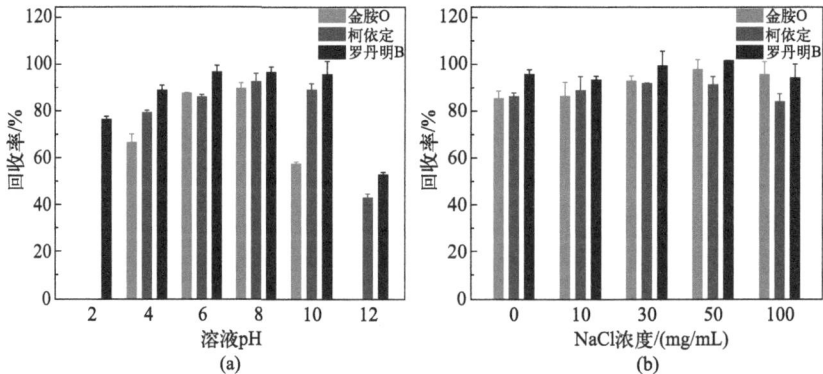

图8-3　（a）溶液pH值对萃取回收率的影响；（b）氯化钠浓度对萃取回收率的影响（见文前彩插）

8.3.5 洗脱溶剂类型和体积的影响

选择合适的洗脱溶剂对于从铁磁流体中完全洗脱分析物至关重要。由于分

析物具有亲水性，所以使用了不同的溶剂，包括甲醇、乙腈、乙醇、甲醇 / 乙酸
（90%：10%，以下均为体积比）、乙腈 / 乙酸（90%：10%）和乙醇 / 乙酸（90%：10%）
作为洗脱溶剂。结果表明，乙醇和甲醇表现出较高的萃取回收率，其中乙醇表现出最
高的萃取回收率。极性溶剂，如甲醇和乙醇，抑制了目标分析物和超分子溶剂之间氢
键的形成，且分析物的极性与乙醇相似，阳离子染料在乙醇中具有较高的溶解度。因
此，乙醇作为洗脱溶剂对阳离子染料的洗脱效果最好。同时乙醇还被列为绿色溶剂，
因此，选择乙醇为洗脱溶剂，研究了洗脱溶剂体积（100 ～ 700μL）对阳离子染料萃
取效率的影响。随着洗脱溶剂体积从 100μL 增加到 500μL，分析物的萃取回收率增加，
但当体积超过 500μL 时波动较小。因此，使用 500μL 乙醇作为最佳洗脱溶剂体积。

8.4
超分子溶剂基纳米磁流体微萃取水样和饮料中的阳离子染料[49]

　　阳离子染料，如柯依定、金胺 O 和罗丹明 B，主要用于皮革、棉花、印刷和丝
绸行业 [50,51]。毒理学数据表明，接触这些阳离子染料可能会引起过敏和哮喘反应、
DNA 损伤、腹痛，甚至癌症 [52]，因此，在食品中严禁使用这些阳离子染料 [53]。然
而，由于其稳定性高、着色力强且价格低廉，仍有食品厂家违规添加这些染料，这
已成为多个国家关注的主要问题 [54]。近年来，由于工业、生活和农业活动以及其他
环境和全球变化，地下水和地表水的质量持续恶化 [55-57]。许多有机污染物污染了我
们的水资源。在这些污染物中，染料排放约占水污染的 20%[58]。水中高浓度的染料
会影响水质，并极大地影响生物多样性以及生态系统和人类的健康 [58]。因此，开发
准确、简单和可靠的方法对于测定食品和环境水样中的这些违禁染料至关重要。

　　纳米磁流体是一种稳定且均匀的磁性纳米材料分散在载液中制备得到的固液胶体
体系 [16]。它们具有流动性和磁性的特点，具有操作简单、快速和有机溶剂消耗低的
优点。纳米磁流体可以替代有害有机溶剂，同时消除辅助设备（离心机）的使用 [59]。
通常，磁性纳米材料和载液决定了纳米磁流体的萃取性能。为了开发高效和新型的
纳米磁流体，引入新的磁性纳米材料和载液至关重要。沸石咪唑酯骨架-8 具有良好
的性能，包括高孔隙率、良好的稳定性、多功能基团和可调的孔结构，使其成为一
种有效的萃取吸附剂 [60]。沸石咪唑酯骨架-8 在外部磁场下具有可分离性 [61,62]，可与
磁性纳米颗粒的结合实现多孔材料功能化。使用纳米复合材料作为磁芯可以实现协

同萃取效果和高容量，从而提高传质系数。

超分子溶剂是作为传统有机溶剂替代品而开发的绿色溶剂，具有易于制备、纯度高和生产成本低的特点[63,64]。它们通常通过向两亲性物质溶液中添加诱导剂来制备，两亲性分子由于含有亲水和疏水部分而使得制备的超分子溶剂具有不同极性的区域[65]。这些独特的性质使超分子溶剂成为萃取不同基质中目标分析物的合适溶剂。六氟丁醇具有高密度、强疏水性和氢键给体能力的特性。最近报道了一种六氟丁醇诱导脂肪族聚氧乙烯醚凝聚形成的密度高于水的超分子溶剂[66]。六氟丁醇的毒性值（$LD_{50}=950mg/kg$）明显低于常用的六氟异丙醇（$LD_{50}=340mg/kg$）[67]，可作为制备超分子溶剂的有效诱导剂。香叶醇是一种从多种芳香植物中提取的无环异戊二烯单萜，在食品工业、化妆品和家用产品中用作香料[68]。香叶醇具有多种生物活性，包括保肝、抗菌、抗氧化和抗癌作用[69]。由于其无毒和环保特性，香叶醇被认为是制备超分子溶剂的优良两亲性物质。

在本研究中，首次使用磁性沸石咪唑酯骨架-8作为制备传统纳米磁流体中四氧化三铁的替代品。磁性沸石咪唑酯骨架-8可通过外部磁铁实现可分离性以及高萃取能力。此外，制备了一种由香叶醇和六氟丁醇形成的新型绿色超分子溶剂，并将其用作载液与磁性沸石咪唑酯骨架-8制备纳米磁流体。将制得的纳米磁流体新型绿色萃取相应用于涡旋辅助液液微萃取阳离子染料。最后，将所建立的方法应用于饮料和河流水样中柯依定、金胺O和罗丹明B的测定。

8.4.1 试剂与材料

七水合硫酸亚铁（分析纯）、六水合氯化铁（≥99%）、二水合醋酸锌（≥99%）、醋酸铵（≥98%）、氯化钠（≥99.5%）、异丙醇（IPA，≥99.7%）、醋酸（≥99.5%）、氢氧化钠（96%）、钛酸（Ⅳ）异丙酯（95%）、2-甲基咪唑（98%）、六氟丁醇（≥98%）、香叶醇（98%）、六氟异丙醇（99.5%）、金胺O（98%）、罗丹明B（98%）、十二烷基硫酸钠（98%）、四氢呋喃（分析纯）、柯依定（98%）以及高效液相色谱级甲醇、乙醇和乙腈。实验用水为超纯水。

8.4.2 仪器与设备

傅里叶变换红外光谱仪、扫描电子显微镜、X射线衍射仪、高效液相色谱仪、C_{18}色谱柱（250mm×4.6mm，5μm）。

8.4.3 吸附剂的制备

8.4.3.1 磁性沸石咪唑酯骨架-8 的合成

磁性沸石咪唑酯骨架-8 的合成采用一种简便的一步法。将七水合硫酸亚铁（1.5mmol）、六水合氯化铁（3.0mmol）和二水合醋酸锌（10mmol）溶解在 40mL 超纯水中。将所得溶液在氮气保护下加热至 80℃，在反应体系中加入 40mL 2-甲基咪唑溶液（2mmol/mL），并在氮气保护下搅拌 1h 以获得磁性沸石咪唑酯骨架-8。用磁铁收集合成的磁性纳米材料，并用乙醇反复洗涤。最后，将获得的磁性沸石咪唑酯骨架-8 在 80℃下干燥并储存以备进一步使用。

8.4.3.2 十二烷基硫酸钠-二氧化钛修饰的磁性沸石咪唑酯骨架-8 的合成

十二烷基硫酸钠-二氧化钛修饰的磁性沸石咪唑酯骨架-8 通过一种基于表面活性剂的溶胶-凝胶法合成[70]。将制备的磁性沸石咪唑酯骨架-8（0.45g）分散到甲醇（50mL）中。然后，在剧烈搅拌下向混合溶液中加入十二磺酸钠（0.5g），搅拌30min，随后逐滴加入钛酸（Ⅳ）异丙酯（0.5mL），并将溶液再搅拌 1h。之后，向混合溶液中加入超纯水（5mL），并在冰浴中搅拌反应 3h。最后，用磁铁收集制备的产物，用甲醇洗涤三次，并在 80℃的烘箱中干燥。

8.4.3.3 超分子溶剂和纳米磁流体的制备

向含有 4% 香叶醇的溶液中加入适量的诱导剂（六氟丁醇），涡旋 30s。将所得混合物在 5000r/min 下离心 5min，超分子溶剂位于下层，收集超分子溶剂相用于进一步实验。

将 25mg 十二烷基硫酸钠-二氧化钛修饰的磁性沸石咪唑酯骨架-8 作为磁芯加入1mL 的超分子溶剂中。将所得混合物超声处理 30min 即得到纳米磁流体。

8.4.4 微萃取过程

在本研究中，饮料样品购自当地超市，河水样品采集自宝象河和盘龙江。分别将 8mL 样品转移至 10mL 离心管中，超声处理 10min，调节样品 pH 值在 pH6 ～ 8 范围内。

将含有 100ng/mL 阳离子染料的水溶液（8mL）或实际样品置于 10mL 离心管中。然后，向溶液中加入 100μL 的纳米磁流体，涡旋 2min，使其在样品溶液中均匀分散。用磁铁收集萃取相后，加入 500μL 乙醇（洗脱溶剂）并超声 5min 将分析物从萃取相中解吸。最后，用外部磁铁将乙醇与纳米磁流体分离，取 10μL 乙醇注入高效液相色谱系统进行分析。萃取过程如图 8-4 所示。

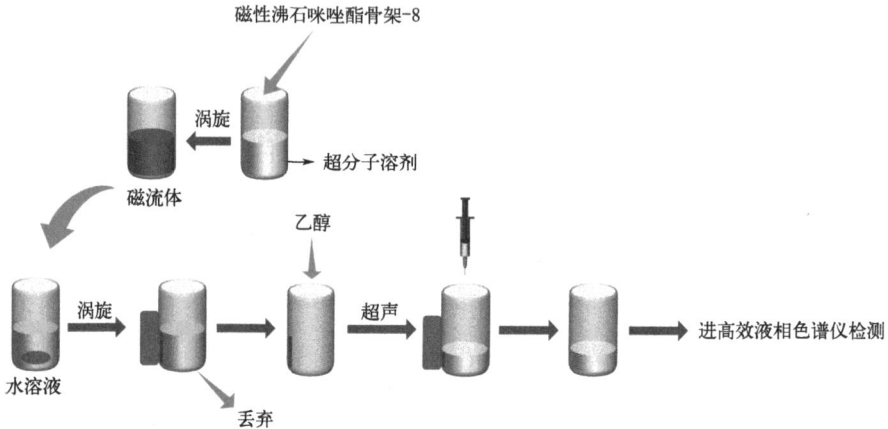

图8-4 纳米磁流体的微萃取过程（见文前彩插）

高效液相色谱系统使用乙腈-水混合物作为流动相，流速为 0.8mL/min。梯度洗脱程序：0 ~ 5min，5% 乙腈；5 ~ 17min，5% ~ 50% 乙腈；17 ~ 19min，50% ~ 72% 乙腈。进样体积为 10μL，检测波长为 420nm（柯依定和金胺 O）和 510nm（罗丹明 B）。

8.4.5 研究结论

8.4.5.1 吸附剂的表征

本研究中构建了六氟丁醇-香叶醇-水体系的二元相图，以描绘超分子溶剂区域的边界。如图 8-5 所示，当向香叶醇溶液（1% ~ 5%）中加入少量六氟丁醇（<1.1%）时，相分离后不溶性香叶醇位于溶液上层（表示为 I/L）。随后加入六氟丁醇导致香叶醇凝聚，由于其密度高于水，相分离后超分子溶剂相位于下层（表示为 L/S）。这一结果表明，仅少量六氟丁醇就能诱导超分子溶剂的形成。此外，如图 8-5 所示，六氟丁醇-香叶醇-水体系的 L/S 区域（即超分子溶剂）在较宽的六氟丁醇含量范围内获得。

四氧化三铁、沸石咪唑酯骨架-8、磁性沸石咪唑酯骨架-8 和十二烷基硫酸钠-二

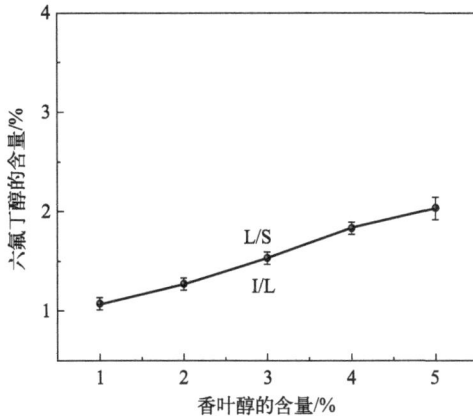

图8-5　六氟丁醇-香叶醇-水系统的相图（n=3）

I/L—两液相区域，上层为不溶性香叶醇，下层为水相；L/S—两液相区域，上层为水相，下层为超分子溶剂相

氧化钛修饰的磁性沸石咪唑酯骨架-8 的红外光谱图如图 8-6（a）所示，磁性沸石咪唑酯骨架-8 呈现出四氧化三铁和沸石咪唑酯骨架-8 的所有红外吸附特征，表明已成功合成超分子溶剂。此外，在十二烷基硫酸钠-二氧化钛修饰的磁性沸石咪唑酯骨架-8 的红外光谱中，伸缩振动吸收峰与磁性沸石咪唑酯骨架-8 相似。这些结果表明涂层材料对磁性沸石咪唑酯骨架-8 的性质没有显著影响。

　　四氧化三铁、沸石咪唑酯骨架-8、磁性沸石咪唑酯骨架-8 和十二烷基硫酸钠-二氧化钛修饰的磁性沸石咪唑酯骨架-8 的 X 射线粉末衍射图谱如图 8-6（b）所示，MZIF-8 的衍射峰归属于四氧化三铁和沸石咪唑酯骨架-8，证实了二者已成功结合。

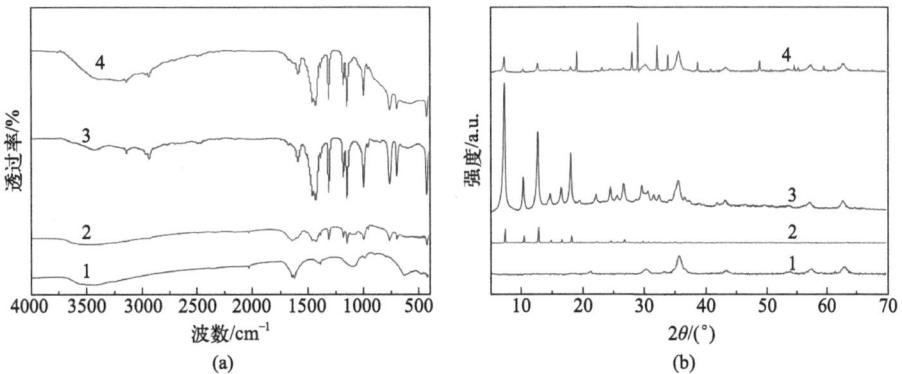

(a)　　　　　　　　　　(b)

图8-6　四种物质的傅里叶变换红外光谱（a）和X射线衍射图谱（b）

1—四氧化三铁；2—沸石咪唑酯骨架-8；3—磁性沸石咪唑酯骨架-8；4—十二烷基硫酸钠-二氧化钛修饰的磁性沸石咪唑酯骨架-8

此外，十二烷基硫酸钠-二氧化钛修饰的磁性沸石咪唑酯骨架-8 的典型图谱与磁性沸石咪唑酯骨架-8 的 X 射线粉末衍射图谱一致，证实了用十二烷基硫酸钠和二氧化钛双修饰磁性沸石咪唑酯骨架-8 对吸附剂的磁性没有显著影响。

通过扫描电子显微镜对沸石咪唑酯骨架-8、磁性沸石咪唑酯骨架-8 和十二烷基硫酸钠-二氧化钛修饰的磁性沸石咪唑酯骨架-8 进行了形貌研究。如图 8-7 所示，沸石咪唑酯骨架-8、和磁性沸石咪唑酯骨架-8 均呈现出均匀尺寸的菱形十二面体晶体，并且磁性沸石咪唑酯骨架-8 表面均匀附着有许多四氧化三铁纳米颗粒。此外，与沸石咪唑酯骨架-8 表面相比，磁性沸石咪唑酯骨架-8 表面略微凹陷和粗糙，这可能是由于在磁性沸石咪唑酯骨架-8 晶体生长过程中存在 Fe^{2+}、Fe^{3+} 或四氧化三铁的纳米颗粒。上述结果表明磁性沸石咪唑酯骨架-8 成功制备。扫描电子显微镜图像显示十二烷基硫酸钠-二氧化钛修饰的磁性沸石咪唑酯骨架-8 的表面比磁性沸石咪唑酯骨架-8 更光滑 [图 8-7(c)]，证实了十二烷基硫酸钠和二氧化钛在磁性沸石咪唑酯骨架-8 表面成功修饰。

| (a) | (b) | (c) |

图8-7　沸石咪唑酯骨架-8（a）、磁性沸石咪唑酯骨架-8（b）和十二烷基硫酸钠-二氧化钛修饰的磁性沸石咪唑酯骨架-8（c）的扫描电子显微镜图

8.4.5.2　分析性能

在最优化条件下，对线性、检测限、定量限和精密度进行评估，以评价所开发方法的分析性能。用所建立的方法测定浓度范围为 5 ～ 1000ng/mL 的分析物标准溶液，方法的相关系数均高于 0.9957。检出限和定量限分别定义为信噪比为 3 和 10 时对应的浓度，检出限范围为 1 ～ 1.5ng/mL，定量范围为 3.5 ～ 5ng/mL。在加标浓度为 10ng/mL 和 100ng/mL 时考察方法的精密度，日内精密度和日间精密度为 1.2% ～ 7.1%，表明所开发方法具有良好的精密度。

8.4.5.3　实际样品分析

为了评估所建立的方法测定阳离子染料的可行性，选择三种饮料样品和两种河水样品进行研究。在被研究的样品中未检测到目标分析物，这表明这些样品无阳离子染料污染或其含量低于方法检出限。向样品中添加浓度为 10ng/mL、100ng/mL 和 250ng/mL 的阳离子染料进行萃取和检测，结果见表 8-2，图 8-8 显示了加标浓度为 0ng/mL、5ng/mL 和 50ng/mL 的西瓜汁样品经所建立方法处理后的高效液相色谱图。

表8-2　果汁和环境水样中三种阳离子染料的分析结果

分析物	加标浓度/(ng/mL)	橙汁饮料		西瓜汁饮料		桃汁饮料		宝象河水样		盘龙江水样	
		回收率/%	相对标准偏差/%	回收率/%	相对标准偏差/%	回收率/%	相对标准偏差/%	回收率/%	相对标准偏差/%	回收率/%	相对标准偏差/%
金胺O	10	97.4	1.1	97.3	3.7	100.9	1.3	98.2	1.6	95.3	4.1
	100	95.1	6.1	98.4	1.5	99.6	5.5	104.2	6.8	104.3	6.1
	250	98.8	2.7	97.9	2.6	98.6	1.4	95.6	1.5	97.9	3.6
柯依定	10	99.1	1.8	103.3	2.2	98.5	4.5	98.7	2.9	95.7	7.9
	100	102.7	1.5	98.5	5.7	95.1	1.6	94.1	3.9	103.7	1.4
	250	93.8	4.8	94.5	3.9	96.7	6.5	97.0	3.9	98.5	3.9
罗丹明B	10	96.4	1.9	95.2	1.9	93.1	7.3	97.3	6.6	101.1	1.2
	100	97.5	3.4	97.1	2.5	98.9	3.6	96.8	1.3	98.6	2.8
	250	97.9	8.1	104.3	4.9	98.6	1.9	101.3	3.1	97.2	4.5

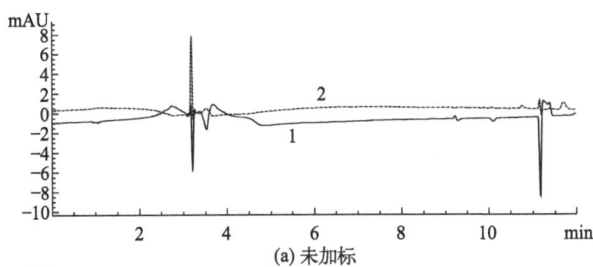

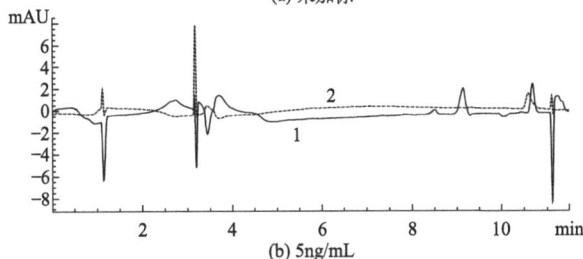

图8-8

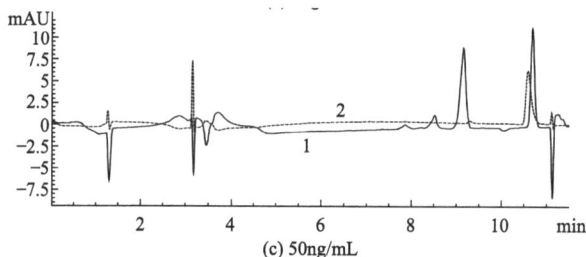

图8-8　西瓜汁样品的高效液相色谱图

1—430nm波长处（峰：保留时间约9.6为金胺O，保留时间约10.7为柯依定）；2—538nm波长处
（峰：保留时间约10.6为罗丹明B）

8.5
本章小结

　　本章介绍了一种新型纳米磁流体，作为涡旋辅助液液萃取的萃取相并实现了饮料和河水样中柯依定、罗丹明B和金胺O的高效萃取。首先合成了十二烷基硫酸钠-二氧化钛修饰的磁性沸石咪唑酯骨架-8作为磁芯，然后将其与六氟丁醇-香叶醇型超分子溶剂结合制备了纳米磁流体。设计的多功能纳米磁流体与阳离子染料之间具有很强的静电、π-π和氢键相互作用。所得结果表明，纳米磁流体结合了磁性纳米颗粒和超分子溶剂的优点，可提高萃取效率。此外，使用外部磁铁便于萃取相的收集，省去了离心步骤。在优化条件下，所建立的方法具有较低检出限和定量限、宽线性范围以及良好的精密度。最后，将所开发的方法应用于实际样品中柯依定、罗丹明B和金胺O的测定，萃取回收率在93.1%～104.3%。所建立的方法为实际样品中目标分析物的萃取提供了一种新颖且高效的方法，具有操作简单、成本低和萃取效率高的特点。合成的纳米磁流体可用于多种食品和水样中其他有机污染物（如多环芳烃、芳香胺、多氯联苯和多溴联苯醚）的高效萃取。

参考文献

[1] Qi P, Liang Z, Wang Y, et al. Mixed hemimicelles solid-phase extraction based on sodium dodecyl sulfate-coated nano-magnets for selective adsorption and enrichment of illegal cationic dyes in food matrices prior to high-performance liquid chromatography-diode array detection detection. J Chromatogr A, 2016, 1437: 25-36.

[2] Wei X, Wang Y, Chen J, et al. Poly(deep eutectic solvent)-functionalized magnetic metal-organic framework composites coupled with solid-phase extraction for the selective separation of cationic dyes. Anal Chim Acta, 2019,

1056: 47-61.

[3] Honeychurch K. Voltammetric behaviour of rhodamine B at a screen-printed carbon electrode and its trace determination in environmental water samples. Sensors, 2022, 22: 4631.

[4] Aydinoglu S, Pasti A, Biver T, et al. Auramine O interaction with DNA: a combined spectroscopic and TD-DFT analysis. Phys Chem Chem Phys. 2019, 21: 20606-20612.

[5] HuangY, Wang D, Liu W, et al. Rapid screening of rhodamine B in food by hydrogel solid-phase extraction coupled with direct fluorescence detection. Food Chem, 2020, 316: 126378.

[6] Boostaie A, Allahnoori F, Ehteshami S. Composite magnetic nanoparticles ($CuFe_2O_4$) as a new microsorbent for extraction of rhodamine B from water samples. J Aoac Int, 2017, 100: 1539-1543.

[7] Nekoeinia M, Dehkordi M K, Kolahdoozan M, et al. Preparation of epoxidized soybean oil-grafted Fe_3O_4–SiO_2 as a water dispersible hydrophobic nanocomposite for solid-phase extraction of rhodamine B. Microchem J, 2016, 129: 236-242.

[8] Ali I, Gupta V K, Aboul-Enein H Y. A. Hussain, Hyphenation in sample preparation: Advancement from the micro to the nano world. J Sep Sci, 2008, 31: 2040-2053.

[9] Ali I, Suhail M, Alharbi O M, et al. Advances in sample preparation in chromatography for organic environmental pollutants analyses. J Liq Chromatogr, 2019, 42: 137-160.

[10] Pataer P, Muhammad T, Turahun Y, et al. Preparation of a stoichiometric molecularly imprinted polymer for auramine O and application in solid-phase extraction. J Sep Sci, 2019, 42: 1634-1643.

[11] Zhang W, Qin H, Liu Z, et al. Quantitative determination of auramine O in bean curd sheets by dispersive solid phase extraction with dynamic surfaced-enhanced raman spectroscopy. Anal Lett, 2019, 53: 1282-1293.

[12] Ma J, He C, Lian Z. Multivariate optimization of magnetic molecular imprinting solid-phase extraction to entrap rhodamine B in seawater. Microchem J, 2023, 189: 108565.

[13] Ali I. New generation adsorbents for water treatment. Chem Revs, 2012, 112: 5073-5091.

[14] Buzea C, Pacheco I, Robbie K. Nanomaterials and nanoparticles: sources and toxicity. Biointerphases, 2007, 2: MR17-MR172.

[15] Basheer A A. New generation nano-adsorbents for the removal of emerging contaminants in water. J Mol Liq, 2018, 261: 583-593.

[16] Sajid M, Kalinowska K, Płotka-Wasylka J. Ferrofluids based analytical extractions and evaluation of their greenness. J Mol Liq, 2021, 339: 116901.

[17] Alvand M, Shemirani F. Fabrication of Fe_3O_4@ graphene oxide core-shell nanospheres for ferrofluid-based dispersive solid phase extraction as exemplified for Cd (Ⅱ) as a model analyte. Microchim Acta, 2016, 183: 1749-1757.

[18] Adlnasab L, Ezoddin M, Shabanian M, et al. Development of ferrofluid mediated CLDH@ Fe_3O_4@ Tanic acid-based supramolecular solvent: Application in air-assisted dispersive micro solid phase extraction for preconcentration of diazinon and metalaxyl from various fruit juice samples. Microchem J, 2019, 146: 1-11.

[19] Yang D, Li G, Wu L, et al. Ferrofluid-based liquid-phase microextraction: analysis of four phenolic compounds in milks and fruit juices. Food Chem, 2018, 261: 96-102.

[20] Rouhi M, Abolhassani J, Mogaddam M R A, et al. Extraction of diazinon, haloxyfop-R-methyl, hexaconazole, diniconazole, and triticonazole in cheese samples using a ferrofluid based liquid phase extraction method prior to gas chromatography. Anal Methods-UK, 2023, 15(25): 3043-3050.

[21] Philip J. Magnetic nanofluids (Ferrofluids): Recent advances, applications, challenges, and future directions. Adv Colloid Interface Sci, 2023, 311: 102810.

[22] Ummartyotin S, Juntaro J, Sain M, et al. The role of ferrofluid on surface smoothness of bacterial cellulose nanocomposite flexible display. Chem Eng J, 2012, 193: 16-20.

[23] Oliveira F C C, Rossi L M, Jardim R F, et al. Magnetic fluids based on γ-Fe_2O_3 and $CoFe_2O_4$ nanoparticles dispersed in ionic liquids. J Phys Chem C, 2009, 113(20): 8566-8572.

[24] Davudabadi Farahani M, Shemirani F, Fasih Ramandi N, et al. Ionic liquid as a ferrofluid carrier for dispersive solid

phase extraction of copper from food samples. Food Anal Methods, 2015, 8: 1979-1989.

[25] Gharehbaghi M, Farahani M D, Shemirani F. Dispersive magnetic solid phase extraction based on an ionic liquid ferrofluid. Anal Methods, 2014, 6(23): 9258-9266.

[26] Yang D, Li X, Meng D, et al. Carbon quantum dots-modified ferrofluid for dispersive solid-phase extraction of phenolic compounds in water and milk samples. J Mol Liq, 2018, 261: 155-161.

[27] Mehrabi F, Ghaedi M, Dil E A, et al. Deep eutectic solvent-based ferrofluid for highly efficient preconcentration and determination of metronidazole by vortex-assisted liquid-phase microextraction under experimental design optimization. Talanta, 2024, 272: 125705.

[28] Abarbakouh M P, Faraji H, Shahbaazi H, et al. (Deep eutectic solvent-ionic liquid)-based ferrofluid a new class of magnetic colloids for determination of tamoxifen and its metabolites in human plasma samples. J Mol Liq, 2024, 399: 124421.

[29] Morovati S, Larijani K, Helalizadeh M, et al. Determination of remdesivir in human plasma using (deep eutectic solvent-ionic liquid) ferrofluid microextraction combined with liquid chromatography. J Chromatogr A, 2023, 1712: 464468.

[30] Jouyban A, Farajzadeh M A, Nemati M, et al. Preparation of ferrofluid from toner powder and deep eutectic solvent used in air-assisted liquid-liquid microextraction: Application in analysis of sixteen polycyclic aromatic hydrocarbons in urine and saliva samples of tobacco smokers. Microchem J, 2020, 154: 104631.

[31] Dil E A, Ghaedi M, Asfaram A. Application of hydrophobic deep eutectic solvent as the carrier for ferrofluid: a novel strategy for pre-concentration and determination of mefenamic acid in human urine samples by high performance liquid chromatography under experimental design optimization. Talanta, 2019, 202: 526-530.

[32] Cao J, Shi L, Wang Y, et al. Novel ferrofluid based on water-based deep eutectic solvents: application in dispersive liquid-liquid microextraction of naphthalene-derived plant growth regulators in edible oil. J Hazard Mater, 2024, 465: 133234.

[33] Yıldırım S, Karabulut S N, Cicek M, et al. Deep eutectic solvent-based ferrofluid for vortex-assisted liquid-liquid microextraction of nonsteroidal anti-inflammatory drugs from environmental waters. Talanta, 2024, 268: 125372.

[34] Mohammad R E A, Elbashir A A, Karim J, et al. Development of deep eutectic solvents based ferrofluid for liquid phase microextraction of ofloxacin and sparfloxacin in water samples. Microchem J, 2022, 181: 107806.

[35] Zarei A R, Nedaei M, Ghorbanian S A. Ferrofluid of magnetic clay and menthol based deep eutectic solvent: Application in directly suspended droplet microextraction for enrichment of some emerging contaminant explosives in water and soil samples. J Chromatogr A, 2018, 1553: 32-42.

[36] Hou L, Ji Y, Zhao J, et al. Deep eutectic solvent based-ferrofluid ultrasonic-assisted liquid-liquid microextraction for determination of quinolones in milk samples. Microchem J, 2022, 179: 107664.

[37] Jouyban A, Farajzadeh M A, Mogaddam M R A, et al. Ferrofluid-based dispersive liquid–liquid microextraction using a deep eutectic solvent as a support: applications in the analysis of polycyclic aromatic hydrocarbons in grilled meats. Anal Methods, 2020, 12(11): 1522-1531.

[38] Zohrabi P, Shamsipur M, Hashemi M, et al. Liquid-phase microextraction of organophosphorus pesticides using supramolecular solvent as a carrier for ferrofluid. Talanta, 2016, 160: 340-346.

[39] Shamsipur M, Zohrabi P, Hashemi M. Application of a supramolecular solvent as the carrier for ferrofluid based liquid-phase microextraction for spectrofluorimetric determination of levofloxacin in biological samples. Anal Methods, 2015, 7(22): 9609-9614.

[40] Zhang J, Li M, Li Y, et al. Application of ionic‐liquid‐supported magnetic dispersive solid-phase microextraction for the determination of acaricides in fruit juice samples. J Sep Sci, 2013, 36(19): 3249-3255.

[41] Fasih Ramandi N, Shemirani F, Davudabadi Farahani M. Dispersive solid phase extraction of lead (Ⅱ) using a silica nanoparticle-based ionic liquid ferrofluid. Microchim Acta, 2014, 181: 1833-1841.

[42] Ramandi N F, Shemirani F. Selective ionic liquid ferrofluid based dispersive-solid phase extraction for simultaneous preconcentration/separation of lead and cadmium in milk and biological samples. Talanta, 2015, 131: 404-411.

[43] Ramandi N F, Shemirani F. Surfacted ferrofluid based dispersive solid phase extraction; A novel approach to preconcentration of cationic dye in shrimp and water samples. Food Chem, 2015, 185: 398-404.

[44] Montoro-Leal P, García-Mesa J C, Cordero M T S, et al. Magnetic dispersive solid phase extraction for simultaneous enrichment of cadmium and lead in environmental water samples. Microchem J, 2020, 155: 104796.

[45] Ghasemi A, Jamali M R, Es' haghi Z. Ultrasound assisted ferrofluid dispersive liquid phase microextraction coupled with flame atomic absorption spectroscopy for the determination of cobalt in environmental samples. Anal Lett, 2021, 54(3): 378-393.

[46] Mohebbi A, Farajzadeh M A, Nemati M, et al. Development of a stirring–assisted ferrofluid–based liquid phase microextraction method coupled with dispersive liquid–liquid microextraction for the extraction of some widely used pesticides from herbal distillates. Int J Environ Anal Chem, 2022, 102(19): 7419-7432.

[47] Nooraee Nia N, Hadjmohammadi M R. Nanofluid of magnetic-activated charcoal and hydrophobic deep eutectic solvent: Application in dispersive magnetic solid-phase extraction for the determination and preconcentration of warfarin in biological samples by high-performance liquid chromatography. Biomed Chromatogr, 2021, 35(8): e5113.

[48] Fan C, Wang H, Liu Y, et al. New deep eutectic solvent based superparamagnetic nanofluid for determination of perfluoroalkyl substances in edible oils. Talanta, 2021, 228: 122214.

[49] Yu Y, Zhang R, Hao L, et al. Magnetic ZIF-8 extraction using supramolecular solvent based on ferrofluid and vortex-assisted liquid–liquid microextraction of cationic dyes in beverage and river water samples. Microchem J, 2024, 196: 109689.

[50] Li L, Iqbal J, Zhu Y, et al. Chitosan/Al$_2$O$_3$-HA nanocomposite beads for efficient removal of estradiol and chrysoidin from aqueous solution. Int J Biol Macromol, 2020, 145: 686-693.

[51] Mahmoud M, Abdelwahab M, Ibrahim G. Surface functionalization of magnetic graphene oxide@bentonite with α-amylase enzyme as a novel bionanosorbent for effective removal of Rhodamine B and Auramine O dyes. Mater Chem Phys, 2023, 301: 127638.

[52] Wang Z, Zhang L, Li N, et al. Ionic liquid-based matrix solid-phase dispersion coupled with homogeneous liquid-liquid microextraction of synthetic dyes in condiments. J Chromatogr A, 2014, 1348: 52-62.

[53] Li J, Ding X, Liu D, et al. Simultaneous determination of eight illegal dyes in chili products by liquid chromatography-tandem mass spectrometry. J Chromatogr B, 2013, 942-943: 46-52.

[54] Chao Y, Pang J, Bai Y, et al. Graphene-like BN@SiO$_2$ nanocomposites as efficient sorbents for solid-phase extraction of Rhodamine B and Rhodamine 6G from food samples. Food Chem, 2020, 320: 126666.

[55] Ali I, Singh P, Aboul-Enein H Y, et al. Chiral analysis of ibuprofen residues in water and sediment. Anal Lett, 2009, 42: 1747-1760.

[56] Basheer A A. Chemical chiral pollution: Impact on the society and science and need of the regulations in the 21st century. Chirality, 2018, 30: 402-406.

[57] Basheer A A, Ali I. Stereoselective uptake and degradation of (±)-o,p-DDD pesticide stereomers in water-sediment system. Chirality, 2018, 30: 1088-1095.

[58] Gautam D, Kumari S, Ram B, et al. A new hemicellulose-based adsorbent for malachite green. J Environ Chem Eng, 2018, 6: 3889-3897.

[59] Faraji M, Ghanati K, Kamankesh M, et al. New and efficient magnetic nanocomposite extraction using multifunctional deep eutectic solvent based on ferrofluid and vortex assisted-liquid-liquid microextraction: Determining primary aromatic amines (PAAs) in tetra-packed fruit juices. Food Chem, 2022, 386: 132822.

[60] Lu X, Zhang L, Liu Z, et al. Pore structure modification of ZIF-8 by ligand exchange for separation mono- and di-branched isomers of hexane via thermodynamic and kinetic mechanism. Sep Purif Technol, 2023, 320: 124241.

[61] Chen X, Lei X, Zheng H, et al. Facile one-step synthesis of magnetic zeolitic imidazolate framework for ultra fast removal of congo red from water. Micropor Mesopor Mat, 2021, 311: 110712.

[62] Pasanen F, Fuller R, Maya F. Fast and simultaneous removal of microplastics and plastic-derived endocrine disruptors using a magnetic ZIF-8 nanocomposite. Chem Eng J, 2023, 455: 140405.

[63] Dalmaz A, Özak S. Environmentally-friendly supramolecular solvent microextraction method for rapid identification of Sudan I–IV from food and beverages. Food Chem, 2023, 414: 135713.

[64] Cai Z, Wang J, Liu L, et al. A green and designable natural deep eutectic solvent-based supramolecular solvents

system: Efficient extraction and enrichment for phytochemicals. Chem Eng J, 2023, 457: 141333.

[65] Vakh C, Kasper S, Kovalchuk Y, et al. A alkyl polyglucoside-based supramolecular solvent formation in liquid-phase microextraction. Anal Chim Acta, 2022, 1228: 340304.

[66] Yu Y, Pai N, Chen X, et al. Hexafluorobutanol primary alcohol ethoxylate-based supramolecular solvent formation and their application in direct microextraction of malachite green and crystal violet from lake sediments. Anal Bioanal Chem, 2023, 415: 5353-5363.

[67] Moggi G, Pianca M, Russo S, et al. Fluoroalcohols as solvents for aliphatic polyamides. J Fluorine Chem, 1980, 16: 615.

[68] Chen W, Viljoen M. Geraniol-A review update. S Afr J Bot, 2022, 150: 1205-1219.

[69] Zhuang K, Tang H, Guo H, et al. Geraniol prevents Helicobacterium pylori-induced human gastric cancer signalling by enhancing peroxiredoxin-1 expression in GES-1 cells. Microb Pathogenesis, 2023, 174: 105937.

[70] Gamonchuang J, Burakham R. Surfactant-coupled titanium dioxide coated iron-aluminium mixed metal hydroxide for magnetic solid phase extraction of bisphenols in carbonated beverages. Heliyon, 2021, 7: e06964.